U0291883

国家骨干高职院校工学结合创新成果系列教材

机械制造基础

主　编　陈伟珍　张坤领
副主编　张　萍　姜金堂　李英梅　江家勇
主　审　梁建和　白金石

中国水利水电出版社
www.waterpub.com.cn

内 容 提 要

本书采用任务驱动的教学设计，通过"教、学、做"一体化模式组织教学，显现出鲜明的高等职业教育特色。全书由 6 个模块组成，包括工程材料及热处理、零件质量检测技术、金属切削技术及机床、金属成型技术、机械拆装技术、现代制造技术。每个模块均有实践性较强的任务作引导。

本书可作为高职高专院校机械类和近机械类专业教材，也可以作为各类业余大学、函授大学、电视大学及中等职业学校相关专业的教学参考书，并可供相关专业工程技术人员参考使用。

图书在版编目（ＣＩＰ）数据

机械制造基础 / 陈伟珍，张坤领主编. -- 北京：
中国水利水电出版社，2014.8
国家骨干高职院校工学结合创新成果系列教材
ISBN 978-7-5170-2441-5

Ⅰ．①机… Ⅱ．①陈… ②张… Ⅲ．①机械制造－高
等职业教育－教材 Ⅳ．①TH

中国版本图书馆CIP数据核字(2014)第204400号

书　　名	国家骨干高职院校工学结合创新成果系列教材 **机械制造基础**
作　　者	主　编　陈伟珍　张坤领 副主编　张　萍　姜金堂　李英梅　江家勇 主　审　梁建和　白金石
出版发行	中国水利水电出版社 （北京市海淀区玉渊潭南路 1 号 D 座　100038） 网址：www.waterpub.com.cn E-mail：sales@waterpub.com.cn 电话：(010) 68367658（发行部）
经　　售	北京科水图书销售中心（零售） 电话：(010) 88383994、63202643、68545874 全国各地新华书店和相关出版物销售网点
排　　版	中国水利水电出版社微机排版中心
印　　刷	北京纪元彩艺印刷有限公司
规　　格	184mm×260mm　16 开本　14.25 印张　338 千字
版　　次	2014 年 8 月第 1 版　2014 年 8 月第 1 次印刷
印　　数	0001—3000 册
定　　价	**34.00 元**

前言

"机械制造基础"是研究机械工程材料和机械制造工艺过程一般规律，指导机械制造基本方法和操作实训的综合性技术课程，是高职高专院校机械类及近机械类专业必修的一门专业基础课。

为了贯彻教育部《关于全面提高高等职业教育教学质量的若干意见》（教高〔2006〕16号）精神，根据编委会的要求，本书全面贯彻以行动引导型教学法组织教材内容的指导思想，采用任务驱动的方案通过"做、学、教"一体化模式组织教学，显现出鲜明的高等职业教育特色。全书由6个模块组成，每个模块都有实践性较强的任务作引导，突出以能力为本位、以应用为目的，符合"用感性引导理性，从实践导入理论，从形象过渡到抽象，从整体到细节"的认识规律，具备"寓基础于应用中，寓理论于实践中，寓枯燥于兴趣中"的特点。本书按照机械制造的基本生产过程的"毛坯制造、零件加工和装配调试"三个生产阶段所涉及的工程材料及热处理、零件质量检测技术、金属切削技术及机床、金属成型技术、机械拆装技术等知识领域，本着加强操作技能培养、理论够用为度的理念，摒弃旧的知识系统化观念，贯彻生产过程系统化思想精挑细选和组织内容，还简明扼要地介绍了数控加工和电火花加工等现代化加工技术。另外，在模具用材料及其热处理方面作了专门的介绍，在内容选择处理、教学方法运用上都符合高职院校机械类和近机械类专业的教学需要，符合当前我国高等职业教育发展的方向。

本书的编审团队既具有丰富的机械制造实践经验的工程师，又有多年从事职业教育教学的教师，这是本书总体质量的保证。

参加本书编审的人员有：广西水利电力职业技术学院陈伟珍（绪论）、姜金堂（模块1）、江家勇和邓岐杏（模块3），广西计量检测研究院李英梅（模块2），广西现代职业技术学院张坤领（模块4），黔西南民族职业技术学院张萍（模块5），广西机电职业技术学院陆颖荣和梧州职业学院陈惠清（模块6）。本书由陈伟珍负责统稿，广西水利电力职业技术学院梁建和、安顺职业技术学院白金石担任主审，桂林机床股份有限公司梁辑对本书提出了许多宝贵意见，在此表示衷心感谢。

由于编者时间仓促加之水平所限，书中疏漏之处恳请读者提出宝贵意见。

编　者

2014年3月

目　录

绪 论

0.1 机械产品生产过程简介

在人类改造客观世界的过程中，大量地使用了各种各样的工具和机器设备，如交通运输中的汽车、火车、轮船、飞机、航天飞船；建筑施工中的起重设备；石油、化工、轻工行业的管道、压力容器；机械加工中的各种机床；工业、民用制冷空调机组等，统称为机械产品。机械产品的生产过程一般包括以下几个组成部分。

（1）生产技术准备过程。指产品正式投入批量生产之前所进行的各种生产技术准备工作，如产品设计、工艺设计、标准化工作、制订各种定额、组织生产设备、生产线及其调整、组建劳动组织、制订生产管理规章制度以及新产品的试制和鉴定等。

（2）基本生产过程。机械制造企业的铸造车间、锻造车间、机械加工车间、装配车间等的生产作业活动都属于基本生产过程。机械制造的基本生产过程一般可以分为三个生产阶段：毛坯制造阶段、加工制造阶段和装配调试阶段。

（3）辅助生产过程。为企业生产产品需要而提供的各种动力、工具、设备维修用的备件制造等。

（4）生产服务过程。为基本生产过程和辅助生产过程服务的相关工作。如原材料和半成品的供应、运输、检验、仓库管理等。

概括起来机械产品生产过程的主要环节包括以下内容：产品设计、产品的制造工艺设计、零件加工和检验、装配调试、油漆、包装、入库等。

0.2 机械产品加工方法及切削加工的发展历程

在机械制造的基本生产过程中，零件的加工检验阶段尤为重要。机械产品加工方法主要有钳工、焊接与切割、铸造、锻造、冲压、轧制、拉制、挤压、切削等。切削加工是机械制造业中最基本、应用最广泛的加工方法，在国民经济建设中占有十分重要的地位。

人类的加工方法经历了从石器工具的手工制作，到以畜力、水力为动力的加工，到以电力、内燃机为动力的机械加工，以及今天全自动化的机械加工阶段。我国在金属切削技术方面有着巨大的成就。早在公元前 2000 多年，青铜器时代就出现了青铜刀、锯、锉等刀具，已经类似于现代的切削刀具。1668 年，采用畜力带动铣刀进行铣削，用磨石进行磨削；刀片用钝后用脚踏刃磨机使刀刃锋利。在长期的生产实践中，古人已非常注意总结刀具的经验，一句"磨刀不误砍柴工"，强调了刀刃的作用，是对切削原理最朴素的描述。从 20 世纪 50 年代开始广泛使用硬质合金，推广高速切削、强力切削、多刀多刃切削，兴起了改革刀具的热潮；先进刀具、先进切削工艺、新型刀具材料不断涌现，对切削机理进行了深入的研究；许多高等院校、研究所、工具刃具厂在切削加工技术和切削刀具的研究方面都取得了十分丰硕的成果；在综合应用电子技术、检测技术、计算机技术、自动控制和机床设计等各个领域最新成就的基础上，发展起来的数控机床，使得金属切削自动化技术进入了一个崭新的时代。21世纪的切削加工技术必将面临未来自动化制造环境的一系列新的挑战，它必然要与计算机、自动化、系统论、控制论及人工智能、计算机辅助设计与制造、计算机集成制造系统等高新技术及理论相融合，向着精密化、柔性化和智能化方向发展，并由此推动其他各新兴学科在切削理论和技术中的应用。

0.3　本课程的性质与任务

"机械制造基础"是研究机械工程材料和机械制造工艺过程一般规律，指导机械制造基本方法和操作实训的综合性技术课程。本课程是高职院校机械类及近机械类专业必修的一门技术基础课，主要任务是通过"做、学、教"一体化教学，使学生全面了解机械制造的基本生产过程，获得机械工程材料和机械制造的基本知识及操作技能的初步训练，为后续课程的学习和从事技术工作奠定坚实的基础。

1. 知识目标

了解常用工程材料的种类、牌号、类型、性能特点及其应用，了解金属热处理的基本原理和碳钢热处理的过程，了解铸造、锻造、焊接、金属切削加工的基本原理及生产过程，熟悉典型零件的结构工艺性、工艺特点、工艺设计的基本知识和应用范围。了解材料、毛坯和加工方法选择的原则，熟悉尺寸公差、形状公差、位置公差和表面粗糙度的基本知识和设计选择的原则。

2. 能力目标

（1）具有选择材料、毛坯、加工方法和制订加工工艺路线的能力，掌握常用热处理方法及其使用范围，具有分析零件结构工艺性的初步能力，具有对常用金属材料鉴别、性能测定的能力；掌握焊接与切割所用设备的使用方法，熟悉焊条电弧焊、氧气焊接与切割的基本操作技术。

（2）熟悉车、铣、磨所用设备、工具、附件的结构、性能、用途及其使用方法；掌握车、铣、磨等加工的基本技术。

（3）掌握钳工设备、工具的结构、性能、用途及其使用方法；熟练掌握锯、锉、钻孔、攻螺纹、机器装拆的基本技能。

（4）掌握各相关工种的安全技术操作规程，做到安全生产、安全实训。

（5）培养理论联系实际、严肃认真、耐心细致的科学作风和工程素养。

3. 本课程的特点与学习方法

本课程为"做、学、教"一体化的课程，实践性很强。在教学过程中，要注意从感性认识引导理性认识，要加强实践技能的培养与训练。自觉用机械制造的理论指导生产实践，用实训检验机械制造理论，丰富工程实践经验，为进一步学习理论、提高技能奠定基础。积极参加生产实践，并按照中华人民共和国相关工种《工人技术等级标准》、《职业技能鉴定规范》严格要求，做到仔细观察，积极思考，勇于实践，勤学苦练基本功和基本技能，成为作风扎实、技术过硬、技艺精湛的高等技术应用型人才。在实训过程中，要贯彻"安全第一、预防为主"的指导思想，按照安全技术操作规程，科学、文明生产。

模块 1 工 程 材 料 及 热 处 理

【教学目标】

　　能力目标：掌握最常用的材料硬度测定方法和碳钢的常用热处理操作方法。

　　知识目标：了解工程材料的应用及供应情况，熟悉机械制造常用工程材料的性能。

1.1 金 属 材 料 的 性 能

【任务】 金属材料的拉伸试验

　　（1）目的：了解拉伸试验机的组成原理，掌握其基本操作方法；观察了解拉伸过程中金属材料的力学性能。

　　（2）器材：万能材料试验机、拉伸试样。

　　（3）任务设计：①教师现场示范后学生操作，观察拉伸过程中金属试样的特殊变形，记录发生特殊变形时的试验力，至试样拉断为止；②分析不同材料的力学性能，认识材料。

　　（4）报告要求：列表给出试样试验前后的主要尺寸，分析自动记录纸上的拉伸曲线，在各关键点标出名称和数据；说明材料强度的含义，分析不同材料的特点及其力学性能。

　　机械工业使用的材料主要为金属与非金属材料（工程塑料、橡胶及陶瓷等），金属材料的使用量占 90% 以上。材料的性能特点有机械性能、物理性能和化学性能，这些性能决定了材料的应用范围、安全可靠性及使用寿命。

　　材料的力学性能也称机械性能，指金属材料在各种不同形式的载荷作用下，抵抗变形和破坏的能力，是设计机械零件选材的重要依据。机械性能主要有强度、塑性、硬度、冲击韧性和疲劳强度等。

1.1.1 强度

　　强度是指金属材料在各种不同外力的作用下，抵抗材料塑性变形和断裂的能力。强度越高的材料，承受的载荷越大。按载荷性质的不同，金属材料的强度分为屈服强度、抗拉强度、抗压强度、抗弯强度、抗扭强度和抗剪强度等。工程中常以屈服强度（也称屈服极限或屈服点）和抗拉强度作为金属材料的强度衡量指标。

　　金属材料的强度通过拉伸试验测定。拉伸试验是在静拉伸力状态下对试样轴向拉伸，测量拉力和相应的伸长量（一般拉至断裂为止），由拉伸试验绘制出拉伸曲线，计算相应的强度指标的过程。

1. 拉伸试样

金属材料力学性能指标在测试时，一般将被试验材料制成一定形状和尺寸的标准试样（也称拉伸试样）。其截面一般有圆形、矩形和管形。如图 1.1 所示，试样截面为圆形。d_0 为试样的直径（mm），L_0 为标距长度（mm）。根据标距长度与直径的比例，试样分为长试样（$L_0 = 10d_0$）和短试样（$L_0 = 5d_0$），试样直径一般取 $d_0 = 10$mm。

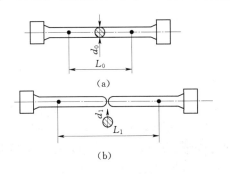

图 1.1　拉伸试样
（a）拉伸前；（b）拉伸后

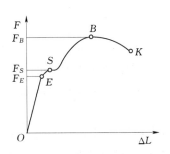

图 1.2　低碳钢

2. 拉伸曲线

拉伸试验时，拉伸力与伸长量之间的关系曲线叫做拉伸曲线（也称拉伸图）。如图 1.2 所示，为低碳钢的拉伸曲线，横坐标为绝对伸长量 ΔL，单位为 mm，纵坐标为拉力 F，单位为 N。试件在承受不同载荷时，其变形不一样，分为四个阶段。

（1）弹性阶段。在载荷不超过 F_E 点时，拉伸曲线为直线段 OE，卸载后试样恢复原状，此阶段称为弹性变形阶段。

（2）屈服阶段。当载荷超过 F_E 点时，此时若卸载，试样不能恢复到原来的尺寸，载荷消失后仍继续保留的这种变形现象叫塑性变形，即试样开始出现塑性变形；载荷增加到一定值（即 F_S 点）后，此时载荷不增加，试样还继续伸长，材料丧失抵抗变形的能力，这种现象称为"屈服"，故将 ES 曲线段称为屈服阶段。

（3）强化阶段。随着塑性变形量增大，材料变形抗力不成比例地逐渐增加，此时的现象叫做变形强化或者加工硬化。SB 曲线段称为强化阶段。拉伸曲线图上的最大载荷 F_B 为材料所能承受的最大拉伸载荷。

（4）缩颈阶段。载荷达到最大值 F_B 后，试样在标距内的某一部位横截面急剧缩小，出现"缩颈"现象，到 K 点后试样断裂。BK 曲线段称为缩颈阶段。

实际上，一般材料没有图 1.2 所示的四个阶段，如图 1.3（a）所示为调质钢的拉伸曲线，图 1.3（b）所示为脆性材料（铸铁）的拉伸曲线，脆性材料在弹性变形后即马上断裂。

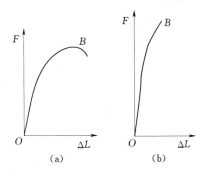

图 1.3　调质钢和铸铁的拉伸曲线
（a）调质钢；（b）铸铁

3. 屈服强度

强度指标是用应力值来表示的。根据力学原理，材料受载荷作用后内部产生一个与载荷相平衡的内力。单位截面上的内力称为应力，用符号 σ 表示。

拉伸试验测得的强度指标有屈服极限和强度极限。

屈服强度（也称屈服极限或屈服点）是使金属材料开始产生明显塑性变形时的最小应力，用符号 σ_S（MPa）表示。

$$\sigma_S = \frac{F_S}{S_0}$$

式中　F_S——材料产生屈服的最小载荷，N；

　　　S_0——试样原始横截面积，mm^2。

对于如图 1.3（a）所示的调质钢（无明显屈服现象），难以测出屈服点。材料标准中规定取残余伸长量 0.2% 的应力值为屈服点，用 $\sigma_{0.2}$ 表示，称为条件屈服强度。

机械零件在工作时不允许产生明显的塑性变形。所以，屈服强度 σ_S 或条件屈服强度 $\sigma_{0.2}$ 是金属材料的选择依据。

4. 抗拉强度

抗拉强度是指材料在拉断前所能承受的最大应力，又称强度极限，用符号 σ_b（MPa）表示。

$$\sigma_b = \frac{F_B}{S_0}$$

式中　F_B——试样断裂前所承受的最大载荷，N。

σ_S、$\sigma_{0.2}$、σ_b 为金属材料的强度指标，是机械零件的设计和质量检查的基本依据。材料的强度高，则机械零件的尺寸可以减小、质量可以减轻。

另外，σ_S/σ_b 为屈强比，是极具实际意义的指标。屈强比越小，零件的可靠性越高。但比值太小，材料强度的有效利用率就过低。

5. 疲劳强度

机械设备中许多零件，如轴、齿轮、弹簧等，工作时受到的是大小、方向随时间呈周期性变化的载荷，称为交变载荷。在这种载荷作用下，机器零件发生断裂时的应力远远低于材料的屈服强度，这种破坏现象称为金属的疲劳破坏。在无数次重复交变载荷作用下不被破坏的最大应力，称为疲劳强度或疲劳极限。

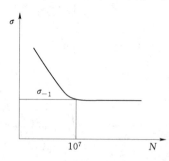

图 1.4　金属材料的疲劳曲线

图 1.4 是材料的交变应力 σ 与断裂前循环次数 N 之间的疲劳曲线。材料的交变应力越大，疲劳破坏前循环工作的次数（N）越少。当循环交变应力降低到某一数值时，材料可经受无数次循环不被破坏，此应力值称为材料的疲劳强度。对黑色金属（如钢铁），循环次数 N 可达到 10^7，有色金属（如铝及其合金）和某些高强度钢，循环次数可达到 10^8。

1.1.2 塑性与冲击韧性

1. 塑性

塑性是指金属材料在载荷作用下产生塑性变形而不被破坏的能力。常用的塑性指标为断后伸长率和断面收缩率。塑性和强度一样都是通过拉伸试验来测定的。

（1）断后伸长率。断后伸长率是指试样被拉断后，标距长度的伸长量与原来长度比值的百分率，用符号 δ 表示。

$$\delta = \frac{l_1 - l_0}{l_0} \times 100\%$$

式中　l_1——试样拉断后的标距长度，mm；

　　　l_0——试样原来的标距长度，mm。

长试样和短试样分别用 δ_{10} 及 δ_5 来表示实验所计算的伸长率，同样的材料，δ_{10} 和 δ_5 的值不相等，不能直接进行比较。短试样的伸长率大于长试样的伸长率（即 $\delta_5 > \delta_{10}$）。短试样较长试样节约材料，当前各国标准趋向于优先选用短试样。

（2）断面收缩率。断面收缩率是指试样被拉断后，横截面积的收缩量与试样原来横截面积比值的百分率，用符号 Ψ 表示。

$$\Psi = \frac{S_0 - S_1}{S_0} \times 100\%$$

式中　S_1——试样断裂处的横截面面积，mm²；

　　　S_0——试样原始横截面面积，mm²。

断后伸长率和断面收缩率数值越大，材料的塑性越好。塑性好的材料易于进行压力加工（轧制、冲压、锻造等）、焊接，并且工艺简单，质量易保证；零件使用过程中，不会突然断裂。因此，在静载荷作用下的机械零件，使用塑性好的材料比较安全。

2. 冲击韧性

在静试验力作用下测得的材料力学性能为金属材料的强度、塑性与硬度。机械零部件实际上不仅受静载荷的作用，而且还受到冲击（动）载荷的作用，如活塞销、锤杆、冲模等。冲击载荷比静载荷的破坏力大得多。此时，不仅要求有高的强度和一定塑性，还必须具备足够的冲击韧性。

金属材料抵抗冲击载荷作用而不破坏的能力称为冲击韧性，一般用 α_K 表示。各种金属材料的冲击韧性值采用一次摆锤冲击试验法测定。GB/T 229—2007《金属材料夏比摆锤冲击试验方法》对金属材料的冲击试样有具体的规定。

图1.5为冲击原理示意图。试验时，将带缺口（U 形或 V 形）的标准试样安放在摆锤试验机的支座上，试样缺口背向摆锤的冲击方向，将具有一定自重 G 的摆锤抬起至一定的高度 H_1，获得一定的位能（GH_1），再使其自由落下将试样冲断，测出摆锤的剩余位能为 GH_2，摆锤冲断试样所失去的能量就是冲击载荷使试样破断所做的功，称为冲击功 A_K，其计算公式为

$$A_K = G(H_1 - H_2)$$

金属冲击韧性就是冲断试样时，在缺口处单位面积上所消耗的功。冲击韧性 α_K（J/

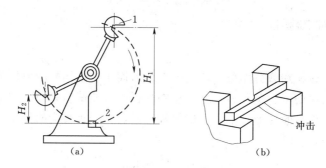

图 1.5 摆锤式一次冲击试验原理示意图
(a) 冲击试验机简图；(b) 试样安放位置
1—摆锤；2—试件

cm^2）的计算公式为

$$\alpha_K = \frac{A_K}{S}$$

式中 S——试样缺口处原始横截面面积，cm^2。

通常强度、塑性均好的材料，α_K 值就高；α_K 越大，材料的韧性越好，受冲击时则不易断裂。冲击韧性值只作为选材时的参考，不作为计算依据。

1.1.3 金属材料的其他性能

1. 物理性能

金属材料的物理性能包括密度、熔点、导电性、导热性、热膨胀性、磁性等。

许多机械零件选材时，必须考虑金属的密度。如发动机的活塞要求质轻，运动时惯性小，一般用铝合金制造；散热器等热交换器零件，须选用导热性好的金属；低熔点金属用于电源保险丝；电器零件常要考虑金属的导电性。

2. 化学性能

金属材料的化学性能是指金属与周围介质接触时，抵抗发生化学或电化学反应的性能，如耐腐蚀性和抗氧化性。

3. 工艺性能

金属材料的工艺性能是指材料在各种加工条件下的成型能力，按工艺方法的不同，可分为铸造性、可锻性、可焊性、切削加工性能和热处理工艺性能等。材料的工艺性能好坏决定其加工成型的难易程度，直接影响到制造零件的工艺方法、质量和制造成本。

1.2 铁 碳 合 金

【任务】 金属材料硬度的测定

（1）目的：熟悉布氏硬度机、洛氏硬度机的操作方法；根据材料的性能，正确选择测定硬度的方法。

（2）器材：HB－3000 型布氏硬度机（或 HR－150 型洛氏硬度机）；退火状态的 20 钢、45 钢、T8 钢；淬火状态的 45 钢、T8 钢、T12 钢。

（3）任务设计：①教师讲解硬度的含义，比较不同材料的硬度，现场操作布氏硬度及洛氏硬度测试机；②学生动手操作，对试样进行测试；③分析材料硬度。

（4）报告要求：简述布氏和洛氏硬度试验原理，整理实验记录，分析实验结果。

物质分为气态、液态和固态三种，金属材料在固态下为晶体，其各种性能，包括力学性能都与材料的内部微观结构有关。大多数机械产品使用的金属材料都是固态的，所以必须认真分析金属材料基本组织及相图，掌握其成分、组织与性能。

1.2.1 硬度的测定

硬度是指固体材料在一个小面积范围内抵抗局部变形，特别是弹性变形、塑性变形或破坏的能力。硬度是判断材料软硬的依据，也是一个综合的物理量。

材料的硬度越高，耐磨性越好，常将硬度值作为检验模具和机械零件质量的重要指标。硬度的测定用静载荷压入法。将规定的压头压入金属材料表面层，根据压痕的面积或深度确定硬度值。常用的硬度指标有布氏硬度（HBS、HBW）、洛氏硬度（HRA、HRB、HRC）。

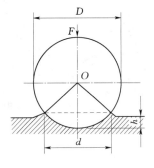

图 1.6 布氏硬度试验原理示意图

1. 布氏硬度

如图 1.6 所示，为布氏硬度的测定原理。将直径为 D 的淬火钢球或硬质合金球作为压头以相应的试验力 F 压入被测金属表面，保持规定的时间后卸载，测量压痕直径 d，压痕单位面积上所承受试验力的大小即为被测金属材料的硬度值。使用淬火钢球压头时布氏硬度值用符号"HBS"表示；使用硬质合金球压头时，布氏硬度值用符号"HBW"表示。即

$$HBS(HBW) = \frac{F}{S_{凹}} = 0.012 \frac{2F}{\pi D(D - \sqrt{D^2 - d^2})}$$

式中　$HBS(HBW)$——用淬火钢球（硬质合金球）试验的布氏硬度值；

$\quad\quad\quad F$——试验力，N；

$\quad\quad\quad D$——压头直径，mm；

$\quad\quad\quad d$——压痕直径，mm。

布氏硬度的单位为 N/mm^2，不标单位，只写明硬度值。

实际生产中，根据金属材料的种类和厚度，选择不同的载荷 F、钢球直径 D 和载荷保持时间进行布氏硬度试验。GB/T 231.1—2009《金属材料　布氏硬度试验》，当试验条件允许时，应尽量选用直径为 10mm 的钢球。符号 HBS 或 HBW 之前的数字为硬度值，符号后面的数字为其试验条件，按顺序分别是压球直径、试验力及保持时间（10～15s 不标注）。

如 250HBS10/1000/30，即表示用 10mm 的淬火钢球作压头，在 1000kgf（9.8kN）的试验力作用下，保持时间为 30s 后所测得的硬度值为 250。

如 600HBW5/750，即表示用 5mm 的硬质合金钢球作压头，在 750kgf（7.35kN）的试验力作用下，保持时间为 10～15s 后所测得的硬度值为 600。

淬火钢球用于测定硬度小于 450 的金属材料，如灰铸铁、有色金属以及退火、正火和调质处理的钢材等。硬质合金球压头，测试硬度值为 450～650 的金属材料。布氏硬度试验机的压头目前国内主要为淬火钢球。

布氏硬度试验主要用来测定原材料、半成品及性能不均匀材料（如铸铁）的硬度。其优点是：试验压头直径较大，试样表面压痕大，测出的硬度值比较准确。缺点是：对金属表面的损伤较大，不易测太薄工件的硬度，也不宜测试成品件的硬度。

2. 洛氏硬度

洛氏硬度是以顶角为 120° 的金刚石圆锥体或直径为 1.588mm 的淬火钢球作压头，以规定的试验力压入试样表面。试验时，先加初始试验力，使压头与试样表面接触良好，保证测量结果的准确性，然后再加主试验力。压入试样表面保持规定时间之后，卸除主试验力至初始实验力，在保留初始试验力的情况下，根据试样表面压痕深度，确定硬度值，即为被测金属材料的洛氏硬度值。

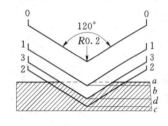

图 1.7　洛氏硬度试验原理
示意图

图 1.7 为洛氏硬度试验原理图。洛氏硬度用压入深度 bd 的大小来衡量，bd 越大，硬度值越低；反之，越高。人的思维习惯是数值越大，硬度越高，为此引入常数 c 减去 bd 来表示硬度的大小，并规定每 0.002mm 的压痕深度为一个硬度单位，用符号 HR 表示。则洛氏硬度值为

$$HR = \frac{c - bd}{0.002}$$

式中　c——常数，对于 HRC、HRA 取 0.2，对于 HRB 取 0.26。

洛氏硬度值由试验机指示器上直接读出，优点是：操作简单迅速，效率高，可直接读出；压痕小，可直接测量成品或较薄工件。缺点是：压痕小，不够准确，须在不同部位测 4 次以上，取其平均值。为扩大一种硬度计的测定范围，常用三种硬度标尺，其试验条件及应用举例见表 1.1。

表 1.1　　　　　　　　　　　洛氏硬度试验条件及应用举例

标尺符号	压头类型	总载荷 N	硬度值有效范围	应用举例
HRA	120°金刚石圆锥体	588	70～85	碳化物、硬质合金、淬火工具钢
HRB	ϕ1.588mm 淬火钢球	980	25～100	有色金属、可锻铸铁、退火、正火钢等
HRC	120°金刚石圆锥体	1470	20～67	淬火钢、调质钢、表面硬化钢

一般以洛氏硬度（HRC）应用最多，多用于测量经淬火处理的钢或工具。中等硬度条件下，洛氏硬度（HRC）与布氏硬度（HBS）的换算关系为 1∶10，如 48HRC 相当于 480HBS。布氏硬度（HBS）与抗拉强度 σ_b 之间关系约为 1∶（3～4）。硬度值在有效范围内［洛氏硬度（HRC）为 20～70］换算才有效。

1.2.2 金属的晶体结构与结晶

1. 晶体结构

（1）晶体与非晶体。固态物质由原子组成，按原子排列特点分为晶体与非晶体。晶体是内部原子按一定规律排列的固态物质，如图 1.8（a）所示，如金刚石、石墨及一切固态金属等。其特点是：原子在三维空间内呈有规则的周期性重复排列；有熔点，如 Fe 为 1538℃，Cu 为 1083℃；性能随原子排列方位的改变而改变，具有各向异性的特征。非晶体内部原子为无规则堆积在一起的。其特点是：原子在三维空间内呈不规则的排列；无固定熔点，温度升高材料随之变软，最终变为液体，如塑料、玻璃、沥青；各个方向原子聚集密度相同，即具有各向同性的特征。

（2）晶格。晶体中原子排列的情况如图 1.8（a）所示。将每一个原子看作一个点，用直线将这些点连接起来，构成抽象的空间格子，用于描述原子在晶体中有规则的排列方式，这种结晶格子，简称晶格，如图 1.8（b）所示。晶格中的每个点称为结点。晶格中各种不同方位的原子面称为晶面。晶格中各原子列的位向称为晶向。

（3）晶胞。晶体中原子的排列是周期变化的，组成晶格的最小几何单元称为晶胞。如图 1.8（c）所示。晶格就是由许多大小、形状和位向相同的晶胞在空间重复堆积而成的。

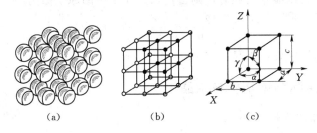

图 1.8 晶体结构示意图
（a）晶体中原子的排列；（b）晶格；（c）晶胞

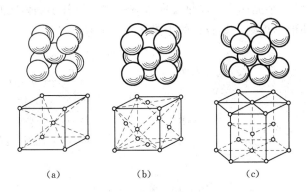

图 1.9 三种常见晶格类型
（a）体心立方晶格；（b）面心立方晶格；（c）密排六方晶格

2. 常见的三种典型金属晶格

元素周期表中，金属的晶体结构分为体心立方晶格、面心立方晶格和密排六方晶格。

（1）体心立方晶格。体心立方晶格的晶胞是一个立方体，立方体的 8 个顶角和晶胞中心各有一个原子，如图 1.9（a）所示。晶胞每个结点上的原子为相邻的 8 个晶胞共有，加上晶胞中心 1 个原子，故每个晶胞原子数为

$$n=\frac{8\times1}{8}+1=2(个)$$

这类金属一般具有相当高的强度和较好的塑性，常见的有 α - Fe（912℃ 以下的钝铁）、Cr、W 等。

（2）面心立方晶格。面心立方晶格的晶胞也是一个立方体，立方体的 8 个顶角和 6 个面的中心各有 1 个原子，如图 1.9（b）所示。晶胞每个结点上的原子为相邻 8 个晶胞共有，每个面中心的原子为两个晶胞共有，即每个晶胞中的原子数为

$$n=\frac{8\times1}{8}+\frac{6\times1}{2}=4（个）$$

这类金属有 γ - Fe（1394～912℃ 的钝铁）、Ni、Cu、Al 等。

（3）密排六方晶格。密排六方晶格的晶胞是在正六方体的 12 个结点和上、下两底面的中心处各排列 1 个原子，另外，中间还有 3 个原子，如图 1.9（c）所示。晶胞每个结点上的原子为相邻 6 个晶胞共有，上、下底面中心的原子为 2 个密排六方晶胞所共有，晶胞中间的 3 个原子为该晶胞所独有，则密排六方晶胞中的原子数为

$$n=\frac{12\times1}{6}+\frac{2\times1}{2}+3=6(个)$$

这类金属的塑性很好，常见的有 Be、Mg、Zn 等。

1.2.3 金属的实际晶体结构与结晶

1. 金属的实际晶体结构

（1）单晶体与多晶体。一块金属内部的晶格位向（原子排列的方向）完全一致，称为单晶体。只有用特殊的方法才能获得，如纯铁。实际的金属材料由很多不同位向的小晶体构成多晶体结构，每个小晶体内部晶格位向基本一致，但各小晶体之间的位向不同，如图 1.10（a）所示。外形不规则、呈粒状的小晶体称为晶粒。

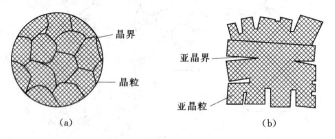

图 1.10　多晶体示意图
（a）多晶体的晶粒与晶界；（b）亚晶粒

晶粒与晶粒之间的界面称为晶界。实践中多晶体的每个晶粒内部，晶格位向也存在着许多晶格位向差很小（<2°～3°）的小晶块，称为亚晶粒。一个晶粒是由许多亚晶粒组成，如图 1.10（b）所示。亚晶粒之间的界面称为亚晶界。

（2）晶体缺陷。微观结构中，由于晶体形成条件、原子热运动及其他因素的影响，原子规则排列受到破坏，使金属存在各种各样的缺陷，称为晶体缺陷。根据晶体缺陷的几何特征，分为点缺陷、线缺陷和面缺陷。

1）点缺陷。存在空位和间隙原子，如图 1.11 所示。点缺陷使周围的原子出现"撑开"或"靠拢"，称为晶格畸变。晶格畸变的存在使金属产生内应力，性能发生变化，如强度、硬度和电阻增加，体积发生变化等。利用晶格畸变可强化金属。

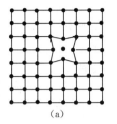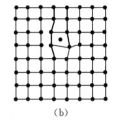

图 1.11　点缺陷示意图
（a）晶格空位；（b）间隙原子

2）线缺陷。线缺陷为原子排列的不规则区，在空间一个方向上的尺寸很大，在其余两个方向上的尺寸很小。位错是晶格中一部分晶体相对于另一部分晶体的局部滑移，滑移部分与未滑移部分的交界线即为位错线。如图 1.12 所示为一种最简单的位错，称为"刃型位错"。相对滑移使上半部分多出一半原子面，多余半原子面的边缘好像插入晶体中的一把刀的刃口。实际晶体存在大量的位错。

3）面缺陷。金属材料为多晶体结构，其两个相邻晶粒之间的位向不同，晶界处的原子排列也不规则，从一种位向逐渐过渡到另一种位向的过渡层上的晶界和亚晶界称为面缺陷，如图 1.13 所示。

晶界处的原子排列不规则，晶格处于畸变状态。常温下，晶界处有较高的硬度和强度。晶粒越细小，晶界面积越多，金属的强度和硬度也越高。

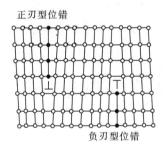

图 1.12　线缺陷示意图

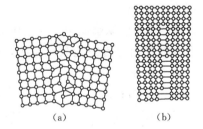

图 1.13　面缺陷示意图
（a）大角度晶界；（b）小角度亚晶界

2. 纯金属的结晶与同素异构转变

绝大多数金属件都是经熔化、冶炼和浇注获得，金属由液态转变为固态称为凝固。而金属在固态下都是晶体，所以金属的凝固过程又称为结晶。液态金属的结晶过程直接影响到金属的内部组织、使用性能和工艺性能，因此必须了解金属的结晶规律。

（1）纯金属的冷却曲线。如图 1.14 所示，液态金属随冷却时间的增长温度不断下降，但冷却到某一温度时，冷却时间虽然增长而温度并不下降，在冷却曲线图中的水平线段所对应的温度就是纯金属的结晶温度，其原因是结晶时，放出的结晶潜热补偿了向外界散失的热量。结晶完成后，金属继续向周围散失热量，温度又重新下降。

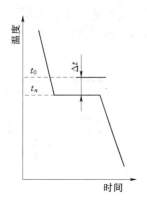

图 1.14 纯金属结晶时的
冷却曲线

金属在极端缓慢冷却条件下所测得的结晶温度 t_0 称为理论结晶温度。实际生产中，金属由液态结晶为固态时冷却速度极快，金属总是要在理论结晶温度 t_0 以下的某一温度 t_n 才开始进行结晶，温度 t_n 称为实际结晶温度。金属的实际结晶温度 t_n 低于理论结晶温度 t_0 的现象称为过冷现象。t_0 与 t_n 之差 Δt 称为过冷度。冷却速度越快，Δt 越大，即金属的实际结晶温度越低。

（2）纯金属的结晶规律。实验证明，金属结晶时，首先从液体金属中自发地形成一批结晶核，即自发晶核。同时，某些外来的难熔质点又充当晶核，形成非自发晶核。通常，液态金属结晶主要依靠非自发晶核。

结晶时由每一个晶核长成的晶体就是一个晶粒。晶核长大时，起初不受约束，互相接触后，不再自由生长，最后形成由许多晶向不同的晶粒组成的多晶体。由于晶界的晶粒内部凝固得迟，所以便在其上面聚集着较多的低熔点杂质。

（3）晶粒大小对力学性能的影响。晶粒大小直接影响金属的力学性能，晶粒越细小，金属的强度、塑性和韧性越好。影响晶粒大小的因素主要取决于形核率（单位时间、单位体积内所形成的晶核数目）与晶核的长大速率（单位时间内晶核向周围长大的平均线速度）。促进形核率的生长或抑制长大速率，均可细化晶粒。

实际生产中，为获得细化晶粒组织，一般用以下方法：①增加过冷度。形核率和长大速率随过冷度增大而增大，但在很大范围内形核率比长大速率增长得更快，因此，过冷度越大，单位体积内的晶粒数目越多，晶粒越细。此方法多用于中、小型铸件的生产。②变质处理。大型铸件散热慢，难以获得较大的过冷度，且较大的过冷度易使铸件开裂，造成废品。通常，浇注前向液态金属中加入变质剂，大量增加非自发形核而得到细化晶粒组织，称为变质处理。如向钢液中加入 Al、Ti、V；向铸铁中加入 Si-FeCa 等；向铝液中加入 Ti、Zr 等，俗称加入"稀土"。③机械振动、超声波振动和电磁振动。振动使已形成晶核的枝晶折断、破碎，也能使晶核数目增多，从而达到细化晶粒的目的。

（4）金属的同素异构转变。同一种元素在不同固态温度下，其晶格类型会发生转变，称为同素异构转变。图 1.15 所示为纯铁的冷却曲线。纯铁在 1538℃ 时开始结晶，在 1538～

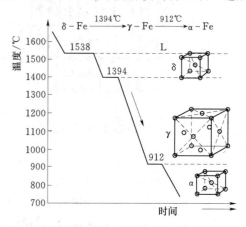

图 1.15 纯铁的同素异构转变

1394℃ 为体心立方晶格，称为 δ-Fe；在 1394～912℃ 为面心立方晶格，称为 γ-Fe；在 912℃ 以下又为体心立方晶格，称为 α-Fe。

依据纯铁的同素异构转变过程可知：钢铁可进行热处理，这也是钢铁材料性能多种多样、用途广泛的主要原因之一。

1.2.4 铁碳合金相图

1. 合金的晶体结构与组织

纯金属具有优良的塑性、导电、导热等性能，但制造困难、价格昂贵、力学性能较差，实际中并不使用。大量使用的金属材料是碳钢、合金钢、铸铁、铝合金及铜合金。

（1）合金的基本知识。

1）合金。一种或两种金属元素或者金属与非金属元素经熔炼、烧结或其他方法结合成具有金属特性的物质称为合金，如碳钢、黄铜等合金。

2）组元。组成合金的最基本的独立物质称为组元。组元可以是金属或非金属元素，由两个组元组成的合金称为二元合金，如 $Fe-C$；三个组元组成的合金称为三元合金，如 $Fe-C-Si$；稳定的金属化合物也可以是组元，如 Fe_3C。

3）合金系。由两个或两个以上的组元按不同比例配制成一系列不同成分的合金，就是合金系，如含碳量不同的碳钢和铸铁为 $Fe-C$ 合金系。

4）相。金属中化学成分、晶体结构和物理性能相同的部分，包括固溶体、金属化合物等，或者金属中具有同一聚集状态、同一结构和性质的均匀组成部分称为相。如水和冰，水为液态相，冰为固态相。

5）组织。组织泛指由金相观察法观察到的具有独特微观形貌特征的部分。反映材料的相形态、尺寸大小和分布方式不同的一种或多种相构成的总体，是决定材料最终性能的关键。

（2）合金的相结构。根据构成合金各组元之间相互作用的不同，固态时合金形成固溶体、金属化合物和机械混合物三类合金组织。

1）固溶体。溶质原子溶入溶剂晶格中，仍保持溶剂晶格类型的合金相。晶格保持不变的组元称为溶剂，晶格消失或被溶解的组元是溶质。如 $\alpha-Fe$ 中溶入碳原子而形成的铁素体即为固溶体。固溶体可分为置换固溶体和间隙固溶体。

a. 置换固溶体。溶剂晶格结点上的某部分原子被溶质原子所替代形成的固溶体，如图 1.16 所示。一般情况是当溶质原子与溶剂原子直径差别不大时，易形成置换固溶体。置换固溶体又分为有限固溶体和无限固溶体。通常，两组元原子半径差较大，只能是有限固溶体。大多数合金为有限固溶体，溶解度可随温度升高增大。当两组元原子半径差较小，晶格类型相同，原子结构相似，可形成无限固溶体，如铜和镍组成的合金。

○—溶剂原子
●—溶质原子

图 1.16　置换固溶体的晶格类型

b. 间隙固溶体。溶质原子溶入溶剂晶格的空隙中而形成。如图 1.17 所示。如非金属元素 C、N、H、B 为溶质，溶入金属中形成的则为间隙固溶体。其溶解度是有限的。溶质原子的溶入，会使晶格发生畸变，使合金塑性变形阻力增加，从而提高合金的强度和硬度，塑性下降，这种现象称为固溶强化，如图 1.18 所示。固溶强化是提高金属材料力学性能的重要途径之一。

○—溶剂原子

●—溶质原子

图 1.17　间隙固溶体的
晶格类型

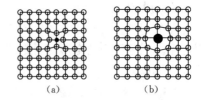

(a)　　　　　　(b)

图 1.18　形成固溶体的晶格畸变

(a) 溶质原子小于溶剂原子；(b) 溶质原子大于溶剂原子

2）金属化合物。合金组元之间发生相互作用形成的一种具有金属特性的新相，称为金属化合物。其晶格类型和性能完全不同于任一组元，一般用化学分子式表示，如 Fe_3C、TiC、$CuZn$ 等。

金属化合物熔点高、硬度高、脆性大，在合金中主要作为强化相。如 Fe_3C 使钢的强度、硬度、耐磨性提高，但钢的塑性和韧性下降。可以提高合金的综合力学性能。

3）机械混合物。固溶体、金属化合物是组成合金的基本相，由两种或两种以上不同的相组合而成的物质称为机械混合物。

2. 铁碳合金的基本组织

钢铁基本组元是铁和碳两种基本元素，故称为铁碳合金。要熟悉钢铁材料的成分、组织与性能，必须首先研究铁碳合金相图。

液态时，铁和碳可以无限互溶。固态时，铁和碳的相互作用有三种：第一种是碳原子溶解到铁的晶格中形成固溶体，如铁素体与奥氏体；第二种是铁和碳原子按一定的比例形成金属化合物，如渗碳体；第三种是机械混合物，如珠光体和莱氏体。铁素体、奥氏体、渗碳体均是铁碳合金的基本相。

（1）铁素体。碳溶于 $\alpha-Fe$ 中的间隙固溶体称为铁素体，用符号 α 或 F 表示，为体心立方晶格。因 $\alpha-Fe$ 原子的间隙半径很小，因此溶碳能力极差，在 727℃ 时最大溶碳量 $w(C)$ 仅为 0.0218%，室温时降至 0.0008%，性能与纯铁几乎相同，即强度、硬度低，塑性和韧性较好；在 770℃ 以下具铁磁性，在 770℃ 以上则失去铁磁性。

（2）奥氏体。碳溶解于 $\gamma-Fe$ 中的间隙固溶体。用符号 γ 或 A 表示。为面心立方晶格。原子的间隙较大，溶碳能力比 $\alpha-Fe$ 强，在 727℃ 时溶碳量 $w(C)$ 为 0.77%；1148℃ 时 $w(C)$ 最大达到 2.11%。奥氏体的强度、硬度低，变形抗力小，有良好的塑性，高温下进行压力加工最为理想。在钢中存在稳定的奥氏体的最低温度为 727℃。

（3）渗碳体。铁与碳形成的具有复杂晶格间隙的稳定化合物 Fe_3C，其 $w(C)$ 为 6.69%，硬度很高（>800HBS），塑性和韧性几乎为零，脆性很大。不能单独使用，在钢中总是与铁素体混合在一起，为主要强化相。其数量、形态、大小和分布直接影响钢的性能。因此同等条件下，高碳钢要比中、低碳钢硬度高许多。在一定条件下还可以分解成铁和石墨。

（4）珠光体。铁素体和渗碳体组成的机械混合物的共析体，称为珠光体，用符号 P

表示。平均溶碳量 $w(C)$ 为 0.77%。珠光体是由硬的渗碳体与软的铁素体层片相间组成的混合物，力学性能介于渗碳体和铁素体之间。其强度好，硬度约为 180HBS。

（5）莱氏体。溶碳量 $w(C)$ 为 4.3% 的铁碳合金。当温度缓慢冷却到 1148℃时，结晶出奥氏体和渗碳体的共晶体，称为高温莱氏体，用符号 Ld 表示；冷却到 727℃时奥氏体转变为珠光体。所以室温下莱氏体由珠光体和渗碳体组成，称为低温莱氏体或变态莱氏体，用符号 Ld′ 表示。莱氏体含 64% 以上的 Fe_3C，所以硬度也很高（>700HBS），塑性很差，脆性很大，是白口铁的基本组织。

在五种铁碳合金基本组织中，铁素体、奥氏体、渗碳体是单相组织，是基本相。珠光体、莱氏体是由基本相混合组成的两相组织。

3. 铁碳合金相图

众所周知，合金通常是由不同的金属熔化在一起形成的合金溶液，再经冷却结晶而得到。在冷却结晶过程中，成分、组织的形成和性能之间发生了有规律的变化，从合金相图中可知某种合金在某一特定温度下能形成什么样的组织。而用来表示合金系中各个合金的结晶过程的简明图解称为相图，又称状态图或平衡图。

铁碳合金相图是在长期的生产和科学实验中总结出来的，用于研究钢、生铁（铸铁）在平衡条件下，铁碳合金的成分、组织和性能之间的关系及变化规律，是研究钢铁材料，制订热加工工艺的重要理论依据和工具。

钢的 $w(C)$ 小于 2.11%，生铁（铸铁）的 $w(C)$ 为 $2.11\%\sim6.69\%$，在工业上 $w(C)$ 大于 6.69% 的铁碳合金没有使用价值。所以，目前铁碳合金相图的 $w(C)$ 没有 $0\sim100\%$ 的完整的相图，而只研究 $w(C)$ 为 $0\sim6.69\%$ 的部分，即 Fe 作为一个组元，$w(C)$ 为 $0\sim6.69\%$ 的 Fe_3C 作为另一组元的 Fe-Fe_3C 二元合金相图。相图中的左上角部分，生产中无实用意义，为简化研究，便得到简化后的 Fe-Fe_3C 相图，如图 1.19 所示。

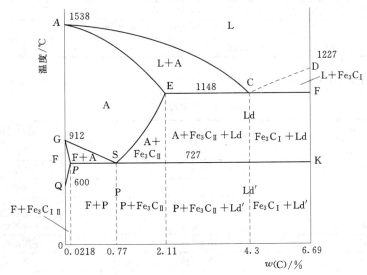

图 1.19 简化后的 Fe-Fe_3C 状态图

1.2.5 铁碳合金的相图特性点、特性线及含碳量

1. 铁碳合金相图的特性点和特性线

如图 1.19 所示，Fe-Fe₃C 相图中，纵坐标表示温度，横坐标表示合金成分，$w(C)$ = 0～6.69%，其中包含共晶和共析两种典型反应。

Fe-Fe₃C 相图中各特性点的含义见表 1.2。

表 1.2　　　　　　　　　　　　简化后的 Fe-Fe₃C 相图中主要特性点

特性点	温度/℃	$w(C)$ /%	含　　义
A	1538	0	纯铁的熔点
C	1148	4.3	共晶点，Lc→Ld（AE+Fe₃C）
D	1227	6.69	Fe₃C 的熔点
E	1148	2.11	碳在 γ-Fe 中的最大溶解度
G	912	0	纯铁的同素异构转变点 α-Fe→γ-Fe
P	727	0.0218	碳在 α-Fe 中的最大溶解度
S	727	0.77	共析点，AS→P（FP+Fe₃C）
Q	600	0.0057	碳在 α-Fe 中的溶解度

Fe-Fe₃C 相图中主要特性线的含义见表 1.3。

表 1.3　　　　　　　　　　　Fe-Fe₃C 相图中主要特性线

特性线	特性线含义
ACD	铁碳合金的液相线，液体合金冷却到此线时开始结晶
AECF	铁碳合金的固相线，在此线以下的合金为固体状态
GS	不同含碳量的奥氏体冷却时析出铁素体的开始线，常用 A₃ 表示
ES	碳在 γ-Fe 中的溶解度曲线，常用 Acm 表示，奥氏体冷却到 ES 线时开始析出渗碳体
ECF	共晶转变线，L4.3 1148℃↔A2.11+Fe₃C
PSK	共析转变线，L0.77 727℃↔F0.0218+Fe₃C，常用 A₁ 表示
PQ	碳在 α-Fe 中的溶解度曲线

Fe-Fe₃C 主要相区见表 1.4。

表 1.4　　　　　　　　　　　　　　Fe-Fe₃C 主要相区

范　围	存　在　的　相	相　区
ACD 线以上	L	单相区
AESGA	A	单相区
AEC	L+A	两相区
DFC	L+Fe₃C	两相区
GSP	F+A	两相区
ESKF	A+Fe₃C	两相区
PSK 线以下	F+Fe₃C	两相区
ECF 线	L+A+Fe₃C	三相区
PSK 线	A+F+Fe₃C	三相区

简化后的 Fe-Fe₃C 相图主要有 2 个单相区：L、A；5 个两相区：L+A、L+Fe₃C、F+A、A+Fe₃C、F+Fe₃C；2 个三相区：L+A+Fe₃C、A+F+Fe₃C。

2. 铁碳合金的类型

由于铁碳合金的成分不同，室温下将得到不同的组织。根据铁碳合金的含碳量及组织的不同，可将铁碳合金分为工业纯铁、碳钢和白口铸铁三种。

（1）工业纯铁 [$w(C) \leqslant 0.0218\%$]。性能特点为塑性、韧性好，硬度、强度低。

（2）碳素钢 [简称碳钢，$0.0218\% < w(C) \leqslant 2.11\%$]。碳素钢又分为三类：①亚共析钢，$0.0218\% < w(C) < 0.77\%$，室温组织为 F+P；②共析钢，$w(C) = 0.77\%$，室温组织为 P；③过共析钢，$0.77\% < w(C) \leqslant 2.11\%$，室温组织为 P+Fe₃C。

（3）白口铸铁 [$2.11\% < w(C) < 6.69\%$]。白口铸铁可分为三类：①亚共晶生铁，$2.11\% < w(C) < 4.3\%$，室温组织为 P+Fe₃C+Ld；②共晶生铁，$w(C) = 4.3\%$，室温组织为 Ld；③过共晶生铁，$4.3\% < w(C) < 6.69\%$，室温组织为 Ld+Fe₃C。

3. 含碳量对铁碳合金组织和力学性能的影响规律

从铁碳合金结晶过程进行分析可知，铁碳合金室温组织由铁素体和渗碳体两相组成。当含碳量增高，铁素体不断减少，渗碳体逐渐增加。室温下，铁碳合金平衡组织变化规律为：

$$F \to F+P \to P \to P+Fe_3C_{II}$$

含碳量对力学性能的影响，如图 1.20 所示。铁素体是软、韧相；渗碳体是硬、脆相，当两者以层片状组成珠光体时，兼具两者的优点。含碳量的增加，钢的强度、硬度升高，而塑性和韧性下降。这是因为渗碳体量不断增多，铁素体量不断减少的缘故。当 $w(C) > 0.9\%$ 以后，不仅钢的塑性、韧性不断降低，而且强度明显下降。工业用钢含碳量一般不超过 1.3%～1.4%。

铁碳合金相图是分析钢铁材料平衡组织和制订钢铁材料各种热加工工艺的基础资料，具有重大的实用意义。

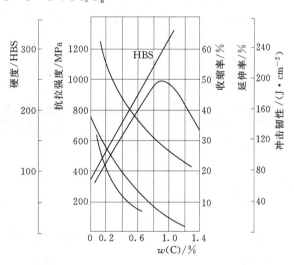

图 1.20 含碳量对钢的力学性能的影响

它直观地表明了钢铁材料的成分和组织变化规律，并据此判断钢铁材料力学性能的变化特点，更方便、可靠地进行选材。

在铸造时，Fe-Fe₃C 相图，可用来估算钢铁材料的浇注温度，一般在液相线以上 50～100℃，此时共晶成分的合金结晶温度较低，结晶温度区间最小，合金的流动性最好，体积收缩小，易获得组织致密的铸件。

在锻造时，Fe-Fe₃C 相图用于选择钢材的锻造或热轧温度范围。钢加热到奥氏体单相区时，钢的塑性好、变形抗力小，易于成形。一般碳钢始锻温度控制在固相线以下 100

～200℃范围内，亚共析钢的终锻温度控制在 800℃左右，过共析钢的终锻温度稍高于 PSK 线。

　　在焊接时，Fe‑Fe₃C 相图可作为理论依据，用来研究焊接时焊缝及周围热影响区受到不同程度的加热和冷却时的组织和性能变化规律。

　　在热处理时，各种热处理工艺的加热温度都是依据 Fe‑Fe₃C 相图选定的。所以，Fe‑Fe₃C 相图对制订热处理工艺具有非常重要的意义。

1.3　碳　钢　的　热　处　理

【任务】　碳钢的常用热处理操作

　　（1）目的：熟悉碳钢热处理（正火、淬火及回火）的基本工艺；掌握冷却条件与钢的性能之间的关系；分析正火、淬火及回火温度对钢的力学性能的影响。

　　（2）器材：箱式电炉、控温仪表、洛氏硬度机和水银温度计；20 号钢、45 号钢和 T12 钢；水、油（环境温度约 20℃）等淬火介质。

　　（3）任务设计。

　　1）淬火和正火：①对试样分类、编号；②加热前测定硬度；③将电炉升温至表 1.5 规定的温度，根据试样钢号，按照表 1.5 规定的淬火和正火加热温度、保温时间进行操作；④淬火、正火后的试样表面用砂纸去掉氧化皮并磨平，测出硬度值分别填入表 1.6。

　　2）回火：①将试样按表 1.7 规定的温度加热，保温 30min，然后取出空冷；②磨光试样表面，测定硬度值，填入表 1.7 中。

表 1.5　　　　　　　　　　碳钢在箱式电阻炉中加热时间的确定

加热温度/℃	不同形状工件的加热时间/(min·mm⁻¹)		
	圆柱形	方形	板形
700	1.5	2.2	2
800	1.0	1.5	2
900	0.8	1.2	1.6
1000	0.4	0.6	0.8

表 1.6　　　　　　　　　　　　淬　火　与　正　火　实　验

组别	加热温度/℃	冷却方式	20 号钢		45 号钢		T12 钢	
			处理前硬度/HRC	处理后硬度/HRC	处理前硬度/HRC	处理后硬度/HRC	处理前硬度/HRC	处理后硬度/HRC
1	1000	水冷						
2	750	水冷						
3	860	空冷						
4	860	油冷						
5	860	水冷						

　　注　1～4 组每种钢号各一块；5 组除 20 号钢、T12 钢各一块，45 号钢取 6 块，5 块用于回火。

表 1.7　　　　　　　　　　　　　　回　火　实　验

组　别	1	2	3	4	5
回火温度/℃	200	300	400	500	600
回火前硬度/HRC					
回火后硬度/HRC					

（4）报告要求：记录并整理实验数据；分析化学成分、加热温度与冷却速度对钢的性能影响并加以讨论；绘制45号钢回火温度与硬度的关系曲线图，并加以讨论；分析存在的问题，并写出结论。

（5）注意事项：①电炉一定要接地，放、取试样时必须先切断电源；②放、取试样必须使用夹钳，不得沾有油和水，开关炉门迅速，打开时间不宜过长；③淬火时，动作迅速，以免温度下降，影响淬火质量；④淬火时，试样在溶液中应不断搅动，否则试样表面会出现软点；⑤淬火时冷却水温应保持20～30℃；⑥淬火或回火后的试样均要磨平表面，否则测定的硬度值不准。

钢的热处理是将钢在固态下加热到一定的温度，进行必要的保温并冷却来改变其内部组织，从而获得所需性能的一种工艺方法。

热处理工艺能使机械零件获得良好的力学性能，延长零件的使用寿命，提高加工质量，减少刀具磨损。其根本原因是钢在加热和冷却过程中，铁的同素异构转变，使其内部发生组织与结构变化的结果。

热处理的目的是消除毛坯中的缺陷，改善工艺性。为切削加工或热处理做准备称为预先热处理。热处理的目的在于提高材料的力学性能，发挥材料的潜力，节约材料，延长零件使用寿命则称为最终热处理。按工艺可分为：

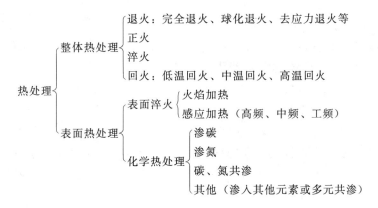

1.3.1　钢在加热和冷却时的组织转变

1. 钢在加热时的组织转变

钢在加热时其组织转变为奥氏体。此时，奥氏体组织的晶粒大小、成分及其均匀程度直接影响钢冷却后的组织和性能。下面以共析钢为例，说明奥氏体的形成过程。

在极其缓慢的加热条件下，钢的组织变化按 Fe-Fe_3C 状态图进行，组织转变的临界

温度分别用 A_1、A_3、A_{cm} 表示。但是，加热速度比较快时相变的临界温度比加热速度慢的要高一些，分别用 Ac_1、Ac_3、Ac_{cm} 表示。

在实际生产中加热速度比较快。当钢由室温加热到 Ac_1 以上温度时，珠光体将转变为奥氏体。整个奥氏体的形成过程分为晶核形成和长大、残余渗碳体的溶解和奥氏体成分的均匀化三个阶段。共析钢的奥氏体形成过程如图 1.21 所示。

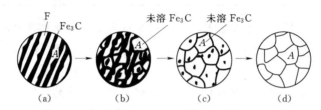

图 1.21 共析钢奥氏体的形成

(a) 晶核形成；(b) 长大；(c) 残余奥氏体溶解；(d) 奥氏体成分的均匀化

(1) 奥氏体晶核的形成和长大。奥氏体晶核易于在铁素体 F 和渗碳体 Fe_3C 的两相片层界面上形成，晶核形成后，既与渗碳体相接，又与铁素体相接。奥氏体中的含碳量不均匀，为了恢复原先碳含量的平衡，奥氏体更易逐渐长大，直至珠光体中的铁素体全部转变为奥氏体。

(2) 残余渗碳体的溶解。由于铁素体向奥氏体转变的速度快于渗碳体向奥氏体溶解的速度。因此，随着时间的延长，渗碳体继续向奥氏体中溶解，直至全部消失。

(3) 奥氏体的均匀化。当残余渗碳体全部溶解后，奥氏体中的含碳量仍是不均匀的。延长保温时间后，通过碳原子的扩散运动，奥氏体的含碳量才逐渐趋于均匀。

要获得单相奥氏体，亚共析钢的奥氏体温度在 Ac_3 以上，过共析钢的温度在 A_{cm} 以上。

2. 钢在冷却时的组织转变

钢经加热得到奥氏体后，冷却组织的转变实质上是过冷奥氏体的冷却转变。冷却条件不同，其转变产物在组织和性能上有很大的差异。

(1) 过冷奥氏体的等温转变。在临界温度（A_1、Ac_3、A_{cm}）以下时，将高温奥氏体迅速冷却到低于 A_1（PSK 线称为 A_1 线）的某一温度，并保持恒温，过冷奥氏体（冷到临界温度点以下，并未立即发生转变的奥氏体称为过冷奥氏体）完成转变的过程，称为过冷奥氏体的等温转变。在不同的温度进行等温转变，获得的组织和性能是不同的。当过冷奥氏体的温度下降到 350～230℃ 范围时，所形成的产物称为下贝氏体。碳含量低时，下贝氏体形成温度有可能高于 350℃。

(2) 过冷奥氏体等温转变曲线。在不同过冷度下的等温转变过程中，其转变温度、转变时间与转变产物的关系曲线图，称为奥氏体等温转变曲线。由于曲线形状与"C"字相似，又简称为"C"曲线。图 1.22 是共析钢的"C"曲线。A_1 为奥氏体向珠光体转变的临界温度，A_1 以上是奥氏体稳定区域。转变开始线左方是过冷奥氏体区，在转变结束线右方是转变结束区，在两条线之间是过冷奥氏体与转变产物共存的过渡区。

水平线 M_s 为过冷奥氏体转变为马氏体（马氏体是一种常见的金属材料的金相组织结

构,它由奥氏体转变而来,特点是硬度高,强度高,比容大,冲击韧性低)的开始温度,约230℃,水平线M_f为过冷奥氏体转变为马氏体的终止温度,约－50℃。过冷奥氏体在不同温度等温分解或转变时的孕育期,随着等温温度的不同而改变。在"C"曲线拐弯的"鼻尖"处(约550℃)孕育期最短,过冷奥氏体稳定性最小。

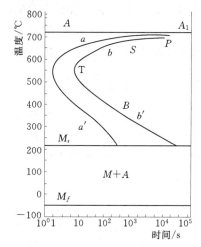

图 1.22 共析钢的等温转变示意图

(3)过冷奥氏体等温转变产物的组织和性能。碳在$\alpha-Fe$中的过饱和固溶体称为马氏体,具有体心立方晶格,用符号"M"表示。当钢从奥氏体区急冷到M_s温度时,奥氏体开始转变成马氏体。此时,不发生碳的扩散,只有铁的晶格改组。大量的碳原子转变后保留在铁的晶格中,使$\alpha-Fe$晶格畸变。马氏体主要有两种类型:片状马氏体和板条状马氏体。片状马氏体含碳量高(＞1.0%),硬度高、脆性大,如图1.23所示。板条状马氏体含碳量低(＜0.3%),具有良好的强度和韧性。马氏体的含碳量越高,其硬度也越高。

马氏体在高温(500～650℃)回火后的产物称回火索氏体。回火索氏体也是铁素体与渗碳体的混合物,其中渗碳体颗粒比回火托氏体中的粗,在金相显微镜下较清晰。回火索氏体比回火托氏体更加接近平衡状态,具有较高的韧性和强度,适用于制造冲击载荷较大的零件。

(4)过冷奥氏体的连续冷却转变。把钢加热到奥氏体状态后,以不同冷却速度连续冷却,测定出转变开始及转变结束的温度和时间,记录最终所得的组织及硬度,将相同性质的转变开始点与转变结束点连成曲线,得出的曲线为过冷奥氏体连续冷却转变曲线图(又称CCT图),如图1.24所示。图中P_s和P_f表示$A\to P$的开始线和终止线,P_k线表示$A\to P$的终止线,若冷却曲线碰到P_k线,这时$A\to P$转变停止,继续冷却时,A一直保持到M_s温度以下转变为马氏体。

图 1.23 粗大片状马氏体(500倍)

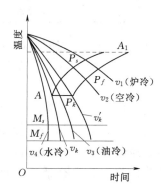

图 1.24 连续冷却转变曲线

v_k称为临界冷却速度,获得全部马氏体组织的最小冷却速度。v_k越小,钢在淬火时就越容易获得马氏体组织，即钢接受淬火的能力越大。

共析钢在连续冷却时的转变难以测定，实际生产常按连续冷却曲线与等温冷却转变曲线相交的大致情况，估算连续冷却后得到的组织。

1.3.2 钢的退火和正火

整体热处理又称为普通热处理，是将工件整体进行加热、保温和冷却，以获得均匀的组织和性能的热处理工艺，包括退火、正火、淬火和回火。退火和正火作为预先热处理工序，安排在铸造或锻造之后、切削加工之前进行，以消除铸造或锻造缺陷，为后续工序做准备。

1. 钢的退火

将工件加热到临界点以上或临界点以下某一温度，保温一定时间后，以十分缓慢的冷却速度（炉冷）进行冷却的热处理工艺称为退火，退火分为完全退火、球化退火和去应力退火三种。

退火的目的：①降低钢的硬度、提高塑性，便于切削及冷作加工；②细化晶粒，均匀钢组织、成分，改变钢的性能，为后续热处理做准备；③消除残余应力，防止变形和开裂。

退火方法见表1.8。

表1.8　　　　　　　　　　　三种不同的退火方法及应用

热处理名称	热 处 理 方 法	应 用 场 合
完全退火	将钢加热到 Ac_3 以上 $30\sim50℃$，保温一定时间后，随炉缓慢冷却到 $500℃$ 以下，然后在空气中冷却	用于亚共析钢（如45号钢）、合金钢的铸件及热轧钢、焊接结构。目的是细化晶粒、充分消除内应力、降低钢的硬度、改善切削加工性
球化退火	将钢加热到 Ac_3 以上 $20\sim40℃$，保温一定时间，以不大于 $50℃/h$ 的冷却速度随炉冷却	用于过共析钢（如铸铁）及合金工具钢。可获得均匀分布在铁素体基体上的球状碳化物组织。降低硬度，改善切削加工性
去应力退火	将钢缓慢加热（$100\sim150℃/h$）至 $500\sim650℃$，保温后，随炉缓慢冷却（$50\sim100℃/h$），至 $300\sim200℃$ 出炉空冷	目的是消除锻件、铸件、焊接件的残余应力

除以上三种常用的退火方法外，某些精密工件或铸件常在 $100\sim150℃$ 进行长时间的加热（$10\sim15h$）后，关闭炉门，随炉冷却至室温，这种低温处理方法称为时效处理。

2. 钢的正火

正火是将钢加热到 Ac_3 或 A_{cm} 以上 $30\sim50℃$，保温一定时间后，在空气中冷却的热处理工艺。正火与退火基本相同，正火的冷却速度稍快，组织细，强度、硬度较高。

正火对于普通结构零件，可作为最终热处理。作为预备热处理主要用于过共析钢，抑制或消除网状渗碳体，获得合适的硬度，便于加工；改善钢的性能，为后续热处理做准备。

选择退火与正火时需考虑以下因素：

（1）切削加工方面。一般认为硬度在 $170\sim230HBS$ 的钢材，其切削加工性最好。硬度过高难以加工，刀具易磨损；硬度过低易"粘刀"，刀具发热磨损，加工后零件表面也粗糙。作为预备热处理，低碳钢应采用正火，高碳钢应采用退火。

（2）使用方面。对亚共析钢，正火处理的力学性能比退火处理要好。零件性能要求不高时，可用正火作最终热处理。但当零件形状复杂时，正火的冷却速度较快，易产生裂纹，宜采用退火。

（3）经济方面。正火的生产周期短，成本低，操作方便。条件允许，优先采用正火。

3. 钢的淬火

（1）钢的淬火。淬火就是将钢加热到 Ac_3 或 Ac_1 以上的 $30 \sim 50℃$ 保温后，以大于临界冷却速度（一般为油冷或水冷）快速冷却的一种热处理工艺，目的就是获得马氏体。淬火后必须和回火相配合，以获得优良的综合力学性能。

（2）淬火加热温度的选择。钢的淬火温度是根据 $Fe - Fe_3C$ 相图来选择的，如图 1.25 所示。

亚共析钢的淬火温度一般在 Ac_3 以上 $30 \sim 50℃$，淬火冷却后获得均匀细小的马氏体。如温度过高，将获得粗大的马氏体，钢易脆化；若淬火温度过低，则钢的硬度会不足。

过共析钢的淬火温度一般为 Ac_1 以上 $30 \sim 50℃$，淬火后可得到均匀细小马氏体及粒状渗碳体的混合组织，能增加钢的硬度和耐磨性。如果淬火温度过高，不仅得到粗大马氏体，增加脆性及变形开裂，而且残余奥氏体量增多，降低钢的硬度及耐磨性。

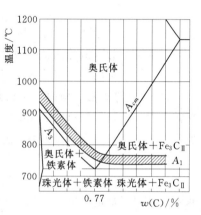

图 1.25　碳钢淬火的范围

（3）淬火冷却介质。淬火质量取决于淬火冷却速度，淬火后要得到马氏体组织，淬火的冷却速度必须大于临界冷却速度。但是，快速冷却将使工件产生很大的内应力，使工件的体积收缩及组织转变都很剧烈，容易造成工件的变形及开裂。因此，需选择适当的冷却介质。

要在淬火后得到马氏体，对应奥氏体等温转变曲线（图 1.22）中，"鼻尖"附近才是关键。即在 $550 \sim 650℃$ 范围内快速冷却，在 $650℃$ 以上或 $400℃$ 以下温度范围，不需快冷。特别在 M_s 线附近，马氏体继续发生转变时，尤其不应快冷，否则易造成变形、开裂。

常用的淬火冷却介质有水、油、盐水。水的淬冷能力很强，盐水的淬冷能力更强，油的淬冷能力很弱。常用盐水的质量分数为 $10\% \sim 15\%$，合金钢零件淬火可使用矿物油。

（4）淬火方法。防止工件的变形和开裂，除选择合适的淬火冷却介质外，还需选择适当的淬火方法。图 1.26 所示为常用的淬火方法。

1）单液淬火法。将钢件奥氏体化后（加热），在单一淬火介质中连续冷却至室温称为单液淬火法。碳钢一般用水冷淬火，合金钢一般用油冷淬火。操作简单，容易实现机械化、自动化。但冷却特性不理想，容易产生硬度不足或开裂。

2）双液淬火法。将钢件奥氏体化后（加热），在冷却能力较强的介质（如水或盐水溶

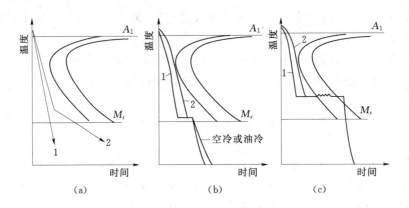

图 1.26　常用的淬火方法

(a) 单液淬火；(b) 分级淬火；(c) 等温淬火

1—表面淬火；2—心部淬火

液）中淬冷至接近 M_s 线温度后，再迅速转移到冷却能力较弱的介质（如矿物油）中继续冷却至室温称为双液淬火法。其优点是可减少淬火内应力，缺点是操作困难。这种淬火法主要用于易开裂的碳素工具钢类的工件。

3）分级淬火法。将钢件奥氏体化后（加热），先投入到温度为 $150\sim260℃$ 的硝盐浴或碱浴中，稍加停留（$2\sim5\text{min}$），待其表面与心部的温差减小后，再取出空冷，称为分级淬火法。该法可有效地避免变形和裂纹，应用于合金钢工件或尺寸较小、形状复杂的碳钢工件。

4）等温淬火法。将钢件奥氏体化后（加热），投入温度稍高于 M_s 线温度的盐液或碱液中，保温足够的时间，待其发生下贝氏体转变后取出空冷，称为等温淬火法。等温淬火产生的内应力较小，所得到的下贝氏体组织具有较高的硬度和韧性，故常用于处理形状复杂，要求强度、韧性较好的工件，如各种模具、成型刀具等。

(5) 钢的淬透性与淬硬性。淬透性是指钢在淬火时获得淬硬层的能力。淬硬层一般规定为工件表面至半马氏体（马氏体量占 50%）之间的区域，它的深度叫淬硬层深度。

淬火时，工件截面各处的冷却速度是不同的，表面冷却速度最大，中心冷却速度最小。若工件表面及中心的冷却速度都大于临界冷却速度，则工件整个截面都会获得马氏体，即钢完全淬透了。若中心部分低于临界冷却速度，则钢的表面得到马氏体，心部为非马氏体，钢未被淬透。

淬透层越深，表明钢的淬透性越好，力学性能越好。淬透性好的钢，即使零件的尺寸较大也能完全淬透，经高温回火后，钢的表面和中心都得到回火索氏体组织，可获得良好的综合力学性能；淬透性差的钢不能完全淬透，回火后，表面上得到回火索氏体，中心为片状珠光体，其力学性能沿截面分布不均，心部最低，特别是韧性。因此，钢的淬透性对提高大截面零件的力学性能、发挥钢的潜力有重要意义。

钢的淬透性与淬硬性是不同的两个概念。淬硬性是指钢经淬火后所能达到的最大硬度值。钢的淬硬性主要取决于钢中的含碳量。淬火时，固溶在钢的奥氏体中的含碳量越高，淬火后钢的硬度就越高，其淬硬性就越好。因此，淬透性好的钢，淬硬性不一定好。反之，淬硬性好的钢，淬透性也不一定好。

（6）淬火缺陷。淬火工艺控制不当，一般会出现以下缺陷：

1）硬度不足。淬火温度过低、保温时间不足或冷却速度不够，造成硬度低于所要求数值的现象称为硬度不足。在工件的局部区域产生硬度不足的现象称为软点。

2）过热与过烧。淬火温度过高或保温时间过长，引起奥氏体晶粒显著粗大的现象称为过热。它使钢的力学性能变差，特别是脆性增加。当淬火温度更高时，使奥氏体晶粒变得很粗大，而且出现沿奥氏体晶界氧化或局部熔化的现象称为过烧。过烧的工件要作废。

3）变形与开裂。淬火时，因为冷却速度过快，产生了很大的内应力。严重时，内应力超过材料的屈服强度时，工件变形；内应力超过强度极限时，工件开裂，成为废品。

4. 钢的回火

回火是将淬火后的钢重新加热到 Ac_1 以下的某一温度，并保温一定时间，待组织转变完成后冷却到室温。

（1）回火的目的。

1）减少或消除工件淬火时产生的内应力，防止变形和开裂。

2）提高钢的韧性，调整钢的强度和硬度。

3）稳定组织，保证工件的形状和尺寸不变，保证工件的精度。

（2）回火时淬火钢的组织与性能变化。共析钢（如45号钢），淬火后为马氏体及少量残余奥氏体，都有向稳定的组织（铁素体和渗碳体两相混合物）转变的倾向，回火可促进这种转变。按回火温度的不同，其组织转变分为四个阶段。

1）马氏体分解。当钢加热到约100℃时，其内部原子活动能力有所增加，钢仍保持高的硬度和耐磨性。

2）残余奥氏体分解。当钢加热温度超过200℃时，残余奥氏体开始分解，至300℃分解基本完成，一般转变为下贝氏体，称为回火的第二阶段。此时，虽然马氏体继续分解，降低了钢的硬度，但残余奥氏体分解为较硬的下贝氏体，钢的硬度降低并不显著。

3）渗碳体的形成。当温度继续升高时，过饱和碳逐渐转变为渗碳体，一直持续到400℃，称为回火的第三阶段。至此，钢的内应力基本消除。经第三次转变后，钢由铁素体和渗碳体组成。

4）渗碳体的聚集长大。在第三阶段结束时，钢内形成细粒状渗碳体，为均匀分布在铁素体基体上的两相混合物。回火温度越高，渗碳体质点越大，钢的硬度和强度越低，韧性却有较大提高。

根据混合物中渗碳体颗粒大小，可将回火组织分为两种：350～500℃内回火所得的组织，渗碳体颗粒很细小，称为回火屈氏体；温度升高到500～650℃时，得到的渗碳体颗粒比回火屈氏体粗，称为回火索氏体。

（3）决定钢的组织和性能的主要因素。决定钢的组织和性能的主要因素是回火温度。生产中，根据工件要求选择回火的温度。

1）低温回火（150～250℃）得到的组织是回火马氏体，具有高的硬度（58～64HRC）和高的耐磨性，内应力降低，韧性提高。用于刀具、量具及要求硬而耐磨的零件。

2）中温回火（350～500℃）得到的组织是回火屈氏体，弹性极限和屈服强度高，适当的韧性，硬度达 40～50HRC。主要用于弹性零件及热锻模等。

3）高温回火（500～650℃）得到的组织是回火索氏体，具有良好的综合力学性能（强度、塑性、韧性）。生产中常把"淬火＋高温回火"相结合的热处理称为"调质处理"，广泛用于各种重要的零件，如交变载荷下工作的螺栓、连杆、齿轮、曲轴等零件。

1.3.3 钢的表面热处理

1. 钢的表面淬火

许多承受弯曲、扭转、冲击载荷、齿轮等机器零件，要求具有表面硬、耐磨，心部韧，能抗冲击的特性，仅靠选材很难满足要求，所以工业上广泛采用表面热处理。

表面淬火是将工件的表面层迅速加热到淬火温度，然后快速冷却，使钢的表面转变为马氏体组织，而心部仍保持未淬火状态的一种局部淬火法，一般适用于中碳钢、中碳低合金钢。常用火焰加热表面淬火和感应加热表面淬火。

（1）火焰加热表面淬火。直接使用火焰（乙炔-氧或煤气-氧）将工件表面快速加热到淬火温度，随即喷水快速冷却的方法，称为火焰加热表面淬火。淬硬层深度一般为 2～6mm。其特点是：加热温度及淬硬层深度不易控制，质量不稳定，设备简单，适用于单件或小批量生产的大型工件。

（2）感应加热表面淬火。利用专用设备使工件表面产生感应电流（涡流），将工件表层迅速加热到淬火温度，心部温度仍接近室温，随即快速冷却，从而达到表面淬火的目的。

淬硬层深度取决于感应电流透入工件表层的深度，感应电流频率越高，电流透入深度越浅，即淬透层越薄。实际生产中，由工件尺寸大小、淬硬层深度选用感应加热的频率。根据选用电流的频率不同，感应加热分为高频加热、中频加热、工频加热三种。

感应加热表面淬火特点是：加热速度快，生产率高，零件由室温加热至淬火温度仅需几秒到几十秒；淬火质量好，硬度比普通淬火高 2～3 倍，脆性低；淬硬层深度易于控制，操作易实现机械化和自动化；设备较复杂，只适用于大批生产。

2. 钢的化学热处理

钢的化学热处理是将工件置于活性介质中加热和保温，使介质中活性原子渗入工件表层，以改变表面层的化学成分、组织结构和性能的热处理工艺。根据渗入元素的类别，分为渗碳、渗氮和碳氮共渗等。

钢的化学热处理主要目的是提高钢件表面硬度，耐磨性、疲劳极限，也可提高零件的抗腐蚀性、抗氧化性。

任何化学热处理方法的物理化学过程基本相同，都要经过分解（分解出活性的［N］、［C］原子）、吸收（活性原子被工件表面吸收、先固溶于基体金属，当超过固溶度后，便可能形成化合物）和扩散（原子向内扩散，形成具有一定厚度的渗层）三个过程。

3. 常用的化学热处理方法

（1）钢的渗碳。向钢的表面渗入碳原子。将零件置于含碳的介质中加热和保温，使活性碳原子渗入钢的表面，提高钢的表面含碳量，使工件表面具有高硬度和耐磨性。渗碳钢是含碳量在 0.15%～0.25% 的低碳钢和低碳合金钢，如 20、20Cr、20CrMnTi 等。渗碳层深度为 0.5～2.5mm，一般只在 1.5mm 及以下。渗碳后表面层的含碳量可达到 0.8%～1.1%。渗碳方法分为固体渗碳、液体渗碳及气体渗碳三种，应用较为广泛的是气体渗碳。

（2）钢的渗氮。向钢的表面渗入氮原子的过程。将零件放人密闭的炉内加热到 500～600℃，通入氨气（NH_3），氨气分解出活性氮原子，活性氮原子被零件表面吸收，与钢中的合金元素 Al、Cr、Mo 形成氮化物，并向心部扩散，氮化层一般深度为 0.1～0.6mm。其目的是提高零件表面的硬度、耐磨性、耐蚀性及疲劳强度。

因成本太高，氮化主要用来处理重要和复杂的精密零件，如精密丝杆、精密齿轮、精密机床的主轴等。

（3）碳氮共渗。在工件表面同时渗入碳和氮的化学热处理过程，以渗碳为主，称为碳氮共渗。目前，常用来处理汽车和机床上的齿轮、蜗杆和轴类等零件。以渗氮为主的碳氮共渗，称为"软氮化"，常用于处理模具、量具、高速钢刀具等。

（4）其他化学处理。根据使用的要求不同，工件还可以用其他化学热处理方法。如渗铝可提高零件的抗高温氧化性，渗硼可提高零件的耐磨性、硬度和耐蚀性，渗铬可提高零件的抗腐蚀、抗高温氧化及耐磨性等。钢的化学热处理从单元素发展到多元素合渗，都为了使其具有综合的优良性能。

1.4 常用金属材料

【任务】 金属材料的市场调查

（1）目的：了解当前钢材市场的供应状态，熟悉各种类的金属材料，主要材料的牌号、形状规格、品种和价位；熟悉各种类的非金属材料。

（2）器材：记录本，钢卷尺（2m 或 5m），游标卡尺（0～125mm）。

（3）任务设计：①教师提出调查要求，明确要提交的调查报告要求；②学生到市场调查材料的供应、品种、牌号、价格，认真做好记录；③组织讨论，各小组汇报调查情况。

（4）报告要求：整理调查记录，并写出报告，分析材料的种类和用处，说明材料牌号的含义。

钢与铁合称为钢铁。钢铁是现代工业中应用最广泛的金属材料，由铁和碳两种基本元素组成故称为铁碳合金。工业用钢按化学成分分为碳素钢和合金钢两大类。

根据炼钢时脱氧程度的不同，钢可分为沸腾钢、镇静钢和半镇静钢三类。

（1）沸腾钢为脱氧不完全的钢，浇注时钢液在钢锭模内产生沸腾现象（气体逸出），钢锭凝固后，蜂窝气泡分布在钢锭中，在轧制过程中这种气泡空腔会被粘合起来，这类钢的特点是钢中含硅量很低，通常注成不带保温帽的上小下大的钢锭。优点是钢的收率高，生产成本低，表面质量和深冲性能好。缺点是钢的杂质多，成分偏析较大，所以性能不均匀。

（2）镇静钢为完全脱氧的钢。通常铸成上大下小带保温帽的锭型，浇注时钢液镇静不沸腾，由于锭模上部有保温帽（在钢液凝固时作补充钢液用），这节帽头在轧制开坯后需切除，故钢的收得率低，但组织致密，偏析小，质量均匀。优质钢和合金一般都是镇静钢。

（3）半镇静钢为脱氧较完全的钢。脱氧程度介于沸腾钢和镇静钢之间，浇注时有沸腾现象，但较沸腾钢弱。这类钢具有沸腾钢和镇静钢的某些优点，在冶炼操作上较难掌握。

1.4.1 碳素钢

碳素钢又简称为碳钢，是指碳含量小于 2.11％并有少量 Si、Mn 以及 P、S 等杂质的铁碳合金。由于具有良好的力学性能和工艺性能，并且价格低廉，冶炼方便，在一般情况下能满足使用性能要求，因此，碳素钢成为机械工程上应用最广泛的金属材料。

1. 碳钢的分类

碳钢分类方法很多，比较常用的有三种，即按钢的含碳量、质量和用途分类。

（1）按含碳量分类。①低碳钢：$w(C) \leqslant 0.25\%$；②中碳钢：$w(C) = 0.25\% \sim 0.6\%$；③高碳钢：$w(C) \geqslant 0.6\%$。

（2）按质量分类（即含杂质元素 S、P 的多少）：①普通碳素钢：$w(S) \leqslant 0.055\%$，$w(P) \leqslant 0.045\%$；②优质碳素钢：$w(S) \leqslant 0.040\%$，$w(P) \leqslant 0.040\%$；③高级优质碳素钢：$w(S) \leqslant 0.030\%$，$w(P) \leqslant 0.035\%$。

（3）按用途分类。①碳素结构钢用于制造各种工程构件（如桥梁、船舶、建筑构件）及机器零件（如齿轮、轴、连杆、螺钉、螺母）等；②碳素工具钢用于制造各种刀具、量具、模具等，一般为高碳钢，在质量上都是优质钢或高级优质钢。

2. 碳钢的牌号和用途

普通碳素结构钢的牌号由代表屈服点的字母、屈服点数值、质量等级符号、脱氧方法符号等四部分顺序组成。"Q"表示屈服极限"屈"汉语拼音，如 Q275，表示屈服极限为275MPa，若牌号后面标注字母 A、B、C，则表示钢材质量等级不同，即 S、P 含量不同。A、B、C 质量依次提高，F 表示沸腾钢，b 为半镇静钢，TZ 表示特种镇静钢，不标的为镇静钢。如 Q235AF 表示屈服极限为 235MPa 的 A 级沸腾钢，Q235C 表示屈服极限为235MPa 的 C 级镇静钢。

普通碳素结构钢一般不经过热处理，在供应状态下直接使用。常轧制成薄板、钢筋、焊接钢管等，用于桥梁、建筑等钢结构，也可制造普通的铆钉、螺钉、螺母、垫圈、销轴等。这类钢的 S、P 含量以及金属夹杂物较多，但由于容易冶炼、工艺性好、价格便宜，在力学性能上一般能满足普通机械零件及工程结构件的要求，故用量很大。

表 1.9 为碳素结构钢牌号、主要成分及力学性能。

3. 优质碳素结构钢

优质碳素结构钢的牌号采用两位数字，表示钢中平均含碳量的万分之几。如 45 号钢表示钢中平均含碳量为 0.45％；08 号钢表示钢中平均含碳量为 0.08％。若钢中含锰量较高（0.7％～1.2％），须将锰元素标出，如 45Mn。若为沸腾钢，则在数字后加"F"，如 08F。

优质碳素结构钢一般都要经过热处理以提高力学性能，根据含碳量不同，有不同的用

表 1.9   碳素结构钢牌号、主要成分及力学性能

牌号	质量等级	化学成分 $w(Me)$ /%				脱氧方法	钢材厚度（直径）/mm				σ_b /MPa	钢材厚度（直径）/mm			
		C	Mn	S	P		≤16	16~40	40~60	60~100		≤16	16~40	40~60	60~100
							屈服点 σ_s/MPa					伸长率/%			
				不大于			不大于					不大于			
Q215	A	0.90~0.15	0.25~0.55	0.050	0.045	F、b、Z	215	205	195	185	335~410	31	30	29	28
	B			0.045											
Q235	A	0.14~0.22	0.30~0.65	0.050	0.045	F、b、Z	235	225	215	205	375~460	26	25	24	23
	B	0.12~0.20	0.30~0.70	0.045											
	C	≤0.18	0.35~0.80	0.040	0.040	Z									
	D	≤0.17		0.035	0.035	TZ									
Q255	A	0.1~0.28	0.40~0.70	0.050	0.050	Z	255	245	235	225	410~510	24	23	22	21
	B			0.045											
Q275		0.28~0.38	0.50~0.80	0.050	0.045	Z	275	265	255	245	490~610	20	19	18	17

途。08、08F、10、10F 钢塑性、韧性好，具有优良的冷成型性能和焊接性能，常冷轧成薄板，用于制作仪表外壳、汽车和拖拉机上的冷冲压件，如汽车车身，拖拉机驾驶室等；15、20、25 号钢属于渗碳钢，用于制作尺寸较小、负荷较轻、表面要求耐磨、心部强度要求不高的渗碳零件，如活塞缸、样板等；30、35、40、45、50 号钢属于调质钢，经热处理后具有良好的综合力学性能，即较高的强度和较高的塑性、韧性，用于制作轴类零件；55、60、65 号钢属于弹簧钢，热处理后具有高的弹性极限，常用作弹簧。表 1.10 所列为常用优质碳素结构钢牌号、主要成分及力学性能。

表 1.10   常用优质碳素结构钢牌号、主要成分及力学性能

牌号	化学成分 $w(Me)$ /%			力学性能						
	C	S	Mn	σ_b /MPa	σ_s /MPa	δ /%	Ψ/%	$a_k/$ (J·cm^{-2})	HBS	
				不小于					热轧	退火
08F	0.05~0.11	≤0.03	0.25~0.50	295	175	35	60		131	
08	0.05~0.12	0.17~0.37	0.35~0.65	325	195	33	60		131	
10	0.07~0.14	0.17~0.37	0.35~0.65	335	205	31	55		137	
15	0.12~0.19	0.17~0.37	0.35~0.65	375	225	27	55		143	
20	0.17~0.24	0.17~0.37	0.35~0.65	410	245	25	55		156	
30	0.27~0.35	0.17~0.37	0.50~0.80	490	295	21	50	63	179	
35	0.32~0.40	0.17~0.37	0.50~0.80	530	315	20	45	55	197	
40	0.37~0.45	0.17~0.37	0.50~0.80	570	335	19	45	47	217	187
45	0.42~0.50	0.17~0.37	0.50~0.80	600	355	16	40	39	229	197

牌号	化学成分 $w(\text{Me})$ /%			力学性能						
	C	S	Mn	σ_b /MPa	σ_s /MPa	δ /%	Ψ/%	a_k/ $(\text{J}\cdot\text{cm}^{-2})$	HBS	
				不小于					热轧	退火
50	0.47～0.55	0.17～0.37	0.50～0.80	630	375	14	40	31	241	207
55	0.52～0.60	0.17～0.37	0.50～0.80	645	380	13	35		255	217
65	0.62～0.70	0.17～0.37	0.50～0.80	695	410	10	30		255	229
65Mn	0.62～0.70	0.17～0.37	0.90～1.20	735	430	9	30		285	229
70	0.67～0.75	0.17～0.37	0.50～0.80	715	420	9	30		269	229

4. 碳素工具钢

这类钢的含碳量为 0.65%～1.35%。其牌号是用"T+数字"表示，T 为碳素工具钢"碳"汉语拼音，数字表示钢中平均含碳量的千分之几。如 T8 表示钢中平均含碳量为 0.80% 的碳素工具钢，牌号后加"A"则属于高级优质碳素工具钢，如 T12A。

常用碳素工具钢的牌号、主要成分、硬度及用途见表 1.11。

表 1.11　　　　　常用碳素工具钢的牌号、主要成分、硬度及用途

牌号	主要成分 $w(\text{Me})$ /%		退火后硬度 /HBS 不大于	淬火温度 /℃ (淬火介质)	硬度 /HBS 不小于	用 途 举 例
	C	Mn				
T8	0.75～0.84		187	780～800 (水)	62	用于要求硬度较高和耐磨性好的工具，如简单的模具、冲头、切削软金属刀具、木工工具等
T8A	0.8～0.9	0.40～0.60	187	780～800 (水)	62	性能和用途与 T8 钢相似，但其淬透性较好，可制造截断尺寸较大的工具
T10	0.95～1.04	≤0.40	197	760～780 (水)	62	用于制作不受剧烈冲击、有一定韧性及锋利刃口的各种工具，如车刀、刨刀、钻头、丝锥、手用锯锯条、拉丝模、冷冲模等
T12	1.15～1.24	≤0.40	207	760～780 (水)	62	用于制作不受冲击，要求高硬度、高耐磨性的工具，如锉刀、刮刀、丝锥、精车车刀、铰刀、板牙、量具等

1.4.2　合金钢

合金钢是为了改善和提高碳钢的性能或使之获得某些特殊的性能，在碳钢的基础上，有目的地加入某些元素（如铬、镍、硅、钼、钨、钒、硼等）而得到的多元合金。与碳钢相比，合金钢的性能有显著的提高，故应用非常广泛。

合金钢的种类繁多，为了便于生产、选材、管理及研究，常按用途将合金钢分为三大类：合金结构钢、合金工具钢、特殊性能钢。

合金结构钢的牌号用两位数字（平均含碳量为万分之几）＋合金元素符号＋数字（合金元素百分含量为百分之几）＋合金元素符号表示，如 60Si2Mn；滚动轴承钢的牌号是 G

（"滚"的汉语拼音字首）＋Cr＋数字（Cr含量为千分之几）＋合金元素符号＋数字，如GCr15；低合金高强度结构钢的牌号由Q（屈服点的"屈"汉语拼音字首）＋屈服点数值＋质量等级符号三部分按顺序排列，如Q390A。

合金工具钢牌号表示方法：当合金工具钢的碳含量小于1‰时，牌号为：一位数字（平均含碳量为千分之几）＋合金元素符号＋数字＋合金元素符号，如9Mn2V；当合金钢的含碳量大于1‰时，牌号为：合金元素符号＋数字，如Cr12。高速钢牌号中不标含碳量，如W18Cr4V。

1.4.2.1 合金钢结构

凡是制造各种机械零件以及用于建筑工程结构的钢都称为结构钢。它是机械制造、交通运输、石油化工及工程建筑等方面应用最广、用量最多的钢材，除碳素结构钢外，对于形状复杂、截面较大，要求力学性能较高的工程结构件或零件都采用合金结构钢。

合金结构钢是在碳素结构钢基础上加入一种或几种合金元素，如Cr、Mn、Si、Ni、Mo、W、V、Ti等，以提高钢的性能，减轻工程结构和零件的重量，延长使用寿命。合金结构钢必须经过适当的热处理后，才能充分发挥合金元素的作用。合金结构钢按用途可分为低合金高强度钢、合金渗碳钢、合金调质钢、合金弹簧钢、滚动轴承钢等。

1. 低合金高强度结构钢

这类钢是在碳素结构钢的基础上，加入少量的合金元素。相对于碳素结构钢，低合金高强度结构钢强度较高，多用于石油化工设备、桥梁、船舶、车辆等大型钢结构。表1.12列出了低合金高强度结构钢的力学性能和用途。

表1.12　　　　　低合金高强度结构钢的力学性能和用途

牌号	质量等级	厚度（直径）/mm				σ_b/MPa	δ/%	用　途
		≤16	>16~35	>35~50	>50~100			
		$\sigma_s \geqslant$/MPa						
Q295	A B	295	275	255	235	390~570	23	车辆的冲压件、中低压化工容器、输油管道、油船等
Q345	A B C	345	325	295	275	470~630	21 21 22	船舶、铁路车辆、桥梁、管道、锅炉、压力容器、石油储罐、起重及矿山机械、电站设备厂方钢架等
Q390	C D E	390	370	350	330	490~650	20 20 20	中高压锅炉汽包、中高压石油容器、大型船舶、桥梁、车辆、起重机及其他较高载荷的焊接结构件等
Q420	A B C	420	400	380	360	520~680	18 18 19	大型船舶、桥梁、电站设备、起重机械、中高压锅炉及容器、机车车辆、大型焊接结构件等
Q460	D E	460	440	420	400	550~720	17	可淬火、回火，用于大型挖掘机、起重运输机械、钻井平台等

2. 合金渗碳钢

合金渗碳钢通常是指经渗碳淬火及低温回火后使用的合金钢。合金渗碳钢的碳含量为

0.1%～0.25%，低碳保证了淬火后零件心部具有足够的塑性和韧性。合金渗碳钢的渗碳层具有优异的耐磨性、抗疲劳性，未渗碳的心部具有足够的强度及优良的韧性。主要用来制造承受较强烈的冲击作用和磨损条件下工作的机械零件。如制作承受动载荷和重载荷的汽车、拖拉机变速齿轮和汽车后桥齿轮等。

常用合金渗碳钢的牌号、热处理、力学性能和用途见表 1.13。

表 1.13　　　　　常用合金渗碳钢的牌号、热处理、力学性能和用途

牌号	热处理工艺			力学性能（不小于）				用　　途
	第一次淬火/℃	第二次淬火/℃	回火/℃	σ_b/MPa	σ_s/MPa	δ/%	A_k/J	
20Cr	880 水、油	800 水、油	200 水、空	835	540	10	47	截面直径在 30mm 以下，载荷不大的零件，如机床及小汽车齿轮、活塞销等
20CrMnTi	880 油	870 油	200 水、空	1080	835	10	55	汽车、拖拉机截面直径在 30mm 以下，承受高速、中或重载荷及受冲击、摩擦的重要渗碳件，如齿轮、轴、爪形离合器、蜗杆等
20MnVB	860 油		200 水、空	1080	835	10	55	模数较大、载荷较重的重型机床齿轮、轴、汽车后桥主动、被动齿轮等淬透性件

3. 合金调质钢

合金调质钢是经调质后使用的合金钢。合金调质钢的含碳量为 0.3%～0.5%。含碳量过低，回火后强度、硬度不足；含碳量过高，则塑性、韧性不够。合金调质钢具有良好的综合力学性能，主要用来制造在重载下同时又受冲击载荷作用的一些重要零件，如机床的主轴、汽车、拖拉机上的齿轮、柴油机连杆螺栓等。

常用合金调质钢的牌号、热处理、力学性能和用途见表 1.14。

表 1.14　　　　　常用合金调质钢的牌号、热处理、力学性能和用途

牌号	热处理		力学性能（不小于）					用　　途
	淬火/℃	回火/℃	σ_b/MPa	σ_s/MPa	δ/%	Ψ/%	A_{kv}/J	
40Cr	850 油	520 水、油	980	785	9	45	47	汽车后桥半轴、机床齿轮、轴、花键轴、顶尖套等
40MnB	850 油	500 水、油	980	785	10	45	47	代替 40Cr 钢制造中、小截面重要调质件等
35CrMo	850 油	550 水、油	980	835	12	45	63	制造受冲击、振动、弯曲、扭转载荷的机件，如主轴、大电机轴、曲轴、锤杆等
38CrMoAl	940 油	640 水、油	980	835	14	50	71	是高级渗氮钢，制作磨床主轴、精密丝杆、精密齿轮、高压阀门、压缩机活塞杆等

4. 合金弹簧钢

合金弹簧钢是指用于制造各种弹簧及其他弹性零件的合金钢。合金弹簧钢的碳含量为

$0.45\%\sim0.7\%$，属中、高碳钢。这类钢应具有高的弹性极限和屈强比（屈强比是材料的屈服点与抗拉强度之比，屈强比高表示材料的强度发挥比较充分），还应具有足够的疲劳强度和韧性。主要牌号有 65Mn、60Si2Mn、50CrVA 等。

常用合金弹簧钢的牌号、热处理、力学性能和用途见表 1.15。

表 1.15　　　　常用合金弹簧钢的牌号、热处理、力学性能和用途

牌号	热处理		力学性能（不小于）			用　　途
	淬火 /℃	回火 /℃	σ_b /MPa	σ_s /MPa	Ψ /%	
55Si2Mn	870 油	480	1274	1176	30	用途广，汽车、拖拉机、机车上的减振板簧和螺旋弹簧，气缸安全阀弹簧等
60Si2CrA	870 油	420	1764	1568	20	用作承受高应力及 300～500℃ 以下的弹簧，如汽轮机汽封弹簧、破碎机用弹簧等
50CrVA	850 油	500	1274	1127	40	用作高载荷重要弹簧及工作温度小于 300℃ 的阀门弹簧、活塞弹簧、安全阀弹簧等

5. 滚动轴承钢

轴承钢是用来制造滚动轴承中的滚动体及内、外滚道的专用钢种，另外还可用于制造某些形状复杂的工具、冷冲模具、精密量具以及要求硬度高、耐磨性高的结构零件。滚动轴承钢的碳含量一般为 $0.95\%\sim1.15\%$，属于高碳钢。滚动轴承钢必须具有高而均匀的硬度和耐磨性、高的接触疲劳强度、足够的韧性和耐蚀能力。常用的牌号有 GCr6、GCr9、GCr15、GCr15SiMn，其中 GCr15 应用最广泛。常用滚动轴承钢的牌号、化学成分、热处理和用途见表 1.16。

表 1.16　　　　常用滚动轴承钢的牌号、化学成分、热处理和用途

牌号	化学成分 $w(\mathrm{Me})$ /%						热处理			用　　途
	C	Si	Mn	Cr	P	S	淬火 /℃	回火 /℃	硬度 /HRC	
GCr19	1.00～ 1.10	0.15～ 0.35	0.25～ 0.45	0.90～ 1.20	≤0.025		810～ 830	50～ 170	62～66	一般工作条件下小尺寸轴承的滚动体和内、外套圈
GCr15	0.95～ 1.05	0.15～ 0.35	0.25～ 0.45	1.40～ 1.65	≤0.025		825～ 845	50～ 170	62～66	广泛用于汽车、拖拉机、内燃机、机床及其他工业设备上的轴承
GCr15SiMn	0.95～ 1.05	0.45～ 0.75	0.95～ 1.25	1.40～ 1.65	≤0.025		825～845	150～ 180	>62	大型轴承或特大轴承（外径大于 440mm）的滚动体和内外圈

1.4.2.2　合金工具钢

为克服碳素工具钢淬透性低、热硬性低、耐磨性低等缺点，在碳素工具钢的基础上加入少量的合金元素，称为合金工具钢。合金工具钢比碳素工具钢具有更高硬度、耐腐性、特别是更好的淬透性、红硬性（钢在高温下保持高硬度的能力）和回火稳定性等，可制造截面积大、形状复杂、性能要求高的工具。合金工具钢分为合金刃具钢、合金模具钢、合金量具钢。

1. 合金刃具钢

（1）低合金刃具钢。为了保证高硬度高耐磨性，加入 Cr、Mn、Si 等增加淬透性，加入 W、V 等细化晶粒提高回火抗力，加入 Cr、W、V、Si 等增加耐磨性，低合金刃具钢的红硬性、耐磨性等比碳素刃具钢高，应用于拉刀、长丝锥、长铰刀。典型牌号为 9CrSi（9SiCr）、CrWMn。

（2）高速钢。高速钢是高速切削用钢的代名词。切削速度高时，刀具刃部的工作温度可达 500～600℃，由于碳素工具钢和低合金工具钢的热硬性低，这时硬度会显著降低，不能满足继续切削的要求，而高速钢的热硬性高，当切削温度达 600℃时，其硬度仍无显著下降，可以进行高速切削。

高速钢的碳含量为 0.70%～1.60%，含碳量高，以形成足够的碳化物。钢中加入的主要合金元素为 W、Cr、V 等，其中 W、V 主要是提高热韧性和耐磨性，Cr 主要是提高淬透性，典型牌号如 W18Cr4V。常用高速工具钢的牌号、化学成分、热处理和硬度见表 1.17。

表 1.17　　　　　常用高速工具钢的牌号、化学成分、热处理和硬度

牌号	化学成分 $w(Me)$ /%						热处理			硬度 /HRC
	C	Mn	Cr	V	W	Mo	预热 /℃	淬火/℃	回火 /℃	
								盐浴炉	箱式炉		
W18Cr4V	0.70～0.80	0.10～0.40	3.80～4.40	1.00～1.40	17.5～19.0	≤0.3	820～870	1270～1285 油	1270～1285 油	550～570	≥63
W6Mo5Cr4V2	0.80～0.90	0.15～0.40	3.80～4.40	1.75～2.20	5.50～6.75	4.50～5.50	730～840	1210～1230 油	1210～1230 油	540～560	≥63 （箱式炉）；≥64 （盐浴炉）

2. 合金模具钢

冲压和模锻是金属材料成形的重要方法，用于成形模具所用的钢称为合金模具钢。按模具工作条件分为冷作模具钢和热作模具钢。

（1）冷作模具钢。用于制造在冷态下使金属变形的模具，如冷冲模、冷镦模、拉延模、冷挤压模等。在工作时，模具的工作部分承受很大的压力和强烈摩擦，要求有高的硬度、高的耐磨性，同时，冷作模具承受很大的冲击和负荷，甚至有较大的应力集中，因此要求其工作部分有较高的强度和韧性。常用冷作模具钢的牌号有 Cr12、Cr12MoV、9Mn2V、CrWMn 等。常用冷作模具钢的牌号、化学成分、热处理和用途见表 1.18。

表 1.18   常用冷作模具钢的牌号、化学成分、热处理和用途

牌号	化学成分 $w(Me)$ /%					热处理		用 途
	C	Cr	W	Mo	V	淬火 /℃	淬火后硬度 /HRC	
Cr12	2.00~ 2.30	11.50~ 13.00				950~1000 油	≥60	冷冲模、冲头、钻套、量规、螺纹滚丝模、拉丝模等
Cr12MoV	1.45~ 1.70	11.00~ 12.50		0.40~ 0.60	0.15~ 0.30	950~1000 油	≥58	截面较大、形状复杂、工作条件较差的各种冷作模具等
9Mn2V	0.85~ 0.95				0.10~ 0.25	780~810 油	≥62	要求变形小、耐磨性高的量规、块规、磨床主轴等
CrWMn	0.90~ 1.05	0.90~ 1.20	0.20~ 1.60			800~830 油	≥62	淬火变形很小、长而形状复杂的切削刀具及形状复杂、高精度的冷冲模等

（2）热作模具钢。用于制造使金属在受热状态下进行变形加工的模具，如热锻模、热挤压模和压铸模等。这种模是在反复受热和冷却的条件下进行工作的，所以比冷作模具有更高要求。模具要求在高温下保持高的强度和韧性的同时，还要能承受反复加热冷却的作用，对尺寸大的热模具要求淬透性高，以保证模具整体的力学性能好。常用钢号有5CrMnMo、5CrNiMo 等。常用热作模具钢的牌号、化学成分、热处理和用途见表 1.19。

表 1.19   常用热作模具钢的牌号、化学成分、热处理和用途

牌号	化学成分 $w(Me)$ /%					交货状态硬度/HBS （退火）	热处理	用 途
	C	Cr	W	Mo	V		淬火/℃	
5CrMnM	0.50~ 0.60	0.60~ 0.90		0.15~ 0.30		197~241	820~850 油	中小型锤锻模（边长≤300～400mm）及小压铸模
5CrNiMo	0.50~ 0.60	0.50~ 0.80		0.15~ 0.30		197~241	830~860 油	形状复杂，冲击载荷大的各种大、中型锤锻模
3Cr2W8V	0.30~ 0.40	2.20~ 2.70	7.50~ 9.00		0.20~ 0.50	207~255	1075~1125 油	压铸模、平锻机凸模和凹模、镶块、热挤压模等

3．合金量具钢

量具在使用过程中与工件接触，受到磨损与碰撞，因此要求工作部分应有高硬度（58~64HRC）、高耐磨性，高的尺寸稳定性和足够的韧性。

合金工具钢 9Mn2V、CrWMn 以及 GCr15 钢，由于淬透性好，用油淬造成的内应力比水淬的碳钢小，低温回火后残余内应力也较小；同时合金元素使马氏体分解温度提高，因而使组织稳定性提高，故在使用过程中尺寸变化倾向较碳素工具钢小。因此，要求高精度和形状复杂的量具，常用合金工具钢制造。

量具的最终热处理主要是淬火、低温回火，以获得高硬度和高耐磨性。对于高精度的量具，为保证尺寸稳定，在淬火与回火之间进行一次冷处理（−70～−80℃），以消除淬火后组织中的大部分残余奥氏体。对精度要求特别高的量具，在淬火、回火后还需进行时

效处理。时效温度一般为 120～130℃，时效时间 24～36h，以进一步稳定组织，消除内应力。量具在精磨后还要进行 8h 左右的时效处理，以消除精磨中产生的内应力。

4. 特殊性能钢

特殊性能钢是指具有某些特殊的物理、化学性能的钢。在机械制造、航空、化学、石油等工业部门中使用的机器和结构，有时是在一定温度（高温或低温）和一定介质（酸、碱、盐）中工作的，其中有些零件需选用特殊性能的钢来制造。工程中最常用的特殊性能钢有不锈钢、耐热钢。

（1）不锈钢。在腐蚀介质中具有抗腐蚀性能的钢称为不锈钢。不锈钢的性能要求是耐蚀性好，还要有合适的力学性能，良好的冷、热加工和焊接性能。为了提高耐蚀性，不锈钢的含碳量都控制在很低的范围，一般不超过 0.4%。含碳量越低，钢的耐蚀性就越好，而含碳量越高，钢的强度和硬度就越高，形成铬的碳化物就越多，其耐蚀性就变得越差一些。

不锈钢按组织特点分为马氏体不锈钢、铁素体不锈钢、奥氏体不锈钢等。

1）马氏体不锈钢。常用的马氏体不锈钢的含碳量为 0.1%～0.45%，含铬量为 12%～14%，属于铬不锈钢。常用的马氏体不锈钢有 1Cr13、2Cr13、3Cr13、4Cr13、9Cr18 等。这类钢淬透性大，空冷时可形成马氏体，在热加工后呈马氏体组织，称为马氏体不锈钢。随含碳量增加，钢的强度、硬度、耐磨性及切削性能显著提高，但耐蚀性能则下降。故这类钢主要用于制造力学性能要求较高而在弱腐蚀介质中工作、耐蚀性要求较低的机械零件和工具，如汽轮机叶片、医疗器械等。

2）铁素体不锈钢。常用的铁素体不锈钢的含碳量低于 0.15%，含铬量为 12%～30%，也属于铬不锈钢。常用的铁素体钢有 1Crl7、1Cr28。这类钢室温下为单相铁素体组织，加热至高温（900～1100℃）基体仍为铁素体，只有少量铁素体转变为奥氏体，称为铁素体不锈钢。其耐酸能力强，抗氧化性能好，塑性高，但强度较低，且不能用热处理方法强化。这类钢主要用在对力学性能要求不高，但对耐蚀性要求很高的场合。

3）奥氏体不锈钢。这类钢含碳量低于 0.12%，含较高的铬（17%～25%）和较高的镍（8%～29%）。这种钢具有较高的耐蚀性、塑性和低温韧性以及高的加工硬化能力，良好的焊接性能，是工业上应用最广泛的不锈钢，约占不锈钢总产量的 2/3。常用的奥氏体不锈钢是在 18%Cr、8%Ni 的不锈钢基础上发展起来的，故称 18-8 型不锈钢，常用的有 1Cr18Ni9、1Cr18Ni9Ti。

（2）耐热钢。耐热钢是指具有良好耐热性的钢，而耐热性是指材料在高温下兼有抗氧化与高温强度的综合性能。所以，耐热钢既要求高温抗氧化性能好，又要求高温强度高。这类钢主要用于热工动力机械（汽轮机、燃气轮机、锅炉和内燃机）、化工机械、石油装置和加热炉等高温条件工作的构件。常用的耐热钢牌号有 1Cr13Si3、1Cr13SiAl、15CrMo、12CrMoV 等。

1.4.3　铸铁

含碳量大于 2.11% 的铁碳合金称为铸铁，是人类使用最早的金属材料之一。尽管铸铁的力学性能较低，但是，由于其生产成本低廉，具有优良的铸造性、可切削加工性、减震性及耐磨性，因此，在现代工业中仍得到普遍的应用。如机床的床身、尾架、内燃机的汽缸体、汽缸套、活塞环及凸轮轴、曲轴等都是由铸铁制造的。

铸铁的组织主要由金属基体和石墨组成。铸铁的组织可以理解为在钢的组织基体上分布有不同形状、大小、数量的石墨。根据碳在铸铁中存在的形式及石墨的形态，可将铸铁分为灰铸铁、球墨铸铁、蠕墨铸铁和可锻铸铁。

1. 灰铸铁

灰铸铁是最常用的一种铸铁，该类铸铁断口的外貌呈暗灰色，故也称为灰口铸铁。

灰铸铁的牌号以"HT"和其后的一组数字表示，其中"HT"为"灰铁"汉语拼音首字母，其后的一组数字表示最低抗拉强度值（MPa）。如 HT200 表示最低抗拉强度为 200MPa 的灰铸铁。

普通灰铸铁的组织是由片状石墨和钢的基体两部分组成的，在光学显微镜下观察，石墨呈不连续的片状，或直或弯。其基体则可分为铁素体、铁素体＋珠光体、珠光体三种。

灰铸铁的抗拉强度比较低，耐磨性与消震性优良，铸造流动性和可切削加工性好，又由于灰铸铁由铁水直接浇注而得，生产过程最简单，且成本低，故应用广泛，典型的应用如汽缸和汽缸套、机床床身、卡盘等。灰铸铁的牌号、力学性能和用途见表 1.20。

表 1.20　　　　　　灰铸铁牌号、不同壁厚铸件的力学性能和用途

铸铁类型	牌号	铸件壁厚 /mm	力学性能 σ_b/MPa	用　　途
铁素体灰铸铁	HT100	2.5～10	≥130	机床中受轻负荷、磨损后不影响使用的铸件，如托盘、盖、罩、手轮、把手、重锤等形状简单且性能要求不高的零件；冶金矿山设备中的高炉平衡锤、炼钢炉重锤、钢锭模等
		10～20	≥100	
		20～30	≥90	
		30～50	≥80	
铁素体＋珠光体灰铸铁	HT150	2.5～10	≥175	用于制作承受中等弯曲应力、摩擦面间压力不大于 0.49MPa 的铸件，如机床的底座、有相对运动和磨损的零件，如溜板、工作台、汽车中的变速箱、排气管、进气管等；拖拉机中的配气轮室盖、液压泵进、出油管
		10～20	≥145	
		20～30	≥130	
		30～50	≥120	
珠光体灰铸铁	HT200	2.5～10	≥220	承受较大弯曲应力，要求保持气密性的铸件，如机床立柱、刀架、齿轮箱体、多数机床床身、滑板、箱体、液压缸、泵体、刹车毂、飞轮、气缸盖、分离器本体、左半轴、右半轴壳、鼓风机座、带轮、轴承盖、压缩机机身、轴承架、冷却器盖板、炼钢浇注平台、煤气喷嘴、喉管、内燃机风缸体、阀套、汽轮机、气缸中部、隔板套、前轴承座主体、中机架、活塞、导水套筒、前缸盖
		10～20	≥195	
		20～30	≥170	
		30～50	≥160	
	HT250	4.0～10	≥270	
		10～20	≥240	
		20～30	≥220	
		30～50	≥200	
	HT350	10～20	≥340	
		20～30	≥290	

2. 球墨铸铁

球墨铸铁是在浇注前往铁水中加入一定量的球化剂进行球化处理，并加入少量的孕育剂以促进石墨化，浇注后得到球状石墨的铸铁，球化剂常用的有镁、稀土或稀土镁，孕育剂常用的是硅铁和硅钙。

我国球墨铸铁牌号的表示方法是用"QT"代号及其后面的两组数字组成，"QT"是

"球铁"汉语拼音的首字母，后面两组数字分别表示其最低的抗拉强度值（MPa）和最低的伸长率值（%），如 QT500-7、QT600-3。

球墨铸铁的显微组织由球形石墨和金属基体两部分组成，随着成分和冷速的不同，球墨铸铁在铸态下的金属基体可分为铁素体、铁素体＋珠光体、珠光体三种，在光学显微镜下观察，石墨的外观接近球形。

球墨铸铁与灰铸铁相比，球墨铸铁具有较高的抗拉强度和弯曲疲劳极限，也具有相当良好的塑性及韧性，而且同样也具有灰铸铁的一系列优点，如良好的铸造性、减摩性、切削加工性及低的缺口敏感性等；甚至在某些性能方面可与锻钢相媲美，如疲劳强度大致与中碳钢相近，耐磨性优于表面淬火钢等。此外，球墨铸铁还适应各种热处理，从而使其力学性能得到进一步的提高，故球墨铸铁在力学制造中得到了广泛的应用，在一定的条件下可代替铸钢、锻钢、合金钢及可锻铸铁。可用来制造各种受力复杂、负荷较大和耐磨的重要铸锻件，如珠光体球墨铸铁常用来制造汽车、拖拉机或柴油机中曲轴、连杆、凸轮轴，机床中的主轴、蜗杆、轧辊、大齿轮，大型水压机的工作缸、活塞等；而铁素体球墨铸铁则可用来制造受压阀门、机器底座、汽车的后桥壳等。

球墨铸铁的缺点是凝固时的收缩率较大，对铁水的成分要求严格。因而对熔炼和铸造工艺的要求较高；此外，减震性也不如灰铸铁。其牌号、力学性能和用途见表1.21。

表 1.21　　　　　　　　　　　　　球墨铸铁的牌号、力学性能和用途

牌号	力学性能				基体组织类型	用　　途
	σ_b/MPa	$\sigma_{0.2}$/MPa	δ/%	硬度/HBS		
			不大于			
QT400-18	400	250	18	130～180	F	承受冲击、振动的零件，如汽车、拖拉机轮毂、差速器壳、拨叉、农机具零件、中低压阀门、上下水及输气管道、压缩机高低压汽缸、电机机壳、齿轮箱、飞轮壳等
QX400-15	400	250	15	130～180	F	
QT450-10	450	310	10	160～210	F	
QT500-7	500	320	7	170～230	F＋P	机器座架、传动轴飞轮、电动机架、内燃机的机油泵齿轮、铁路机车轴瓦等
QT600-3	600	370	3	190～270	F＋P	载荷大、受力复杂的零件，如汽车、拖拉机、曲轴、连杆、凸轮轴、磨床、铣床、车床的主轴、机床蜗杆、钢机轧滚、大齿轮、汽缸体等
QT700-2	700	420	2	225～305	P	
QT800-2	800	480	2	245～335	P 或回火组织	

3. 蠕墨铸铁

蠕墨铸铁是近几十年来发展起来的新型铸铁，是一种很有发展前景的新型材料，由液体铁水经变质和孕育处理随之冷却凝固后获得。因为其中的石墨呈蠕虫状，所以将这类铸铁称为蠕墨铸铁。

蠕墨铸铁的牌号表示方法与灰铸铁相似，用"RuT"和其后的一组数字表示，"RuT"是"蠕铁"汉语拼音首字母，后面三位数字表示其最低抗拉强度值（MPa），如 RuT420 表示最小抗拉强度为 420MPa 的蠕墨铸铁。

蠕墨铸铁的显微组织是由蠕虫状石墨和金属基体组成，与片状石墨相比，蠕虫状石墨

短而厚。在大多数情形下，蠕墨铸铁组织中的金属基体比较容易得到铁素体基体。

蠕墨铸铁的力学性能介于相同基体组织的灰铸铁和球墨铸铁之间，其塑性、强度和韧性比灰铸铁高，比球墨铸铁低，且具有良好的耐磨性和疲劳强度。此外，蠕墨铸铁的铸造性能、减震性、导热性以及切削加工性能都优于球墨铸铁，并接近灰铸铁。因此，蠕墨铸铁在生产中得到广泛应用，主要用于结构复杂、强度和热疲劳性能要求高的零件，如制造液压件、排气管件、底座、大型机床床身、钢锭模及飞轮等铸件。

4. 可锻铸铁

可锻铸铁又称为马铁或玛钢，它是由白口铸铁在固态下经长时间石墨化退火而得到的，具有团絮状石墨的一种铸铁。应该指出，可锻铸铁实际上是不能锻造的。

我国各种可锻铸铁的牌号表示方法为："KTH"（黑心可锻铸铁）、"KTZ"（珠光体可锻铸铁）和其后的两组数字，两组数字分别表示其最低抗拉强度（MPa）和最低伸长率（％）。如 KTH350-10 表示最低抗拉强度为 350MPa，最低伸长率为 10％ 的黑心可锻铸铁；KTZ450-06 表示最低抗拉强度为 450MPa，最低伸长率为 6％ 的珠光体可锻铸铁。

可锻铸铁是通过两个生产过程制得的。首先，制得白口铸件，然后再经过石墨化退火而最终制得可锻铸铁。石墨化退火后而获得的铸铁，若由铁素体和团絮状石墨构成，称为黑心可锻铸铁；若由珠光体和团絮状石墨构成，称为珠光体基体可锻铸铁。

可锻铸铁的力学性能虽然远较灰铸铁优，但其生产周期很长，工艺复杂，成本较高，仅适用于薄壁（<25mm）零件。近年来随着稀土镁球墨铸铁的发展，不少可锻铸铁零件已渐被球墨铸铁零件代替。

常用可锻铸铁的牌号、力学性能和用途见表 1.22。

表 1.22 常用可锻铸铁的牌号、力学性能和用途

种类	牌号	试样直径 /mm	力学性能				用　途
			σ_b /MPa	$\sigma_{0.2}$ /MPa	δ /％	硬度 /HBS	
黑心可锻铸铁	KTH300-06	12 或 15	≤300		≤6	≤150	弯头、三通管件、阀门等
	KTH330-08		≤330		≤8		机床扳手、犁刀、犁柱、汽车、拖拉机前后轮毂、后桥壳、减速器壳、制动器
	KTH350-10		≤350	≤200	≤10		
	KTH370-12		≤370		≤12		
珠光体可锻铸铁	KTZ450-06		≤450	≤270	≤6	150～200	载荷较高和耐磨零件，如曲轴、凸轮轴、连杆、齿轮、活塞环、摇臂、轴套、万向节头、棘轮、扳手、传动链条、犁刀等
	KTZ550-04		≤550	≤340	≤4	180～250	
	KTZ650-02		≤650	≤430	≤2	210～260	
	KTZ700-02		≤700	≤530	≤2	240～290	

1.4.4　铝及铝合金

铝的储藏量丰富，是地壳中储量最多的一种元素，约占地壳总质量的 8.2％。铝的冶炼相对简单，成本较低，故铝及其合金成为一种应优先发展的有色金属。铝的发展非常迅速，应用非常广泛，用铝及其合金制作的产品已渗入到工业和日常生活中的很多方面。

1. 纯铝

纯铝是一种有银白色金属光泽的金属。它的相对密度小（2.72），仅为铜的1/3；熔点低（660℃）；导电、导热性优良，仅次于银、铜。纯铝呈面心立方晶格，无同素异构转变，在大气中极易与氧作用，在表面生成一层结合牢固致密的氧化膜，从而使它在大气和淡水中具有良好抗蚀性。但在碱和盐的水溶液中，表面的氧化膜易破坏，使铝很快被腐蚀。纯铝在低温，甚至超低温下具有良好塑性和韧性，在－253～0℃塑性和冲击韧性不降低。纯铝具有一系列优良的工艺性能，易于铸造，易于切削，也易于通过压力加工制成各种规格的半成品。

工业纯铝的强度很低，抗拉强度仅为50MPa，故不宜直接用于结构件材料。

基于上述特点，工业纯铝主要用于制作电线、电缆、电气元件及换热器件等要求具有导热和抗腐蚀性能而对强度要求不高的一些用品或器皿。

工业纯铝的纯度为99%～99.99%，纯铝的牌号中数字表示纯度高低。如纯铝旧牌号有L1、L2符号L表示铝，后面的数字越大纯度越低，对应新牌号为1070、1060。

2. 铝合金

铝与硅、铜、镁、锌、锰等合金元素所组成的铝合金，比工业纯铝具有较高的强度。铝合金不仅可以通过冷变形加工硬化的方法提高其强度，还可以通过"时效硬化"方法进一步提高其强度，多用于机械制造业中需要承受载荷的零件。

目前，用于制作铝合金的合金元素大致可分为主加元素（硅、铜、镁、锌、锰等）和辅加元素（铬、钛、锆等）两类。主加元素一般具有高溶解度和显著强化作用，辅加元素的作用是改善铝合金的某些工艺性能，如细化晶粒、改善热处理性能等。铝合金分为变形铝合金和铸造铝合金两大类，变形铝合金是将合金熔融铸成锭子后，再通过压力加工（轧制、挤压、模锻等）制成半成品或模锻件，铝合金有良好的塑性变形能力。铸造铝合金是将熔融的合金直接铸成形状复杂的，甚至是薄壁的成型件，所以铝合金应具有良好的铸造流动性。

铝合金的牌号表示方法：Al＋主要合金元素符号＋主要合金元素平均含量，若为铸造铝合金前面加Z，如ZAlSi12表示平均硅含量为12%的铸造铝合金。

变形铝合金根据性能的不同又分为防锈铝、硬铝、超硬铝和锻铝四种，按国家标准规定，防锈铝、硬铝、超硬铝和锻铝代号分别用LF、LY、LC、LD等字母及一组顺序号表示，如LF5、LY1、LC4、LD5等，而铸造铝合金的代号用ZL两个字母和三个数字表示，如ZL102，ZL203，ZL302等。

铸造铝合金按加入的主要合金元素的不同，又分为Al-Si系、Al-Cu系、Al-Mg系、Al-Zn系四类，Al-Si系铸造铝合金又称硅铝明。最简单者为ZL102，称为简单硅铝明，含Si量10%～13%，相当于共晶成分，它的最大优点是铸造性能好，此外密度小，抗蚀性、耐热性、焊接性也相当好，但强度低，用钠盐进行变质处理后抗拉强度也不超过180MPa，这类合金只适用于制造形状复杂但对强度要求不高的铸件，如仪表壳体等。

1.4.5 铜及铜合金

铜是应用最广的非铁金属材料，主要用作具有导电、导热、耐磨、抗磁、防爆等性能并兼有耐蚀性的器件。

纯铜外观呈紫红色，故又称紫铜，密度为 $8.98 \times 10^3 \, kg/m^3$，熔点为 1083℃。纯铜的导电性、导热性、抗磁性好，为面心立方晶格，无同素异构转变。纯铜抗大气和水的腐蚀能力强，但在含有二氧化碳的湿空气中表面将产生碱性碳酸盐的绿色铜膜，称为铜绿。

纯铜在退火状态下强度低、塑性好，经冷加工变形后强度升高，而塑性急剧降低。不能用作受力的结构件材料，工业纯铜主要用导电、导热，兼有抗腐蚀性的器材，如电线、电缆、电器开关等。

纯铜强度低，虽然冷加工变形可提高其强度，但塑性显著降低，不能制作受力的结构件。为了满足制作结构件的要求，在铜中加入合金元素，通过固溶强化、时效强化等途径提高合金的强度，获得高强度的铜合金。常用的合金元素 Zn、Al、Sn、Mn、Ni、Fe、Be、Ti、Cr、Zr 等。

铜合金按其化学成分可分为黄铜、青铜和白铜三大类。以锌为主要合金元素的铜合金，称为黄铜。以镍为主要合金元素的铜合金，称为白铜。除锌和镍以外的其他元素做主要合金元素的铜合金，称为青铜。常用的铜合金主要是黄铜与青铜。

1. 黄铜

黄铜具有良好的力学性能，易加工成型，对大气、海水有相当好的抗腐蚀能力，是应用最广的重要有色金属材料。

黄铜按其所含合金元素的种类可分为普通黄铜和特殊黄铜两类，按生产方式可分为压力加工黄铜和铸造黄铜两类。

（1）普通黄铜。Cu‐Zn 二元合金为工业用黄铜，Zn 含量一般不超过 47％。压力加工普通黄铜用代号"H"和含铜百分数表示，如 H62 表示含铜量为 62％的普通黄铜；铸造普通黄铜，则在前面冠以"Z"字，如 ZCuZn38，表示含铜为 62％的铸造普通黄铜。

（2）特殊黄铜。在普通黄铜的基础上加入 Al、Fe、Si、Mn、Pb、Sn、Ni 等元素形成特殊黄铜，比普通黄铜具有更高的强度、硬度、抗腐蚀性能。其牌号表示方法为：H＋主加合金元素符号＋平均铜含量＋主加合金元素含量百分数，若其后边还有几组数字，则表示其他合金元素含量的百分数。如 HMn58‐2 表示含 58％的 Cu 和 2％的 Mn 的锰黄铜；铸造黄铜牌号前加"Z"，如 ZCuZn40Mn2。

2. 青铜

青铜是以 Sn、Al、Si、Be、Ti 等为主要合金元素的铜合金，按照生产方式可分为加工青铜和铸造青铜两类。其牌号表示方法为：Q＋主加元素符号＋主加元素含量百分数（＋其他元素含量百分数）。如 QA15 表示含 A15％的铝青铜。若属铸造青铜，冠以"Z"。

锡青铜是以锡为主要合金元素的铜合金，是人类历史上应用最早的铜合金，是 Cu‐Sn 二元合金。锡青铜在大气、海水、淡水及蒸汽中抗蚀性比纯铜和黄铜好，但在盐酸、硫酸及氨水中的抗蚀性较差。锡青铜主要用作耐蚀耐磨、防磁的零件，如仪器上的弹簧片、轴承、齿轮等。为了改善锡青铜的性能，还加入 Zn、Pb、P 等元素，Zn 的加入提高铸造性能、Pb 可提高耐磨性和切削加工性，P 可提高弹性极限等。另外，加入其他元素代替锡的青铜叫无锡青铜，如铝青铜、铍青铜、铅青铜、硅青铜等。

1.5 其他材料简介

1.5.1 粉末冶金材料

1. 粉末冶金工艺简介

将金属粉末与金属粉末（或非金属粉末）混合，经过成型、烧结等过程制成零件或材料的工艺方法称为粉末冶金。用于粉末冶金的金属与非金属材料称为粉末冶金材料。由于它存在一些微小孔隙，是属多孔性的材料。

生产粉末有机械法和物理化学法两种方法：机械法是将原材料机械地粉碎，其化学成分基本不变；物理化学法是利用加热、电解或化学反应，改变原料的化学成分或聚集状态而获得粉末的方法。

粉末冶金法和金属的熔炼法、铸造法有本质的不同。粉末冶金是制取有特殊性能金属材料（如硬质合金、金属陶瓷、耐热材料等）的方法，可制造各种衬套、轴套、齿轮、含油轴承、摩擦片等，是一种精密的无切削或少切削的加工方法，一般烧结后的制品即可直接使用。但对要求致密度高、表面光洁、尺寸精度高的制品可进行精压处理；对需改善力学性能的制品，可进行淬火或表面淬火等热处理；为达到润滑或耐蚀的目的，对轴承等制品可进行浸油或其他液态润滑剂等处理。

2. 粉末冶金的应用

硬质合金是将一些难熔金属化合物粉末混合加压成型，再经烧结而成的一种粉末冶金产品。主要用作金属切削刀具、刃具材料，由于机械加工的切削速度不断提高，使切削刀具的刃部工作温度已超过700℃，硬质合金的高热硬性可满足这一要求。硬质合金种类很多，常用的有金属陶瓷硬质合金（钨钴类、钨钴钛类和万能硬质合金类）和钢结硬质合金。

1.5.2 非金属材料

非金属材料指除金属材料以外的其他材料。这类材料发展快、种类多、用途广。主要包括有机高分子材料和陶瓷材料，其中工程塑料和工程陶瓷占有重要的地位。

1. 高分子材料

高分子材料是以高分子化合物为主要组成部分的材料。高分子化合物是指分子量很大的有机化合物，也常称聚合物或高聚物。

（1）高分子材料的分类。

1）高分子材料可分为天然高分子材料和人工合成高分子材料。天然的高分子材料有松香、纤维素、蛋白质、天然橡胶等；人工合成的高分子材料有塑料、合成橡胶、合成纤维等。工程上使用的通常是人工合成的高分子材料。

2）高分子材料包括塑料、橡胶、合成纤维、胶粘剂、涂料五类。

a. 塑料。塑料是一种以有机合成树脂为主要组成的高分子材料，它通常可在加热、加压条件下被注塑或固化成形。原料丰富、制取方便、成型加工简单、成本低，不同的塑料具有多种性能，所以其应用越来越广泛。

（a）塑料的组成。树脂是塑料的主要组成物，对塑料的性能起着决定性的作用。因此，大多数塑料都是以树脂名称来命名的。如聚氯乙烯塑料的树脂就是聚氯乙烯。

（b）塑料的分类。①按树脂的特性分类。根据树脂受热时的行为分为热塑性塑料和热固性塑料；根据树脂合成反应的特点分为聚合塑料和缩聚塑料。②按塑料的应用范围分类。通用塑料是指产量大、价格低、用途广的塑料，主要指六大品种：聚乙烯、聚氯乙烯、聚苯乙烯、聚丙烯、酚醛塑料和氨基塑料；工程塑料是能作为结构材料在机械设备和工程结构中使用的塑料，主要有：聚酰胺、聚甲醛、有机玻璃、ABS 塑料、聚苯醚、氟塑料等；特种塑料具有某些特殊性能，如耐高温、耐腐蚀等。

b. 橡胶。所谓橡胶，是指在使用温度范围内处于高弹性状态的高分子材料。

（a）橡胶的特性。橡胶最显著的特点是具有高的弹性和回弹性，它的弹性模量很低，只有 1MPa，在外力作用下变形量为 100%～1000%，外力去除又很快恢复原状。此外，橡胶有储能、耐磨、绝缘、隔音等性能，广泛用于制作密封件、减震件、轮胎、电线等。

（b）橡胶的基本组成。橡胶是以生胶为原料，加入适量的配合剂，经硫化工艺处理以后得到的一种生产原材料。

天然橡胶是橡胶树上流出的乳胶加工而成，其综合性能最好。由于原料的缘故，产量比例逐年降低，合成橡胶则大量增加。

（2）高分子材料的命名。

1）常用的高分子材料大都采用习惯命名法，如聚乙烯、聚氯乙烯等。有一些是在原料名称后加"树脂"二字，如酚醛树脂、脲醛树脂（尿素和甲醛聚合物）等。

2）许多高分子材料采用商品名称，无统一的命名原则，对同一材料可能各国的名称都不相同。商品名称多用于纤维和橡胶，如聚己内酰胺称为尼龙6、锦纶、卡普隆，聚乙烯醇缩甲醛称为维尼纶，聚丙烯腈（人造羊毛）称为腈纶、奥纶，聚对苯二甲酸乙二酯称为涤纶、的确良等。

2. 陶瓷材料

除金属和有机物以外的固体材料都可称为无机非金属材料，也称陶瓷，是人类最早使用的材料。其性能硬而脆，比金属材料和工程塑料更能抵抗高温和环境的作用，已成为现代工程材料的三大支柱之一，在现代工业上已得到广泛的应用。

陶瓷是金属和非金属元素组成的无机化合物材料，以天然的硅酸盐（如黏土、长石、石英等）或人工合成的化合物（氧化物、氮化物、碳化物、硅化物、硼化物、氟化物）为原料，经粉碎配制、成型和高温烧结制成，是多相多晶体材料。

（1）陶瓷的组成。陶瓷材料和金属一样，其力学性能和物理性能、化学性能也是由化学组成和结构状况决定的。陶瓷的组织结构非常复杂，一般由晶体相、玻璃相和气相组成。各种相的组成、结构、数量、几何形状及分布状况等都会影响陶瓷的性能。

（2）常用工程陶瓷的种类和用途。陶瓷大致可分为普通陶瓷及特种陶瓷两大类。

1）普通陶瓷。按用途可分为日用陶瓷、建筑陶瓷、电瓷、卫生瓷、化学瓷与化工瓷等，其质地坚硬、不氧化、耐腐蚀、不导电、成本低，但强度低，使用温度不能过高。普通陶瓷产量大、种类多，广泛用于电气、化工、建筑等行业。

2) 特殊陶瓷。氧化铝陶瓷又称为高铝陶瓷,其主要性能特点是耐高温性能好,可在1600℃高温下长期使用,耐蚀性很强,硬度很高,耐磨性好。可制造熔化金属的坩埚、高温热电偶套管、模具等。

1.5.3 模具材料

1. 冲压模具材料的选用原则

制造模具的材料,要求具有高硬度、高强度、高耐磨性、适当的韧性、高淬透性和热处理不变形(或少变形)及淬火时不易开裂等性能。合理选取模具材料及正确的热处理工艺是保证模具寿命的关键。

对用途不同的模具,应根据其工作状态、受力条件及被加工材料的性能、生产批量及生产率等因素综合考虑,并对上述要求的各项性能有所侧重,然后选择相应的材料及热处理工艺。选择模具材料要根据模具零件的使用条件来决定,做到在满足主要条件的前提下,选用价格低廉的材料,降低成本。

(1)生产批量。当冲压件的生产批量较大时,模具的工作零件凸模和凹模的材料应选取质量好、耐磨的模具钢。模具的其他组成部分和辅助结构部分的零件材料,其性能也要相应地提高。在批量不大时,应适当放宽对材料性能的要求,以降低成本。

(2)模具的使用条件。当被冲压加工的材料较硬或变形抗力较大时,凸、凹模应选取耐磨性好、强度高的材料;拉深不锈钢时,可采用铝青铜凹模,因为它具有较好的抗黏着性;对于凸、凹模工作条件较差的冷挤压模,应选取有足够硬度、强度、韧性、耐磨性等综合机械性能较好的模具钢,同时应具有一定的红硬性和热疲劳强度等;而导柱导套则要求耐磨和较好的韧性,故多采用低碳钢表面渗碳淬火;对于固定板、卸料板类零件,不但要有足够的强度,而且要求在工作过程中变形小。另外,还可以采用冷处理和深冷处理、真空处理和表面强化的方法提高模具零件的性能。

(3)材料性能。应考虑材料的冷热加工性能和工厂现有条件,考虑我国模具的生产和使用情况。

(4)生产成本。为降低生产成本,注意采用微变形模具钢,以减少机加工费用。

2. 常用的模具材料

模具钢是制造模具的主要材料,按工作条件的不同,一般把模具钢分为三类,即冷作模具钢、热作模具钢和塑料模具钢。冷作模具钢用于制造冲裁模、挤压模、拉深模、冷镦模、弯曲模、成形模、剪切模、滚丝模和拉丝模等模具。制造凸、凹模所使用的模具钢有高速工具钢、基体钢、硬质合金、钢结硬质合金、预硬钢、火焰淬火钢、真空淬火钢。这几种模具钢统为"碳素工具钢"和"合金工具钢"。下面简单介绍常用模具钢的性能和应用。

(1)高速工具钢。高速钢主要钢号有 W18Cr4V、W12Cr4V4Mo、W6Mo5Cr4V2、W9Mo3Cr4V3、W6Mo5Cr4V3、W6Mo5Cr4V2、6W6Mo5Cr4V(6W6)等,其中最常用的是 W18Cr4V 和含钨量较少的钼高速钢 W6Mo5Cr4V2、6W6Mo5Cr4V,这些材料都具有高强度、高硬度、高耐磨性、高韧性等性能,是制造高精密、高耐磨的高级模具材料,但价格较贵。因此,适用于小件的冲模或用于大型冲模的嵌镶部分。其中 6W6Mo5Cr4V

虽然耐磨性略差，但是有更高的韧性，而且可用低温氮碳共渗来提高其表面硬度和耐磨性，主要用于制作易于脆断或劈裂的冷挤压或冷镦凸模，可成倍提高使用寿命。由于高速钢在高温状态下能保持高的硬度和耐磨性，所以又是制造温挤、热挤等模具的极好材料。

（2）基体钢。基体钢是以高速钢成分为基体的新钢种，具有高速钢正常淬火后的基本成分，含碳量一般在 0.5% 左右，合金元素含量在 10%～12% 范围内，这类钢不仅具有高速钢的特点，而且抗疲劳强度和韧性均优于高速工具钢，有很高的抗压强度和耐磨性，在高温条件下使用时，其红硬性很好，材料成本也比高速钢低。但是，其耐磨性比高速钢和高铬合金钢差，故多用于热处理中容易开裂的冲模，经淬火、回火、低温氮碳共渗处理后，用作冷挤压凸模比高速钢寿命长。常用的新钢种牌号有 65Cr4W3Mo2VNb（65Nb）、7Cr7Mo3V2Si（LD）、6Cr4Mo3Ni2WV（CG2）及 5Cr4Mo3SiMnVAl（012A1）等。

（3）硬质合金。硬质合金是以硬而难熔金属碳化物（碳化钨、碳化钛、碳化铬等）粉末为基体，以铁族金属（主要是钴）作黏结剂，混合加压成形，再经烧结而成的一种粉末冶金多相组合材料。硬质合金的种类有钨钴类（YG）、钨钴钛类（YT）、通用合金类（YW）、碳化钛基类（YN）等。冲模常采用钨钴类硬质合金（YG）制作。

硬质合金与其他模具钢比较，具有更高的硬度和耐磨性，但抗弯强度和韧性差，所以，一般都选用含钴量多、韧性高的牌号。对冲击大、工作压力大的模具，如冷挤压模可选用含钴量较高的 YG20、YG25 等牌号；YG15、YG20 用于冲裁模；YG6、YG8、YG11 用于拉深模。用硬质合金比一般工具钢制模具寿命可高出 5～100 倍。

（4）钢结硬质合金。用硬质合金做模具材料，硬度和耐磨性比较理想，但韧性差，加工困难，而钢结硬质合金却可取长补短。钢结硬质合金是一种新型的模具材料，是以一种或几种碳化物（碳化钛、碳化钨）为硬质相，以合金钢（如高速钢、铬钼钢）粉末为黏结剂，经配料、混料、压制、烧结而成的粉末冶金材料。其性能介于钢与硬质合金之间，既有高的强度、韧性、耐磨性，又可进行各种机械加工及热加工，并具有硬质合金的高硬度，经淬火、回火后可达 68～73HRC。因此，极适于制造各种模具。但由于硬质合金和钢结硬质合金价格贵，且韧性又差，因此宜用镶嵌件形式在模具中出现，以提高模具的使用寿命，节约材料，降低成本。

常用的钢结硬质合金牌号有 GT35、TLW50、TLMW50、GW50 和 DT 等。

（5）预硬钢。这类钢是合金结构钢，属于热作模具钢种。这类钢有一定的淬透性，经过调质处理后即可用于冷作模具，既便于切削加工，又简化了热处理工艺，降低了模具成本，并提高了制造精度，近年来冲模制造多用这类钢，适合用于制造小批量的成形模、拉深模中的凸凹模，各种模具的卸料板、模座、衬套、凸模板、凹模板及垫板等。

常用的预硬钢牌号有 35Cr、35CrMo、40Cr、42CrMo 等。

（6）火焰淬火钢。火焰淬火是在刃口或需要硬度和耐磨性高的部位用氧-乙炔火焰加热至淬火温度，在空气中冷却，即可达到火焰淬火的目的。由于火焰淬火温度区域宽，所以操作方便，变形小，整个凸模或凹模均可采用分段淬硬。

用火焰淬火钢制造模具时，各机械加工工序均在火焰淬火之前完成，材料处于低硬度下加工，故加工容易，且能保证精度。多孔位的冲模或复杂型腔的零部件，刃口表面火焰淬火，型腔和孔距变形小，因此简化了制造工艺，从而降低了成本。此外，这类钢还具有良好的焊接性能，对在使用中崩刃的模具可进行焊补。

火焰淬火钢可用于薄板冲孔模、整形模、切边模、拉深模及冷挤压模的型腔面。

（7）真空淬火钢。在真空中进行淬火的优点是被加工工件表面无氧化和脱碳现象，并具有精加工的光泽，热处理变形极小，一般选用 Cr12MoV 钢及其他的基体钢进行真空淬火处理，热处理后强度、硬度及耐磨性均好。高速工具钢不宜于真空淬火处理，淬火温度低的低合金钢，由于需经油冷淬硬，也不宜真空淬火。

常用模具钢见表 1.23。

表 1.23　　　　　　　　　　　　　常 用 模 具 钢 的 分 类

序号	模具材料名称	简 要 说 明	钢 号 举 例
1	普通碳素钢	用于不需要经过热处理加工的模具零件，或比较不精密的模具淬硬零件	45 号钢、55 号钢
2	碳素工具钢	用于简单的模具零件或产量小、精度要求不高的模具，该钢种价格便宜，但耐磨性差，淬火容易变形和开裂	T7A、T8A、T10A、T12A
3	低合金工具钢	低合金钢含合金元素的总质量分数不超过 5%，由于多种钢种均含有 Cr、W、Mo 等元素，所以比较耐磨，淬火变形小，使用寿命长，是常用的中档模具钢	CrWMn、9SiCr、9Mn2V、GCr15、9CrWMn、7CrSiMnMoV(CH—1)、6CrNiMnSiMoV(GD)、6Cr3VSi5CrW2Si
4	中合金工具钢	其合金元素的总质量分数大于 5%，小于 10%。由于合金元素的增加，模具钢的耐磨性、耐冲击性等进一步增加，是中上等模具钢	Cr4W2MoV、Cr4WV、Cr6WV、Cr2Mn2Si-WMoV
5	高合金工具钢	其合金元素的总质量分数大于 10%，由于淬火硬度高，淬透性好，淬火变形小等特点，适用于制造精密、耐磨性好的模具	Cr12、Cr12Mo1V1、Cr12MoV、3Cr2W8、4Cr5MoSiV、9Cr6W3Mo2V
6	高速工具钢	比高合金工具钢更好的模具钢，但价格昂贵，用于制造高精度、高效率、高寿命的模具	W18Cr4V、W6Mo5Cr4V2、W9Cr4V3、W6Mo5Cr4V2、6W6Mo5Cr4V（6W6）
7	超高强度基体钢	具有高速钢基体的淬火性质，耐磨性好，强度高，而且韧性好，价格便宜，性能略次于（某些方面）高速工具钢	65Cr4W3Mo2VNb(65Nb)、6Cr4Mo3Ni2WV(CG2)、7Cr7Mo3V2Si（LD）
8	钢结硬质合金	钢结硬质合金是用粉末冶金的方法制造的铬钼合金钢，其中钢为黏结相，WC 或 TiC 为硬质相。它的性能介于钢与硬质合金之间，可进行淬火等热处理，硬度比钢高得多，因此加工硬质合金方便	GT35、TLMW50、TMW50、GW50、DT
9	硬质合金	硬质合金是以难熔的金属碳化物（如碳化钨、碳化钛等）为基体，用钴或镍为黏结剂，用粉末冶金法生产的组合材料，硬质合金硬度高，耐磨性好，红硬性好，其缺点是脆性大；是高级制模材料，用于大批量生产	YG8、YG8C、YG11、YG11C、YG15、YG20、YG20C、YG25

3. 模具材料的热处理

冷压模具的制造一般要经过锻造、退火、机械加工成形（复杂模具在机械加工以前还须粗加工和消除应力回火）、淬火、回火、精加工，最后组装修配。热处理不当是导致模具早期失效的重要因素，热处理对模具寿命的影响主要反映在热处理技术要求不合理和热处理质量不良两个方面。统计资料表明，由于选材和热处理不当，致使模具早期失效的约占 70%。

模具材料的热处理工艺详见模具设计手册。

小　结

本模块主要介绍了常用材料的硬度测量方法，各种热处理的工艺方法，碳素钢（碳素结构钢、优质碳素结构钢、碳素工具钢）、合金钢（合金刃具钢、合金模具钢、合金量具钢）、铸铁（灰口铸铁、可锻铸铁、球墨铸铁、蠕墨铸铁）的牌号、化学成分、性能、热处理及其应用范围。简单介绍了金属材料的分类及其钢中杂质元素的影响，非铁金属材料的牌号、性能及其应用范围。

重点掌握常用材料的牌号、化学成分、性能、热处理及其应用范围、根据材料的牌号，能判断金属材料的名称及其应用范围。

练 习 与 思 考 题

1. 判断题（正确的打√，错误的×）

（1）在相同强度条件下合金钢要比碳钢的回火温度高。（　　）

（2）大部分合金钢的淬透性都比碳钢好。（　　）

（3）合金钢只有经过热处理，才能显著提高其力学性能。（　　）

（4）硫是钢中的有益元素，它能使钢的脆性下降。（　　）

（5）含碳量是钢和铁的区分方法。（　　）

（6）要求表面硬、心部韧的零件，应采用正火处理。（　　）

（7）热处理是一种不改变零件形状和尺寸，却能改变其组织和性能的工艺方法。（　　）

（8）冷却速度应根据钢的种类和热处理目的而确定。（　　）

2. 单向选择题

（1）08F 钢中的平均碳质量分数为（　　）。

A. 0.08%　　　　B. 0.8%　　　　C. 0.008%　　　　D. 8%

（2）GCr15 钢中的平均铬质量分数为（　　）。

A. 15%　　　　B. 1.5%　　　　C. 0.015%　　　　D. 0.15%

（3）在下列牌号中属于工具钢的有（　　）。

A. 20　　　　B. 45　　　　C. 65Mn　　　　D. T10A

（4）在下列牌号中属于优质碳素结构钢的有（　　）。

A. T8A　　　　B. Q215　　　　C. 08F　　　　D. T10

(5) 45 号钢的含碳量为（　　　）。

A. 4.5％　　　　　　B. 0.45％　　　　　　C. 0.045％　　　　　　D. 45％

(6) 调质的目的是为了获得（　　　）。

A. 高硬度　　　　　　　　　　　　　　B. 细化晶粒

C. 好的综合力学性能　　　　　　　　　D. 降低硬度

(7) 碳素钢淬火后得到高硬度的原因是因其获得了（　　　）。

A. 马氏体　　　　B. 奥氏体 A　　　　C. 珠光体 P　　　　D. 马氏体和奥氏体

(8) 材料硬度值的正确表示方法为（　　　）。

A. HRC55kg/mm² 　　B. HRC55　　　　C. RC55　　　　　D. 55

(9) 材料 HT200 中数字 200 表示（　　　）。

A. 抗压强度值　　　　B. 抗弯强度值　　　　C. 抗拉强度值　　　　D. 硬度值

3. 综合题

(1) 一紧固螺栓使用后发现有塑性变形（伸长），试分析材料的哪些性能指标达不到要求。

(2) 下列各种工件应采用何种硬度试验方法来测定？并写出硬度值符号。钳工用手锤；供应状态的各种碳钢钢材；硬质合金刀片；铸铁机床床身毛坯件。

(3) 低碳钢长试样，原始直径为 10mm，在载荷为 21kN 时屈服，试样断裂前的最大载荷为 35kN，拉断后长度为 133mm，断裂处最小直径为 6.7mm。试求其 σ_s、σ_b、δ、Ψ。

(4) 如果其他条件相同，试比较下列铸造条件下，铸件晶粒的大小。①金属型铸造与砂型铸造；②高温浇注与低温浇注；③浇注时采用振动与不采用振动；④厚大铸件的表面部分与中心部分。

(5) 画出 Fe-Fe₃C 的简化相图，说明图中主要点、线的意义；填写各相区的相和组织，并分析 $w(C)$ ＝0.45％、$w(C)$ ＝1.0% 和 $w(C)$ ＝3.0% 的铁碳合金从液态缓冷至室温的组织转变过程及室温组织。

(6) 在平衡条件下，45 号钢、T8 钢、T12 钢的硬度、强度、塑性和韧性有何不同？含碳量对其性能影响的规律如何？

(7) 钢和铸铁的含碳量范围各是多少？它们在组织上有什么区别？

(8) 根据 Fe-Fe₃C 的简化相图，说明下列现象产生的原因：

1) 在 1100℃ 时，$w(C)$ ＝0.40％ 的钢能进行锻造，而 $w(C)$ ＝4.0% 的铸铁不能锻造。

2) 钳工锯割 T10、T12 钢比锯割 10 号钢、20 号钢费力，且锯条易磨钝。

3) 钢铆钉一般用低碳钢制作，锉刀一般则用高碳钢制作。

4) 钢一般宜采用压力加工成形，而铸铁只能采用铸造成形。

(9) 试述共析钢奥氏体形成分为哪几个阶段？说明共析钢 C 曲线各个区、各条线的物理意义，在曲线上标注出各类转变产物的组织名称及其符号和性能。

(10) 简述各种淬火方法及其使用范围。

(11) 甲、乙两厂生产同一种 45 号钢零件，硬度要求为 220～250HBS。甲厂采用正火处理，乙厂采用调质处理，都达到了硬度要求。试分析甲、乙两厂产品的组织和性能的差别。

（12）根据碳在铸铁中存在形态的不同，铸铁分为哪几类？

（13）现有 40Cr 钢制造的机床主轴，心部要求具有良好的强韧性（28～33HRC），轴颈处要求硬度（54～58HRC），试问：①应进行哪种预先热处理和最终热处理？②热处理后获得什么组织？③各热处理工序在加工工艺路线中位置如何安排？

（14）现有 20CrMnTi 钢制造的汽车齿轮，要求齿面硬化层为 1.0～1.2mm，齿面硬度为 58～62HRC，心部硬度为 35～40HRC，请确定其最终热处理方法及最终获得的表层与心部组织。

（15）Cr12 钢中碳化物的分布对钢的使用性能有何影响？热处理能改善其碳化物分布吗？生产中常用什么方法予以改善？

（16）什么叫铸铁的石墨化？影响石墨化的因素有哪些？石墨形态对铸铁性能有何影响？

（17）试说明工业纯铝的性能特点，并举例说明其牌号及其用途。变形铝合金和铸造铝合金在成分选择上及其组织有何差别？不同铝合金通过哪些途径达到强化目的？

（18）下列代号或牌号表示何种合金，并指出它们的用途。

1A50、1A99、3A21、ZAlSi12、ZL201、HS62-1、ZCuZn38、ZCuSn5Pb5Zn5、YG3X、YT15。

（19）什么是热处理？热处理的目的是什么？热处理有哪些基本类型？

（20）正火与退火的主要区别是什么？生产中如何选择正火与退火？

（21）表面淬火的目的什么？常用的表面淬火方法有哪几种？试比较它们的优缺点及应用范围。

（22）回火的目的是什么？常用的回火类型有哪几种？指出各种回火操作都得到什么组织？其应用范围是什么？

模块 2　零件质量检测技术

【教学目标要求】

　　能力目标：掌握公差带的正确选用，学会常用量具的使用、保养；学会获得正确的测量结果，并正确判断被测要素合格性；充分把握表面粗糙度评定参数和参数值的选择原则。

　　知识目标：了解国家标准关于表面粗糙度、尺寸公差、形状位置公差标注的规定；掌握零件加工精度和表面质量各项参数的含义及其选用原则。

2.1　轴的检测及公差

【任务】　轴类零件的检测

　　(1) 目的：通过对轴类零件尺寸、形状、表面粗糙度的测量，了解各种量具的名称、组成、类型和用途，掌握尺寸测量方法及工具的使用，形位公差测量仪器、表面粗糙度测量设备的使用，测量数据分析的方法。

　　(2) 器材：游标卡尺、千分尺、百分表、测量平台、轴类零件等。

　　(3) 任务设计：①教师现场示范各种量具的使用方法；②学生观察和识别各种量具的名称、用途；③学生动手使用量具测量轴类零件的尺寸、形位公差和表面粗糙度；④小组分析测量结果，教师总结。

　　(4) 报告要求：说明各种测量工具的种类、名称和作用、尺寸公差的有关术语及含义，形状和位置公差的种类、作用和含义；根据测量结果分析表面粗糙度对零件使用的影响、表面粗糙度的评定参数。

2.1.1　互换性与公差

1. 互换性

在同一批规格相同的零件或部件中任取一个，不经过任何挑选与修配就能装到机器（或部件）上，并能达到使用性能的要求，零件或部件的这种性质称为互换性。

在设计方面，最大限度地采用标准件、通用件和标准部件可提高零部件的互换性，大大简化绘图和计算工作，缩短设计周期，有利于计算机辅助设计和产品品种的多样化。

在制造方面，互换性有利于组织专业化生产，有利于采用先进工艺和高效率的专用设备，有利于用计算机辅助制造，有利于实现加工过程和装配过程机械化、自动化，从而可以提高劳动生产率和产品质量，降低生产成本。

在使用和维修方面，具有互换性的零部件在磨损及损坏后可及时更换，从而减少了机器的维修时间和费用，保证机器连续运转，从而提高机器的使用价值。

互换性按其互换程度可分为完全互换和不完全互换。若一批零部件在装配时，不需要挑选、调整和修配，装配后即能满足设计要求，这些零部件属于完全互换。零部件在加工完后，通过测量将零件按实际尺寸大小分为若干组，使各组内零件间实际尺寸的差别减小，装配时按对应组进行，既可保证装配精度和使用要求，又能解决加工上的困难，降低成本。由于仅仅是组内零件可以互换，组与组之间不可互换，故称为不完全互换。装配时需要进行挑选或调整的零部件间的互换也属于不完全互换。

互换性要通过标准化来实现，标准化是组织现代化生产的重要手段之一，是实现专业化协作生产的必要前提，现代化程度越高，对标准化的要求也越高。

2. 公差

允许零件尺寸的变动量称为"公差"。工件的误差在公差范围内为合格件；超出了公差范围为不合格件。

为使产品的参数选择能遵守统一的规律，国际范围有统一的公差标准，代号为 ISO（国际标准化组织）；全国范围内统一的技术要求，代号为 GB（国家标准）；对没有国家标准而又需要在某个行业范围内统一的技术要求，可制定行业标准，如机械标准（JB）等。对没有国家标准和行业标准而又需要在某个范围内统一的技术要求，还可制定地方标准或企业标准。

2.1.2　轴的尺寸公差

1. 轴和孔的概念

（1）轴是指工件的圆柱形外表面，也包括非圆柱形外表面，如图 2.1（a）所示。

（2）孔是指工件的圆柱形内表面，也包括非圆柱形内表面，如图 2.1（b）所示。

从装配关系而言，孔是包容面，轴是被包容面；从加工过程看，随着余量的切除，孔的尺寸由小变大，轴的尺寸由大变小。

2. 有关尺寸的术语

（1）基本尺寸。设计时给定的尺寸称为基本尺寸，轴的基本尺寸用 d 表示，孔的基本尺寸用 D 表示。

（2）实际尺寸。通过实际测量得到的尺寸称为实际尺寸。

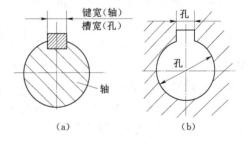

图 2.1　轴和孔

（3）极限尺寸。允许尺寸变动的两个界限值，以基本尺寸为基数来确定，分为最大极限尺寸（D_{max}，d_{max}）和最小极限尺寸（D_{min}，d_{min}）。

有关尺寸的含义如图 2.2（a）所示。

3. 有关公差的术语

（1）尺寸偏差（简称偏差）。某一尺寸减其基本尺寸所得的代数差，称为尺寸偏差。

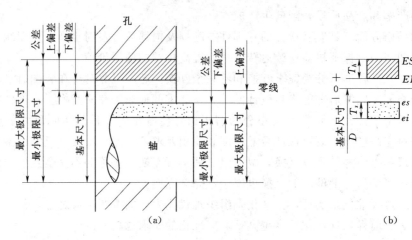

图 2.2 公差带图

(2) 上偏差。最大极限尺寸与其基本尺寸的代数差，即上偏差＝最大极限尺寸－基本尺寸。孔的上偏差用 ES 表示，轴的上偏差用 es 表示。

(3) 下偏差。最小极限尺寸与其基本尺寸的代数差，即下偏差＝最小极限尺寸－基本尺寸。孔的下偏差用 EI 表示，轴的下偏差用 ei 表示。

$$ES = D_{max} - D, \quad es = d_{max} - d$$
$$EI = D_{min} - D, \quad ei = d_{min} - d$$

上偏差和下偏差统称为极限偏差。

(4) 尺寸公差（简称公差）。允许尺寸的变动量，即最大极限尺寸与最小极限尺寸的代数差，也等于上偏差与下偏差的代数差。即公差＝最大极限尺寸－最小极限尺寸＝上偏差－下偏差。

孔的公差用 T_h 表示，$T_h = D_{max} - D_{min} = ES - EI$。

轴的公差用 T_s 表示，$T_s = d_{max} - d_{min} = es - ei$。

4. 公差带的概念

公差带图用来表示两个相互配合的孔、轴的基本尺寸、极限尺寸、极限偏差与公差的相互关系，如图 2.2（a）所示。在公差带图中，确定偏差的一条基准直线，称为零线，通常用零线来表示基本尺寸。

在公差带图中，由代表上、下偏差的两条直线所限定的一个区域，称为尺寸公差带。如图 2.2（b）所示为公差带简图。

5. 标准公差与公差等级

(1) 标准公差因子（公差单位）。标准公差因子是用以确定标准公差的基本单位，该因子是基本尺寸的函数，是制定标准公差数值的基础。基本尺寸不大于 500mm 时，IT5 ～IT18 的标准公差因子和基本尺寸的函数关系为

$$i = 0.45 \sqrt[3]{D} + 0.001D$$

式中　D——基本尺寸分段的计算尺寸，mm；

　　　i——公差单位，μm。

（2）标准公差。标准公差是指由国家标准规定的，用以确定公差带大小的任一公差，确定尺寸精确程度的等级称为公差等级。不同零件和零件上不同部位的尺寸，对精度的要求往往不同，为了满足生产的需要，国家标准设置了 20 个公差等级，代号为 IT01、IT0、IT1、IT2、…、IT18；IT01 精度最高，其余依次降低，IT18 最低。

对于一定的基本尺寸，公差等级越高，标准公差值越小，尺寸的精确程度越高。基本尺寸和公差等级相同的孔与轴，它们的标准公差值相等。国家标准把不大于 500mm 的基本尺寸范围分成 13 段，按不同的公差等级列出了各段基本尺寸的公差值，见表 2.1。

表 2.1　　　　　　　　　　　　标 准 公 差 数 值

基本尺寸 /mm		公 差 等 级																		
大于	至	IT01	IT0	IT1	IT2	IT3	IT4	IT5	IT6	IT7	IT8	IT9	IT10	IT11	IT12	IT13	IT14	IT15	IT16	IT17	IT18
		μm													mm						
—	3	0.3	0.5	0.8	1.2	2	3	4	6	10	14	25	40	60	0.10	0.14	0.25	0.40	0.60	1.0	1.4
3	6	0.4	0.6	1	1.5	2.5	4	5	8	12	18	30	48	75	0.12	0.18	0.30	0.48	0.75	1.2	1.8
6	10	0.4	0.6	1	1.5	2.5	4	6	9	15	22	36	58	90	0.15	0.22	0.36	0.58	0.90	1.5	2.2
10	18	0.5	0.8	1.2	2	3	5	8	11	18	27	43	70	110	0.18	0.27	0.43	0.70	1.10	1.8	2.7
18	30	0.6	1	1.5	2.5	4	6	9	13	21	33	52	84	130	0.21	0.33	0.52	0.84	1.30	2.1	3.3
30	50	0.6	1	1.5	2.5	4	7	11	16	25	39	62	100	160	0.25	0.39	0.62	1.00	1.60	2.5	3.9
50	80	0.8	1.2	2	3	5	8	13	19	30	46	74	120	190	0.30	0.46	0.74	1.20	1.90	3.0	4.6
80	120	1	1.5	2.5	4	6	10	15	22	35	54	87	140	220	0.35	0.54	0.87	1.40	2.20	3.5	5.4
120	180	1.2	2	3.5	5	8	12	18	25	40	63	100	160	250	0.40	0.63	1.00	1.60	2.50	4.0	6.3
180	250	2	3	4.5	7	10	14	20	29	46	72	115	185	290	0.46	0.72	1.15	1.85	2.90	4.6	7.2
250	315	2.5	4	6	8	12	16	23	32	52	81	130	210	320	0.52	0.81	1.30	2.10	3.20	5.2	8.1
315	400	3	5	7	9	13	18	25	36	57	89	140	230	360	0.57	0.89	1.40	2.30	3.60	5.7	8.9
400	500	4	6	8	10	15	20	27	40	63	97	155	250	400	0.63	0.97	1.55	2.50	4.00	6.3	9.7

6. 基本偏差及其代号

基本偏差是指用以确定公差带相对于零线位置的上偏差或下偏差，一般是指靠近零线的偏差。根据实际需要，国家标准分别对孔和轴各规定了 28 个不同的基本偏差，如图 2.3 所示。

从图 2.3 可以看出，基本偏差用拉丁字母表示，大写字母代表孔，小写字母代表轴。

轴的基本偏差从 a～h 为上偏差，从 j～zc 为下偏差，js 是一个特殊的基本偏差，公差带相对零线对称分布，上下偏差的绝对值相等，符号相反。轴的常用基本偏差可查表 2.2。

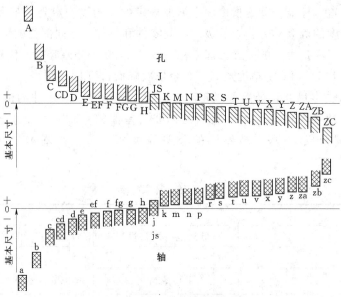

图 2.3 孔、轴基本偏差系列

表 2.2　　　　　　　**基本尺寸小于 500mm 轴的常用基本偏差数值表**

基本偏差		上偏差 es/μm											js	下偏差 ei/μm		
		a	b	c	cd	d	e	ef	f	fg	g	h			j	k
基本尺寸 /mm		公　差　等　级														
大于	至			所　有　级									5、6	7	8	4～7 ≤3 >7
—	3	−270	−140	−60	−34	−20	−14	−10	−6	−4	−2	0		−2	−4	−6	0 0
3	6	−270	−140	−70	−46	−30	−20	−14	−10	−6	−4	0		−2	−4	+1	0
6	10	−280	−150	−80	−56	−40	−25	−18	−13	−8	−5	0		−2	−5	+1	0
10	14	−290	−150	−95		−50	−32		−16		−6	0		−3	−6	+1	0
14	18																
18	24	−300	−160	−110		−65	−40		−20		−7	0	上偏差或下偏差等于 ±IT/2	−4	−8	+2	0
24	30																
30	40	−310	−170	−120		−80	−50		−25		−9	0		−5	−10	+2	0
40	50	−320	−180	−130													
50	65	−340	−190	−140		−100	−60		−30		−10	0		−7	−12	+2	0
65	80	−360	−200	−150													
80	100	−380	−220	−170		−120	−72		−36		−12	0		−9	−15	+3	0
100	120	−410	−240	−180													
120	140	−460	−260	−200													
140	160	−520	−280	−210		−145	−85		−43		−14	0		−11	−18	+3	0
160	180	−580	−310	−230													

续表

基本偏差		上偏差 es/μm											js	下偏差 ei/μm				
		a	b	c	cd	d	e	ef	f	fg	g	h		j			k	
基本尺寸 /mm		公差等级																
大于	至	所有级												5、6	7	8	4~7	≤3 >7
180	200	−660	−340	−240														
200	225	−740	−380	−260		−170	−100		−50		−15	0	上偏差或下偏差等于±IT/2	−13	−21		+4	0
225	250	−820	−420	−280														
250	280	−920	−480	−300		−190	−110		−56		−17	0		−16	−26		+4	0
280	315	−1050	−540	−330														
315	355	−1200	−600	−360		−210	−125		−62		−18	0		−18	−28		+4	0
355	400	−1350	−680	−400														
400	450	−1500	−760	−440		−230	−135		−68		−20	0		−20	−32		+5	0
450	500	−1650	−840	−480														

基本偏差		下偏差 ei/μm													
		m	n	p	r	s	t	u	v	x	y	z	za	zb	zc
基本尺寸 /mm		公差等级													
大于	至	所有级													
—	3	+2	+4	+6	+10	+14		+18		+20		+26	+32	+40	+60
3	6	+4	+8	+12	+15	+19		+23		+28		+35	+42	+50	+80
6	10	+6	+10	+15	+19	+23		+28		+34		+42	+52	+67	+97
10	14	+7	+12	+18	+23	+28		+33		+40		+50	+64	+90	+130
14	18								+39	+45		+60	+77	+108	+150
18	24	+8	+15	+22	+28	+35		+41	+47	+54	+63	+73	+98	+136	+188
24	30						+41	+48	+55	+64	+75	+88	+118	+160	+218
30	40	+9	+17	+26	+34	+43	+48	+60	+68	+80	+94	+112	+148	+200	+274
40	50						+54	+70	+81	+97	+114	+136	+180	+242	+325
50	65	+11	+20	+32	+41	+53	+66	+87	+102	+122	+144	+172	+226	+300	+405
65	80				+43	+59	+75	+102	+120	+146	+174	+210	+274	+360	+480
80	100	+13	+23	+37	+51	+71	+91	+124	+146	+178	+214	+258	+335	+445	+585
100	120				+54	+79	+104	+144	+172	+210	+254	+310	+400	+525	+690
120	140				+63	+92	+122	+170	+202	+248	+300	+365	+470	+620	+800
140	160	+15	+27	+43	+65	+100	+134	+190	+228	+280	+340	+415	+535	+700	+900
160	180				+68	+108	+146	+210	+252	+310	+380	+465	+600	+780	+1000
180	200				+77	+122	+166	+236	+284	+350	+425	+520	+670	+880	+1150
200	225	+17	+31	+50	+80	+130	+180	+258	+310	+385	+470	+575	+740	+960	+1250
225	250				+84	+140	+196	+284	+340	+425	+520	+640	+820	+1050	+1350
250	280	+20	+34	+56	+94	+158	+218	+315	+385	+475	+580	+710	+920	+1200	+1550
280	315				+98	+170	+240	+350	+425	+525	+650	+790	+1000	+1300	+1700
315	355	+21	+37	+62	+108	+190	+268	+390	+475	+590	+730	+900	+1150	+1500	+1900
355	400				+114	+208	+294	+435	+530	+660	+820	+1000	+1300	+1650	+2100
400	450	+23	+40	+68	+126	+232	+330	+490	+595	+740	+920	+1100	+1450	+1850	+2400
450	500				+132	+252	+360	+540	+660	+820	+1000	+1250	+1600	+2100	+2600

　　孔的基本偏差从 A～H 为下偏差，从 J～ZC 为上偏差，JS 是一个特殊的基本偏差，公差带相对零线对称分布，上下偏差的绝对值相等，符号相反。孔的常用基本偏差可查

表2.3。

表2.3　基本尺寸小于500mm孔的常用基本偏差数值表

基本偏差		下偏差 EI/μm											JS	上偏差 ES/μm								
基本尺寸/mm		A	B	C	CD	D	E	EF	F	FG	G	H		J			K		M		N	
														公差等级								
大于	至	所有公差等级												J6	J7	J8	K≤8	K>8	M≤8	M>8	N≤8	N>8
—	3	+270	+140	+60	+34	+20	+14	+10	+6	+4	+2	0	±IT/2	+2	+4	+6	0	0	−2	−2	−4	−4
3	6	+270	+140	+70	+46	+30	+20	+14	+10	+6	+4	0	±IT/2	+5	+6	+10	−1+Δ		−4+Δ	−4	−8+Δ	0
6	10	+280	+150	+80	+56	+40	+25	+18	+13	+8	+5	0	±IT/2	+5	+8	+12	−1+Δ		−6+Δ	−6	−10+Δ	0
10	14	+290	+150	+95		+50	+32		+16		+6	0	±IT/2	+6	+10	+15	−1+Δ		−7+Δ	−7	−12+Δ	0
14	18	+290	+150	+95		+50	+32		+16		+6	0	±IT/2	+6	+10	+15	−1+Δ		−7+Δ	−7	−12+Δ	0
18	24	+300	+160	+110		+65	+40		+20		+7	0	±IT/2	+8	+12	+20	−2+Δ		−8+Δ	−8	−15+Δ	0
24	30	+300	+160	+110		+65	+40		+20		+7	0	±IT/2	+8	+12	+20	−2+Δ		−8+Δ	−8	−15+Δ	0
30	40	+310	+170	+120		+80	+50		+25		+9	0	±IT/2	+10	+14	+24	−2+Δ		−9+Δ	−9	−17+Δ	0
40	50	+320	+180	+130		+80	+50		+25		+9	0	±IT/2	+10	+14	+24	−2+Δ		−9+Δ	−9	−17+Δ	0
50	65	+340	+190	+140		+100	+60		+30		+10	0	±IT/2	+13	+18	+28	−2+Δ		−11+Δ	−11	−20+Δ	0
65	80	+360	+200	+150		+100	+60		+30		+10	0	±IT/2	+13	+18	+28	−2+Δ		−11+Δ	−11	−20+Δ	0
80	100	+380	+220	+170		+120	+72		+36		+12	0	±IT/2	+16	+22	+34	−3+Δ		−13+Δ	−13	−23+Δ	0
100	120	+410	+240	+180		+120	+72		+36		+12	0	±IT/2	+16	+22	+34	−3+Δ		−13+Δ	−13	−23+Δ	0
120	140	+460	+260	+200		+145	+85		+43		+14	0	±IT/2	+18	+26	+41	−3+Δ		−15+Δ	−15	−27+Δ	0
140	160	+520	+280	+210		+145	+85		+43		+14	0	±IT/2	+18	+26	+41	−3+Δ		−15+Δ	−15	−27+Δ	0
160	180	+580	+310	+230		+145	+85		+43		+14	0	±IT/2	+18	+26	+41	−3+Δ		−15+Δ	−15	−27+Δ	0
180	200	+660	+340	+240		+170	+100		+50		+15	0	±IT/2	+22	+30	+47	−4+Δ		−17+Δ	−17	−31+Δ	0
200	225	+740	+380	+260		+170	+100		+50		+15	0	±IT/2	+22	+30	+47	−4+Δ		−17+Δ	−17	−31+Δ	0
225	250	+820	+420	+280		+170	+100		+50		+15	0	±IT/2	+22	+30	+47	−4+Δ		−17+Δ	−17	−31+Δ	0
250	280	+920	+480	+300		+190	+110		+56		+17	0	±IT/2	+25	+36	+55	−4+Δ		−20+Δ	−20	−34+Δ	0
280	315	+1050	+540	+330		+190	+110		+56		+17	0	±IT/2	+25	+36	+55	−4+Δ		−20+Δ	−20	−34+Δ	0
315	355	+1200	+600	+360		+210	+125		+62		+18	0	±IT/2	+29	+39	+60	−4+Δ		−21+Δ	−21	−37+Δ	0
355	400	+1350	+680	+400		+210	+125		+62		+18	0	±IT/2	+29	+39	+60	−4+Δ		−21+Δ	−21	−37+Δ	0
400	450	+1500	+760	+440		+230	+135		+68		+20	0	±IT/2	+33	+43	+66	−5+Δ		−23+Δ	−23	−40+Δ	0
450	500	+1650	+840	+480		+230	+135		+68		+20	0	±IT/2	+33	+43	+66	−5+Δ		−23+Δ	−23	−40+Δ	0

注：JS列为"上偏差或下偏差等于 ±IT/2"。

基本偏差		上偏差 ES/μm												Δ/μm					
		P到ZC	P	R	S	T	U	V	X	Y	Z	ZA	ZB	ZC					
基本尺寸/mm														公差等级					
大于	至	≤7	>7级												3	4	5	6	7	8
—	3		−6	−10	−14		−18		−20		−26	−32	−40	−60	0					
3	6		−12	−15	−19		−23		−28		−35	−42	−50	−80	1	1.5	1	3	4	6
6	10		−15	−19	−23		−28		−34		−42	−52	−67	−97	1	1.5	2	3	6	7
10	14	在大于7级的相应数值上增加一个Δ值	−18	−23	−28		−33		−40		−50	−64	−90	−130	1	2	3	3	7	9
14	18							−39	−45		−60	−77	−108	−150	1	2	3	3	7	9
18	24		−22	−28	−35	−41	−47	−54	−63	−73	−98	−136	−188		1.5	2	3	4	8	12
24	30					−41	−48	−55	−64	−75	−88	−118	−160	−218	1.5	2	3	4	8	12
30	40		−26	−34	−43	−48	−60	−68	−80	−94	−112	−148	−200	−274	1.5	3	4	5	9	14
40	50					−54	−70	−81	−97	−114	−136	−180	−242	−325	1.5	3	4	5	9	14

续表

基本偏差	上偏差 ES/μm												Δ/μm					
	P到ZC	P	R	S	T	U	V	X	Y	Z	ZA	ZB	ZC					
基本尺寸/mm	公差等级																	
大于　至	≤7		>7级											3	4	5	6	7	8
50　65	在大于7级的相应数值上增加一个Δ值	-32	-41	-53	-66	-87	-102	-122	-144	-172	-226	-300	-405	2	3	5	6	11	16
65　80			-43	-59	-75	-102	-120	-146	-174	-210	-274	-360	-480						
80　100		-37	-51	-71	-91	-124	-146	-178	-214	-258	-335	-445	-585	2	4	5	7	13	19
100　120			-54	-79	-104	-144	-172	-210	-254	-310	-400	-525	-690						
120　140		-43	-63	-92	-122	-170	-202	-248	-300	-365	-470	-620	-800	3	4	6	7	15	23
140　160			-65	-100	-134	-190	-228	-280	-340	-415	-535	-700	-900						
160　180			-68	-108	-146	-210	-252	-310	-380	-465	-600	-780	-1000						
180　200		-50	-77	-122	-166	-236	-284	-350	-425	-520	-670	-880	-1150	3	4	6	9	17	26
200　225			-80	-130	-180	-258	-310	-385	-470	-575	-740	-960	-1250						
225　250			-84	-140	-196	-284	-340	-425	-520	-640	-820	-1050	-1350						
250　280		-56	-94	-158	-218	-315	-385	-475	-580	-710	-920	-1200	-1550	4	4	7	9	20	29
280　315			-98	-170	-240	-350	-425	-525	-650	-790	-1000	-1300	-1700						
315　355		-62	-108	-190	-268	-390	-475	-590	-730	-900	-1150	-1500	-1900	4	5	7	11	21	32
355　400			-114	-208	-294	-435	-530	-660	-820	-1000	-1300	-1650	-2100						
400　450		-68	-126	-232	-330	-490	-595	-740	-920	-1100	-1450	-1850	-2400	5	5	7	13	23	34
450　500			-132	-252	-360	-540	-660	-820	-1000	-1250	-1600	-2100	-2600						

轴和孔的另一偏差可根据轴和孔的基本偏差和标准公差，按以下代数式计算：

轴的上偏差（或下偏差）　　$es=ei+IT$ 或 $ei=es-IT$

孔的上偏差（或下偏差）　　$ES=EI+IT$ 或 $EI=ES-IT$

7. 公差带代号

公差带代号由基本偏差代号与公差等级代号组成，用同一号数的字体书写，如 $\phi50H7$、$\phi50f6$，其含义如图2.4所示。

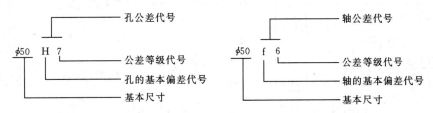

图 2.4　公差带代号

8. 国家标准推荐选用的尺寸公差带

按标准公差和基本偏差的组合，可得到许多大小和位置不同的公差带。这些孔、轴公差带组合，又可得到大量的各种配合，全部采用既不经济，也不必要。因此，GB/T

1801—2009《产品几何技术规范（GPS）极限与配合公差带和配合的选择》规定在尺寸不大于 500mm 的范围内，轴的一般用途公差带为 119 个，其中带方框的 59 个为常用公差带，带括号的 13 个为优先公差带，如图 2.5 所示；孔的一般用途公差带为 105 个，其中带方框的 44 个为常用公差带，带括号的 13 个为优先公差带，如图 2.6 所示。

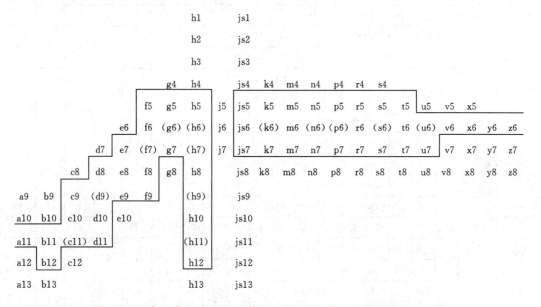

图 2.5　基本尺寸小于 500mm 轴的一般用途、常用和优先选用公差带

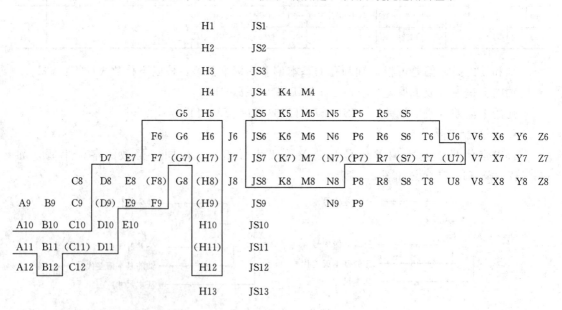

图 2.6　基本尺寸小于 500mm 孔的一般用途、常用和优先选用公差带

【例 2.1】　查表确定 $\phi30d7$ 的上、下偏差。

【解】　由表 2.2 查得：$\phi30d7$ 的基本偏差 $es=-0.065$，再查表 2.1 得：$IT7=0.021$，可得 $\phi30d7$ 的下偏差 $ei=es-IT7=-0.065-0.021=-0.086$。

2.1.3 轴径尺寸的检测方法

完工后的零件是否满足公差要求，要通过检测加以判断，检测包含检验与测量。几何量的检验是指确定零件的几何参数是否在规定的极限范围内，并作出合格性判断，而不必得出被测量的具体数值；测量是将被测量与作为计量单位的标准量进行比较，以确定被测量的具体数值的过程。

1. 检测的一般步骤

（1）确定被检测项目。审阅被测件图纸及有关的技术资料，了解被测件的用途，熟悉各项技术要求，明确需要检测的项目。

（2）设计检测方案。根据检测项目的性质、具体要求、零件结构特点、生产批量大小、检测设备状况、检测环境及检测人员的能力等多种因素，设计一个能满足检测精度要求，成本低、效率高的检测预案。

（3）选择检测器具。按照规范要求选择适当的检测器具和辅助工具或设计、制作专用的检测器具，并进行必要的误差分析。

（4）检测前准备。清理检测环境并检查是否满足检测要求，清洗被测件及辅助工具，对检测器具进行调整，使之处于正常的工作状态。

（5）采集数据。安装被测件，按照设计预案采集测量数据并规范地做好原始记录。

（6）数据处理。对检测数据进行计算和处理，获得检测结果。

（7）填报检测结果。将检测结果填写在检测报告单及有关的原始记录中，并根据技术要求作出对被测件的质量判定。

2. 量具的分类

计量器具按其结构特点和用途可分为标准量具、专用量具、计量仪器和计量装置四类。

（1）标准量具。标准量具是指以固定形式复现量值的测量工具，包括单值量具和多值量具两种。单值量具是复现单一量值的量具，如量块、90°角尺等。多值量具是指复现一定范围内的一系列不同量值的量具，如线纹尺等。

（2）专用量具。极限量规是一种没有刻度的专用检验工具，用这种工具不能得到被检验工件的具体尺寸，但能确定被检验工件是否合格，如光滑极限量规、螺纹量规等。

（3）计量仪器。计量仪器是指能将被测的量值转换成可直接观察的指示值或等效信息的计量器具，如游标卡尺、外径千分尺、百分表、光学比较仪、激光干涉量仪、电感比较仪等。

（4）计量装置。计量装置是指为确定被测量值所必需的计量器具和辅助设备。

3. 测量器具的选择

（1）测量器具选择时应考虑的因素。①测量器具按被测工件的形状、位置、尺寸选择，测量范围要满足工件的测量要求；②选择测量器具应考虑与被测工件的尺寸公差相适应，所选择的测量器具的极限误差既要保证测量精度，又要符合经济要求。

（2）测量器具的选择原则。按照国家标准《光滑工件尺寸的检验》（GB/T 3177—1997）选择测量器具，该标准适用于工件生产中常用的测量器具，如游标卡尺、千分尺、百分表和比较仪等，主要用于检测公差等级为 IT6～IT18 的工件尺寸。在实际选用时，要根据生产批量、被测零件的尺寸和精度等因素选择不同的测量器具和方法。生产批量较大时，一般要用光滑极限量规进行检测；生产批量较小时，可用常规测量器具，如游标卡尺、千分尺等；对于精度较高的孔、轴，应采用比较仪、测长仪、干涉仪等精密测量仪器进行测量；同时，还要考虑检测成本、测量器具的适用性和测量条件等。

4. 误差的分类

根据测量误差的性质、出现的规律和特点，可将误差分为随机性误差、系统性误差和粗大误差。

（1）随机性误差。在相同条件下测量同一量值时，误差的大小和方向呈无规律变化者，称为随机性误差，如环境变化、仪器中油膜的变化等都属于随机性误差。对随机性误差，从表面上看似乎没有规律，但是，应用数理统计的方法可以找出一批工件误差的总体规律，查出产生误差的根源，在技术上采取措施来加以控制。

（2）系统性误差。在相同条件下测量同一量值时，出现大小和方向都保持不变或者按一定规律变化的误差称为系统性误差。

在顺序测量一批工件时，误差的大小和方向保持不变者，称为常值系统性误差。如用千分尺一次调整测量零件某一尺寸时，千分尺零位调整不正确对各次测量结果的影响是相同的，属于常值系统性误差。对于常值系统性误差，在查明其大小和方向后，采取相应的措施即可消除或控制误差。

在顺序测量一批工件时，误差的大小和方向呈有规律变化者，称为变值系统性误差。如由于量具磨损引起的测量误差、量具受热变形引起的测量误差等都属于变值系统性误差。虽然变值系统性误差随着时间而变化，但是，如果掌握其变化规律，可采用自动补偿的方法消除。

（3）粗大误差。粗大误差是指超出规定条件下预计的测量值，明显地歪曲了测量结果的误差。粗大误差是主观原因或客观原因造成的，主观原因如测量人员疏忽造成读数误差和记录误差，客观原因如外界突然振动引起的误差等。粗大误差会显著地影响测量结果，应将它从测量数据中予以剔除。

判断粗大误差的基本原则有许多，如拉依达准则，又称 3σ 准则，主要适用于服从正态分布的误差，重复测量次数又比较多的情况。先计算出标准偏差 σ，然后将测量数据中残余误差大于 3σ 的测量值视为粗大误差给予剔除，再重新计算标准偏差，并与残余误差进行判断，直到剔除完为止。

5. 轴径尺寸的测量方法

圆柱轴径测量在机械零件的几何尺寸检测中占有很大比例，在大批量生产中，中、低精度的轴多用极限量规来检验；若生产批量较小，或需要得到被测工件的实际尺寸时，中、低精度的轴常用游标卡尺、外径千分尺、内径百分表等普通计量器具测量；高精度的轴（高于 IT6），通常不用量规检验，而采用机械式比较仪、光学比较仪、万能测长仪、电动测微仪、万能工具显微镜、气动量仪、接触式干涉仪等精密仪器进行测量。

（1）游标卡尺。

1）游标卡尺的结构。如图 2.7 所示，游标卡尺是带有测量爪并用游标读数的量尺。

测量精度较高，结构简单，使用方便，可以测量零件的内径、外径、长度、宽度和深度尺寸，是生产中应用最广泛的一种量具。其中，外卡爪用来测量工件的外径或长度，内卡爪用来测量孔径或槽的宽度，深度尺可随副尺在尺身背面的导向槽中移动，用来测量工件的深度。

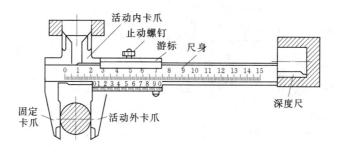

图 2.7　游标卡尺

2）游标卡尺的使用方法。在使用前必须检查游标卡尺，要求移动灵活、零位对齐、测量姿势正确。测量时，把固定卡爪靠在被测工件表面上，使活动卡爪轻轻接触被测表面，稍微摆动一下测量卡爪找出尺寸的极限位置，即可得到测量结果。测量精度有0.01mm（一百分度）、0.02mm（五十分度）、0.05mm 和 0.1mm 四个等级，测量范围有0～125mm、0～200mm、0～300mm、0～500mm。

读数时先锁紧止动螺钉，首先读出游标零线左侧尺身的整数，然后看游标上哪一条刻线与尺身刻线对齐并读数，把游标与尺身重合线数与游标精度相乘即为游标的尺寸，最后把尺身与游标的尺寸相加即可。如图 2.8 所示精度为 0.05mm 的游标卡，所测尺寸为 54 +7×0.05＝54.35（mm）。

3）使用游标卡尺的注意事项。①未经加工的毛面不能使用游标卡尺测量，以免损伤量爪的测量面，降低卡尺测量精度；②使用前应检查主、副尺零线在量爪闭合时是否重合，如有误差，测量读数时注意修正；③游标卡尺测量方位应放正，不可歪斜，如测量内、外圆直径时应垂

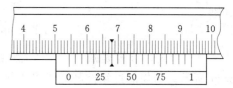

图 2.8　游标卡尺的读数方法

直于轴线；④测量时用力适当，不可过紧，也不可过松，特别是抽出卡尺读数时，量爪极易松动而影响测量结果。

（2）外径千分尺。

1）外径千分尺的结构。如图 2.9（a）所示，千分尺是结构较简单的精密量具，是利用螺旋副原理进行外尺寸测量的，测量精度为 0.01mm。有外径千分尺、内径千分尺及深度千分尺等。

2）外径千分尺的使用方法。使用时，首先要校对千分尺的零位并清理测量面，测量时转动微分筒的力要轻微，千分尺可单手握、双手握，测量精密零件时为了防止千分尺不平稳和热变形，可将千分尺固定在尺架上。

测量时，先读出固定套筒上露出的刻度整数毫米数和半毫米数，然后由微分筒上与固

定套筒基准线对准的那条线读出小数部分，将整数和小数相加即为工件的尺寸。如图 2.9 (b) 所示，整数部分为 5mm，小数部分为 0.46mm，故读数为 5＋0.46＝5.46（mm）。

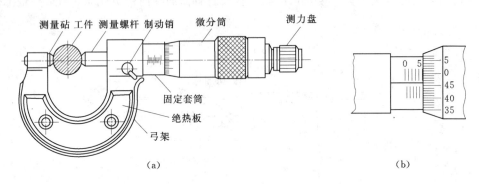

图 2.9　外径千分尺

（3）卡钳。卡钳是一种间接测量的工具，使用时需有钢直尺或其他刻线量具配合。卡钳使用不要过紧、过松或歪斜，否则会造成较大的测量误差。卡钳的使用方法如图 2.10 所示。

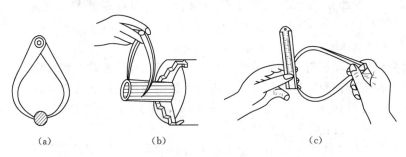

图 2.10　卡钳的使用方法

（4）卡规。卡规是成批生产时测量外表面的量具，如轴径、宽度、厚度等，如图 2.11 所示。卡规的过端控制的是最大极限尺寸，而止端控制的是最小极限尺寸。检查零件时，过端通过，止端不通过为合格。

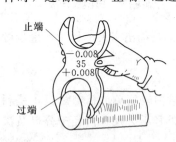

图 2.11　卡规的使用方法

（5）立式光学比较仪。在立式光学比较仪上测量圆柱轴径属于比较测量，即用量块作为标准尺寸，将仪器调至零位，然后测出被测轴径与量块标准尺寸的差值，求出被测轴径。立式光学比较仪的光学系统原理如图 2.12 所示。由光源 1 发出的光线，经反射镜 2 到物镜聚焦平面刻度尺 3、棱镜 5 以及物镜 6 射在反射镜 7 上，当测杆 9 有微小位移时，反射镜 7 绕支点 8 转动 α 角，从目镜 4 中可看到反射回来的刻度尺的影像 10，根据影像零刻线相对于固定指标线的位移量即可判断被测尺寸的实际偏差。不同厂家生产的立式光学比较仪的特性及精度略有差别，可在仪器说明书中查到。

采用比较仪测量圆柱直径时，由于被测面是一个圆弧面，若采用圆弧测量头测量，被测圆柱应在工作台面来回滚动，找出读数的转折点，即读出接触点是轴径的最高点时的读数。因此，测量者必须仔细地观察指示装置，以减小由于测量头偏离直径处而引起的误差。

2.1.4 轴的形状公差与位置公差

1. 形状公差的有关术语

形状公差是指单一实际要素的形状所允许的变动全量。形状公差用形状公差带表达。形状公差带的特点：不涉及基准，它的方向和位置均是浮动的，只能控制被测要素形状误差的大小。

（1）形状公差带。限制实际形状变动的区域。

（2）理想要素。具有几何学意义的要素，是没有几何误差的理想要素。

（3）实际要素。零件上实际存在的要素。

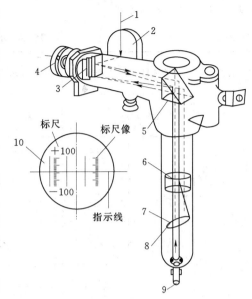

图 2.12　光学比较仪
1—光源；2—发射镜；3—刻度尺；4—目镜；
5—棱镜；6—物镜；7—反射镜；8—支点；
9—测杆；10—影像

由于有加工误差，零件上存在的是有几何误差的要素。

（4）形状误差。指被测实际要素对其理想要素的变动量。

（5）最小条件。指被测要素对其理想要素的变动量。

（6）单一要素。仅对被测要素本身给出形状公差要求的要素。

2. 位置公差的有关术语

位置公差是指关联实际被测要素对其理想要素的变动量，是为限制位置误差而设。

（1）关联要素。对其他要素有功能关系的要素。

（2）基准要素。用来确定被测要素方向或位置的要素。理想的基准要素称为基准，基准要素有点、线、面。

（3）基准。基准是反映被测要素方向或位置的参考对象。图样上给出的基准都是理想的，即基准本身不存在形状误差。

（4）位置误差。关联被测实际要素对其理想要素的变动量。

（5）定向公差。定向公差是被测要素对基准在方向上允许的变动全量。关联实际要素对基准在方向上允许的变动量称为定向公差。它包括平行度、垂直度和倾斜度。

3. 形位公差的项目、符号及分类

形状公差和位置公差简称形位公差，其公差带是由公差值确定的，是限制实际形状或实际位置变动的区域。公差带的形状有：两平行直线、两等距曲线、两同心圆、一个圆、一个球、一个圆柱、一个四棱柱、两同轴圆柱、两平行平面、两等距曲面等。

形位公差的项目及其符号见表 2.4。GB/T 182—2008《产品几何技术规范（GPS）几何公差、形状、方向、位置和跳动公差标注》规定的形位公差项目共有 14 种，其中形状公差 6 种，位置公差 8 种。

表 2.4 **形 位 公 差 符 号**

公差	公差项目	符号	基准要求	公差	公差项目	符号	基准要求
形状公差	直线度	—	无	位置公差	平行度	//	有
	平面度	▱	无		垂直度	⊥	有
	圆度	○	无		倾斜度	∠	有
	圆柱度	⌭	无		位置度	⊕	有或无
	线轮廓度	⌒	有或无		同轴度	◎	有
	面轮廓度	⌓	有或无		对称度	=	有
					圆跳动	↗	有
					全跳动	↗↗	有

4. 形状公差各项目的含义

（1）直线度。直线度公差是限制实际线对理想线变动量的一项指标，直线度公差带是距离为公差值 t 的两平行直线之间的区域，如图 2.13 所示。

（2）平面度。平面度公差是限制实际平面对理想平面变动量的一项指标，平面度公差带是距离为公差值 t 的两平行平面之间的区域，如图 2.14 所示。

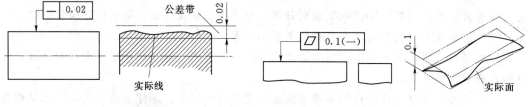

图 2.13 直线度   图 2.14 平面度

（3）圆度。圆度公差是限制实际圆对理想圆变动量的一项指标。圆度的公差带是在同一正截面上半径差为公差值 t 的两同心圆之间的区域，如图 2.15 所示。

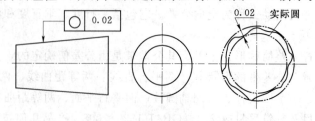

图 2.15 圆度

（4）圆柱度。圆柱度公差是限制实际圆柱面对理想圆柱面变动量的一项指标。圆柱度的公差带是半径差为公差值 t 的两同轴圆柱面之间的区域，如图 2.16 所示。

（5）线轮廓度。线轮廓度是限制实际曲线对理想曲线变动量的一项指标，表示了非圆曲线的形状精度要求。其公差带是包络一系列直径为公差值 t 的圆的两包络线之间的区域，诸圆的圆心应位于理想轮廓线上，如图 2.17 所示。

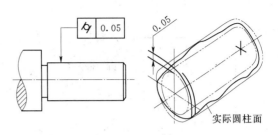

图 2.16　圆柱度

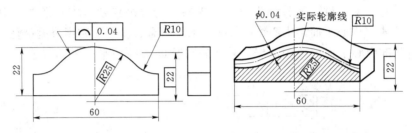

图 2.17　线轮廓度

（6）面轮廓度。面轮廓度是限制实际曲面对理想曲面变动量的一项指标，其公差带是包络一系列直径为公差值 t 的球的两包络面之间的区域，诸球的球心应位于理想轮廓面上，如图 2.18 所示。

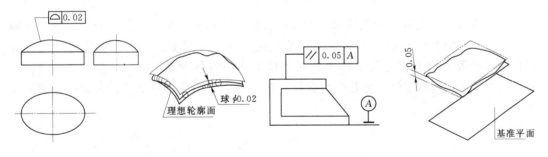

图 2.18　面轮廓度　　　　　　　　图 2.19　平行度

5. 位置公差各项目的含义

（1）平行度。当给定一个方向时，其公差带是距离为公差值 t，且平行于基准平面（或直线、轴线）的两平行平面之间的区域，如图 2.19 所示。

（2）垂直度。当给定一个方向时，公差带是距离为公差值 t，且垂直于基准平面（或直线、轴线）的两平行平面（或直线）之间的区域，如图 2.20 所示。

（3）倾斜度。倾斜度的公差带是距离为公差值 t，且与基准平面（或直线、轴线）成理论正确角度的两平行平面（或直线）之间的区域，如图 2.21 所示。

（4）同轴度。同轴度公差用来控制理论上应同轴的被测轴线与基准轴线的不同轴程度。同轴度公差带是直径为公差值 t，且与基准轴线同轴的圆柱面内的区域，如图 2.22 所示。

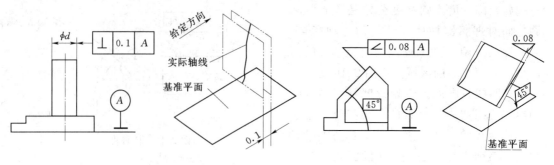

图 2.20　垂直度 　　　　　　　　　　　　　　　　　　图 2.21　倾斜度

（5）对称度。对称度一般控制理论上要求共面的被测要素（中心平面、中心线或轴线）与基准要素（中心平面、中心线或轴线）的不重合程度。对称度公差带是距离为公差值 t 且相对基准中心平面（或中心线、轴线）对称配置的两平行平面（或直线）之间的区域。

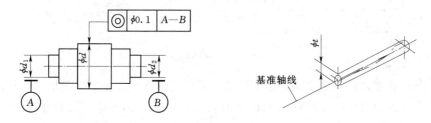

图 2.22　同轴度

（6）位置度。位置度公差用来控制被测实际要素相对于其理想位置的变动量，其理想位置由基准和理论正确尺寸确定。理论正确尺寸是不附带公差的精确尺寸，用以表示被测理想要素到基准之间的距离，在图样上用加方框的数字表示，如图 2.23 所示，孔的轴线要求按基面定位，公差带是直径为 0.1mm，且以孔的理想位置为轴线的圆柱面内的区域。

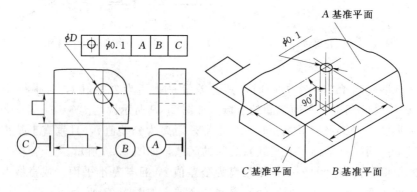

图 2.23　位置度

（7）跳动公差。跳动公差是被测实际要素绕基准轴线回转一周或连续回转时所允许的最大跳动量。跳动公差是按测量方式定出的公差项目。跳动误差测量方法简便，但仅限于应用在回转表面。

1）圆跳动。圆跳动是被测实际要素绕基准轴线作无轴向移动、回转一周中，由位置固定的指示器在给定方向上测得的最大与最小读数之差。它是形状和位置误差的综合，所以圆跳动是一项综合性的公差，如图 2.24 所示。

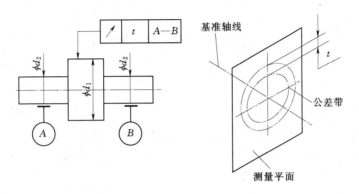

图 2.24　圆跳动

2）径向圆跳动。公差带是在垂直于基准轴线的任一测量平面内半径差为公差值 t 且圆心在基准轴线上的两同心圆之间的区域，如图 2.25 所示。

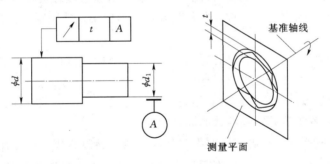

图 2.25　径向圆跳动

3）端面圆跳动。公差带是在与基准轴线同轴的任一直径位置的测量圆柱面上沿母线方向宽度为 t 的圆柱面区域，如图 2.26 所示。

4）斜向圆跳动。被测圆锥面相对于基准轴线 A，在斜向（除特殊规定外，一般为被测面的法线方向）的跳动量不得大于公差值 t，如图 2.27 所示。

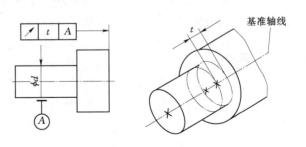

图 2.26　端面圆跳动

5）全跳动。全跳动是对整个表面的形位误差综合控制，是被测实际要素绕基准轴线作无轴向移动的连续回转，同时指示器沿理想素线连续移动（或被测实际要素每回转一周，指示器沿理想素线作间断移动），由指示器在给定方向上测得的最大与最小读数之差。

径向全跳动公差带是半径差为公差值 t 且与基准轴线同轴的两圆柱面之间的区域，如图 2.28 所示。

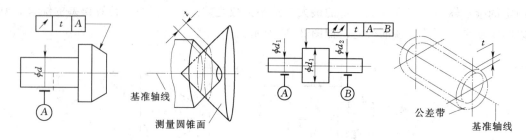

图 2.27　斜向圆跳动　　　　　　　　　　　　图 2.28　全跳动

圆跳动仅反映单个测量面内被测要素轮廓形状的误差情况，而全跳动则反映整个被测表面的误差情况。全跳动是一项综合性指标，它可以同时控制圆度、同轴度、圆柱度、素线的直线度、平行度，垂直度等的形位误差。

6. 形位误差的检测

（1）形位误差的检测原则。由于零件结构的形式多种多样，形位误差的公差项目又较多，按原理可归纳为五大原则。

1）与理想要素比较的原则。将被测实际要素与相应的理想要素进行比较，在比较过程中测出实际要素的误差值，再按这些数据来评定形位误差的原则，称为与理想要素比较的原则。

2）测量坐标值原则。利用坐标测量装置（如三坐标测量机、工具显微镜）测量被测要素各点的坐标值，经数据处理获得形位误差的原则，称为测量坐标值原则。

3）测量特征参数的原则。测量实际要素中具有代表性的参数（即特征参数）来近似的评定形位误差，称为测量特征参数的原则。

4）测量跳动的原则。被测实际要素绕基准轴线回转过程中，沿给定方向（径向、端面、斜向）测量它对某基准点（或轴线）的变动量（指示表最大与最小读数之差），主要用于测量跳动（包括圆跳动和全跳动）量。在被测要素回转一周的过程中，指示器最大与最小读数之差为该截面的径向圆跳动误差；若被测要素回转的同时，指示器缓慢地轴向移动，在整个过程中指示器最大读数与最小读数之差为该工件的径向全跳动误差。

5）控制实效边界原则。按最大实体要求（或同时采用最大实体要求及可逆要求）给出形位公差时，意味着给出了一个理想边界——最大实体实效边界，要求被测实体不得超过该边界。用于被测实际要素采用最大实体要求的场合。

（2）形位误差的测量方法。

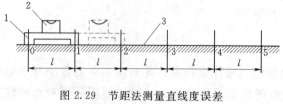

图 2.29　节距法测量直线度误差
1—桥板；2—水平仪；3—被测工件

1）直线度误差的常用测量方法。

a. 节距法或跨距法。如图 2.29 所示，通过测量相互衔接的局部误差，然后计算其总体的直线度误差的一种间接测量方法。主要用来测量精度要求较高而被测直线尺寸又较长的研磨或刮研表面，如各种长导轨面等，可用自准直仪或水平仪测量。

b. 间隙法。如图 2.30 所示，以刀口尺刃口为理想直线，将刀口尺刃口与被测要素（直线或平面）接触，使刀口尺与被测要素之间的间隙尽量小，此时的最大间隙即为被测要素的直线度误差。其间隙量可用塞尺测量或与标准间隙比较获得。

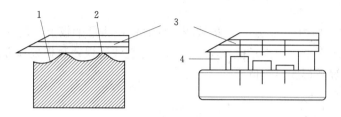

图 2.30　间隙法测量直线度误差
1—实际轮廓；2—贴切直线；3—刀口尺；4—量块

c. 打表法。如图 2.31 所示，用指示表测出给定截面上被测直线相对模拟理想直线的偏差值，然后评定直线度误差的方法。

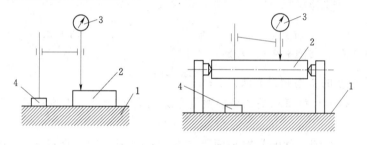

图 2.31　打表法测量直线度误差
1—平板；2—被测工件；3—指示表；4—表架

2）平面度误差的常用测量方法。

a. 直接测量法。主要有间隙法、打表法等。间隙法分为光隙法和塞隙法，它是测量不同方向的若干个截面上的直线度误差，取其中的最大值作为平面度误差的近似值，此法适用于磨削或研磨加工的较小平面。打表法是用指示表测出被测平面相对基准平面的偏差值，通过数据处理评定平面度误差的方法。具体的测量过程是：将工件放在精密平板上，在精密平板上移动表座，在被测面上按一定的规律测量若干点的值，其中最大值与最小值之差即作为平面度误差，此法适用于测量中、小平面。

b. 间接测量法。分段测量被测平面上多个截面的直线度误差，通过数据处理和变换后求出平面度误差的方法。此法适用于测量大、中型平面的平面度误差。

3）圆度误差的常用测量方法。主要有与理想圆比较、测量坐标值和测量特征参数值等方法。与理想圆比较法是指以模板上各同心圆模拟理想圆，将它与投影上的被测实际圆的图形比较，按照最小区域圆、最小外接圆和最大内切圆法评定圆度误差；测量坐标值法有极坐标测量法和直角坐标测量法，是利用坐标测量装置测量和评定圆度误差的方法；测量特征参数值的方法有两点法和三点法等，两点法只能用于测量已知棱数为偶数的圆度误差，其误差值实际上就是测量的最大直径差，三点法主要用于测量已知棱数为奇数的工件的圆度误差。

4）平行度误差的常用测量方法。

a. 打表法。如图 2.32 所示，将工件放在平板上，使工件的底面与平板工作面贴合，将指示表在工件表面上沿着多个方向移动，指示表的最大读数和最小读数之差即为平行度误差。

b. 水平仪法。如图 2.33 所示，将被测工件放置在测量平板上，用水平仪分别在平板和被测工件上记录水平仪的指示值，其测量结果与直线度误差数据处理方法相同，常用图解法或计算法求解平行度误差值。

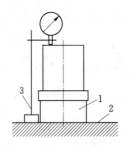

图 2.32　打表法
1—被测工件；2—测量平板；3—表座

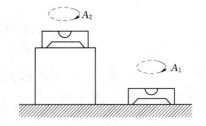

图 2.33　水平仪法

5）垂直度误差的常用测量方法。

a. 光隙法。利用直角座和基准平台测量光隙的大小计算垂直度误差，如图 2.34（a）所示。

b. 打表法。将被测工件的基准表面固定在直角座上，调整靠近基准的被测表面，使表中的指示值为最小，指示计在整个表面被测点的最大值与最小值为垂直度误差，如图 2.34（b）所示。

垂直度误差的常用测量方法还有水平仪法等。

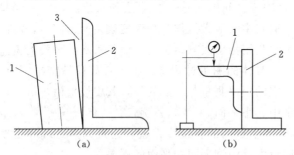

图 2.34　垂直度误差测量
（a）光隙法；（b）打表法

6）同轴度误差的常用测量方法。

a. 心轴打表法。如图 2.35（a）所示，工件的底座高度可调，测量前调整被测工件的基准轴线与平板平行，再打表测量被测孔两端面最高素线上 A、B 点的高度，通过计算可得出同轴度误差。

b. 双向打表法。如图 2.35（b）所示，用两个 V 形块支承工件，使工件轴线平行于平板工作面，两个测量表放置在一端，上下对齐且垂直于平板工作面，并调零，测量表沿轴向移动，两表的读数最大差值即为某一截面的同轴度误差，转动工件，在多个截面上重复测量，取最大值为工件的同轴度误差。

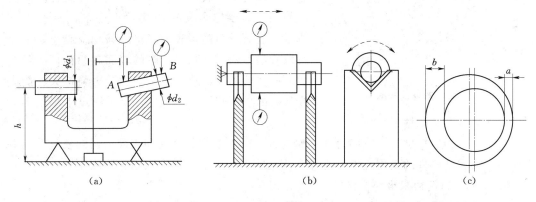

图 2.35 同轴度误差测量

(a) 心轴打表法；(b) 双向打表法；(c) 壁厚差法

c. 壁厚差法。圆环形工件通过测量各处壁厚，可计算 $|b-a|$ 得同轴度误差，如图 2.35（c）所示。

2.1.5 轴的表面粗糙度

1. 表面粗糙度的概念

机械加工方法或者其他加工方法获得的零件表面，微观上都存在较小间距的峰谷所组成的微观几何形状误差，称为表面粗糙度，如图 2.36 所示。表面粗糙度反映的是实际表面几何形状误差的微观特性，有别于表面波纹度和形状误差，通常以一定的波距与波高之比来划分。一般比值小于 40 者为表面微观形状误差，大于 1000 者为表面宏观形状误差，介于两者之间则为表面波纹度。

2. 表面粗糙度对零件使用性能的影响

（1）摩擦和磨损方面。表面越粗糙，摩擦系数就越大，摩擦阻力也越大，使零件配合面的磨损加剧。

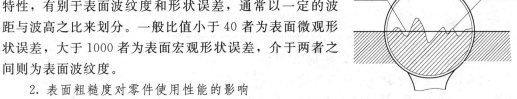

图 2.36 表面粗糙度

（2）配合性质方面。表面粗糙度影响配合性质的稳定性。对于间隙配合，粗糙的表面会因峰尖很快磨损而使间隙逐渐加大；对于过盈配合，则因装配表面的峰顶被挤平，使有效实际过盈减少，影响联结强度。

（3）疲劳强度方面。金属受交变载荷作用后产生的疲劳破坏往往发生在零件表面或表面冷硬层下方，因此，零件的表面质量对疲劳强度影响较大。在交变载荷作用下，表面粗糙度的凹谷部位容易引起应力集中，产生疲劳裂纹。所以，加工表面越粗糙、表面的刀痕越深，其抵抗疲劳破坏的能力越差。

（4）耐腐蚀性方面。粗糙的表面，腐蚀性气体或液体易于通过表面微观凹谷渗入到金属内层，造成表面锈蚀。

（5）接触刚度方面。产品都是由零件装配而成的，当两个零件相互接触时，实质上只

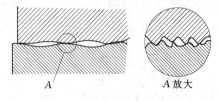

图 2.37 两零件接触面

是两个零件接触表面上一些凸峰相互接触，实际接触面积明显要比名义接触面积小得多，如图 2.37 所示。表面越粗糙，表面间接触面积就越小。由此可以看出：两零件相互接触的表面越粗糙，实际接触面积也就越少，致使单位面积受力就增大，造成峰顶处的局部塑性变形加剧，接触刚度下降，影响机器工作精度和平稳性。

此外，表面粗糙度还影响结合面的密封性，影响产品的外观和表面涂层的质量等。综上所述，为保证零件的使用性能和寿命，应对零件的表面粗糙度加以合理限制。

3. 表面粗糙度的术语和定义

（1）取样长度 l。取样长度是指用于判别具有表面粗糙度特征的一段基准线长度。基准线过长，表面粗糙度值会把表面波纹度包括进去；基准线过短，不能反映表面粗糙度的实际状况。一般基准线内至少包含 5 个以上的峰和谷。

（2）评定长度 l_n。评定长度是指评定轮廓表面粗糙度所必需的一段长度，它包含一个或几个取样长度，一般取 $l_n = 5l$。取样长度和评定长度的关系见表 2.5。

表 2.5　　　　　　　　　　　　取样长度和评定长度的关系

Ra	Ry、Rz	l/mm	$l_n = 5l/mm$
0.008～0.02	≥0.025～0.10	0.08	0.4
>0.02～0.1	>0.10～0.50	0.25	1.25
>0.1～2.0	>0.50～10.0	0.8	4.0
>2.0～10.0	>10.0～50.0	2.5	12.5
>10.0～80.0	>50.0～320	8.0	40.0

（3）基准线。基准线是用以评定表面粗糙度参数大小所规定的一条参考线，据此作为计算表面粗糙度参数大小的基准。如图 2.38 所示。基准线有轮廓的最小二乘中线、轮廓算术平均中线两种。

1）轮廓的最小二乘中线。在取样长

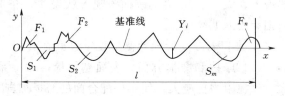

图 2.38 基准线

度内使轮廓上各点至一条假想线距离的平方和为最小，即使 $\sum_{i=1}^{n} Y_i^2$ 值最小，这条假想线就是最小二乘中线。

2）轮廓算术平均中线。在取样长度内有一条假想线将实际轮廓分为上下两部分，而且使上部分面积之和等于下部分面积之和，即 $\sum_{i=1}^{n} F_i = \sum_{i=1}^{m} S_i$，这条假想线就是轮廓算术平均中线。通常轮廓算术平均中线可用目测估定。

4. 表面粗糙度的评定参数

（1）轮廓算术平均偏差 Ra。在取样长度 l 内，轮廓上各点至基准线的距离 y_i 的绝对

值的算术平均值称为轮廓算术平均偏差，用 Ra 表示。Ra 越大，表面越粗糙，如图 2.39 所示，其计算公式为

$$Ra = \frac{1}{l} \int_0^l |y| \, \mathrm{d}x$$

或近似值为

$$Ra = \frac{1}{n} \sum_{i=1}^n |y_i|$$

式中　n——取样长度内所测量点的数目。

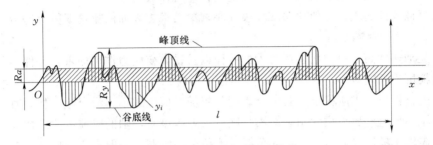

图 2.39　表面粗糙度评定参数

（2）轮廓最大高度 Ry。在取样长度 l 内，轮廓峰顶线和谷底线之间的距离称为轮廓最大高度，用 Ry 表示。峰顶线和谷底线，分别是指在取样长度内，平行于基准线并通过轮廓最高点和最低点的线。Ry 值越大，表面越粗糙。

（3）微观不平度十点高度 Rz。在取样长度内，5 个最大轮廓峰高的平均值与 5 个最大轮廓谷深的平均值之和，称为微观不平度十点高度。Rz 值越大，表面越粗糙。

5. 表面粗糙度的参数值

GB/T 1031—2009《产品几何技术规范（GPS）表面结构轮廓法表面粗糙度参数及其数值》规定，评定表面粗糙度的基本参数是 Ra、Ry、Rz，评定表面粗糙度时应从这三个参数中选取，在表面粗糙度参数常用的数值范围内（Ra 为 $0.025 \sim 6.3\mu m$，Rz 为 $0.1 \sim 25\mu m$），推荐优先选用 Ra。

6. 表面粗糙度评定参数的选用

选择表面粗参数 Ra 最能充分反映表面微观几何形状高度方面的特性，测量方法也比较简便，所以，参数 Ra 是普遍采用的评定表面质量的参数。对大多数表面来说，一般仅给出高度特征评定参数即可反映被测表面粗糙的特征。

零件设计时应按 GB/T 1031—2009 规定的参数值系列选取，见表 2.6、表 2.7 所示。

表 2.6	轮廓算术平均偏差 Ra 值				单位：μm
Ra	0.012	0.1	0.8	6.3	50
	0.025	0.2	1.6	12.5	100
	0.05	0.4	3.2	25	

表 2.7	微观不平度十点高度 Rz、轮廓最大高度 Ry					单位：μm
Rz、Ry	0.025	0.2	1.6	12.5	100	800
	0.05	0.4	3.2	25	200	1600
	0.1	0.8	6.3	50	400	

选用表面粗糙度参数值总的原则是：在满足功能要求前提下顾及经济性，使参数的允许值应尽可能大。

在实际工作中，由于粗糙度和零件的功能关系相当复杂，难以全面而精确地按零件表面功能要求确定粗糙度的参数值，故常用类比法确定。

具体选用时，可先根据经验统计资料初步选定表面粗糙度参数值，然后再对比工作条件作适当调整。调整时应考虑如下几点：

（1）同一零件上，工作表面的粗糙度值应比非工作表面小。

（2）摩擦表面的粗糙度值比非摩擦表面小，滚动摩擦表面的粗糙度值应比滑动摩擦表面小。

（3）运动速度高、单位面积压力大的表面以及受交变应力作用的重要零件圆角、沟槽的表面粗糙度值都应该小。

（4）配合性质要求越稳定，其配合表面的粗糙度值应越小。配合性质相同时，小尺寸结合面的粗糙度值应比大尺寸结合面小；同一公差等级时，轴的粗糙度值应比孔的小。

（5）表面粗糙度参数值应与尺寸公差及形位公差协调。一般来说，尺寸公差和形位公差小的表面，其粗糙度的值也应小。

（6）防腐性、密封性要求高、外表美观等表面的粗糙度值应较小。

（7）凡有关标准已对表面粗糙度要求作出规定（如与滚动轴承配合的轴颈和外壳孔、键槽、各级精度齿轮的主要表面等），则应按标准确定的表面粗糙度参数值选用。

7. 表面粗糙度的应用

表面粗糙度 Ra 值应用举例及选用值见表 2.8、表 2.9。

表 2.8　　　　　　　　　　表面粗糙度参数 Ra 值应用举例

$Ra/\mu m$	表面特征	主要加工方法	应用举例
100	粗糙、明显可见刀痕	粗车、粗铣、粗刨、钻孔及粗纹锉刀、粗砂轮加工等	半成品的表面、粗加工表面，应用较少
50	粗糙、可见刀痕		
25	较粗糙、微见刀痕		
12.5	可见加工痕迹	粗车、刨、粗铣、钻等	不接触表面、不重要的接触面，如螺钉孔、倒角、机座底面等
6.3	半光、微见加工痕迹	精车、精铣、精刨、铰、镗、粗磨等	没有相对运动的零件接触面，如箱体、箱盖、套筒等要求紧贴的表面、键和键槽工作表面；相对运动速度不高的接触面，如支架孔、衬套、带轮轴孔的工作表面
3.2	看不见加工痕迹		
1.6	光、可辨加工痕迹方向	精磨、精铰、精拉、精镗、金刚石车刀的精车	与轴承配合的表面、齿轮轮齿的表面、相对运动速度较高的接触面、凸轮轴的工作表面、活塞外表面、机床导轨面
0.80	微辨加工痕迹的方向		
0.40	不可辨加工痕迹的方向		
0.20	暗光泽面	研磨加工	精密量具的表面、极重要零件的摩擦面，如液压传动件的工作面、精密机床的主轴轴颈、滚动轴承的滚道、滚动体表面、坐标镗床的主轴轴颈
0.10	亮光泽面		
0.05	镜状光泽面		
0.025	雾状镜面		
0.012	镜面		

表 2.9 表面粗糙度 *Ra* 选用值

	公差等级	表面	基本尺寸/mm							
			~50			>50~500				
配合表面	5	轴	0.2			0.4				
		孔	0.4			0.8				
	6	轴	0.4			0.8				
		孔	0.4~0.8			0.8~1.6				
	7	轴	0.4~0.8			0.8~1.6				
		孔	0.8			1.6				
	8	轴	0.8			1.6				
		孔	0.8~1.6			1.6~3.2				

	类型	精 度 等 级								
		3	4	5	6	7	8	9	10	11
齿轮和蜗轮传动	直齿、斜齿、人字齿蜗轮（圆柱）齿面	0.1~0.2	0.2~0.4	0.2~0.4	0.4	0.4~0.8	1.6	3.2	6.3	6.3
	圆锥齿轮齿面		0.2~0.4	0.4~0.8	0.4~0.8	0.8~1.6	1.6~3.2	3.2~6.3	6.3	
	蜗杆牙型面	0.1	0.2	0.2	0.4	0.4~0.8	0.8~1.6	1.6~3.2		
	根圆	与工作面相同或接近								
	顶圆	3.2~12.5								

	类型	键	轴上键槽	毂上键槽
键连接	不动结合 工作面	3.2	1.6~3.2	1.6~3.2
	不动结合 非工作面	6.3~12.5	6.3~12.5	6.3~12.5
	用导向键 工作面	1.6~3.2	1.6~3.2	1.6~3.2
	用导向键 非工作面	6.3~12.5	6.3~12.5	6.3~12.5

	垂直度公差 μm/100mm		
端面接触不动的支承面（法兰等）	~25	60	>60
	1.6	3.2	6.3

	类型	有垫片	无垫片
箱体分界面（减速器）	密封的	3.2~6.3	0.8~1.6
	不密封的	6.3~12.5	6.3~12.5

和其他零件接触但不是配合面	3.2~6.3		
齿轮、链轮和蜗轮的非工作面	3.2~12.5	影响零件平衡的表面 直径/mm	~180	1.6~3.2
孔和轴的非工作表面	6.3~12.5		>80~500	6.3
倒角、倒圆、退刀槽等	3.2~12.5		>500	12.5~25
螺栓、螺钉等的通孔	25	光学读数的精密刻度尺		0.025~0.05

8. 表面粗糙度的符号、代号及其注法

（1）符号、代号。表面粗糙度符号、代号见表 2.10。

表 2.10 表面粗糙度符号、代号

符 号	意 义 及 说 明
√	基本符号，表示表面可用任何方法获得。不加注粗糙度参数值或有关说明（如表面处理、局部处理状况等）时，仅适用简化代号标注
∇	基本符号加一短划，表示表面是用去除材料的方法获得。如车、铣、钻、磨、剪切、抛光、腐蚀、电火花加工、气割等
∇	基本符号加一小圆，表示表面是用不去除材料的方法获得，如铸、锻、冲压变形、热轧、冷轧、粉末冶金等，或者是用于保持原供应状况的表面（包括保持上道工序的状况）
√ ∇ ∇	在上述三个符号的长边上均可加一横线，用于标注有关参数和说明
∇ ∇ ∇	在上述三个符号上均可加一小圆，表示所有表面具有相同的表面粗糙度要求

（2）代号及注法。表面粗糙度高度参数 Ra 值的标注见表 2.11，单位为 μm，参数前可不标注参数代号；Rz、Ry 值的标注见表 2.12，参数值前需标注出相应的参数代号。

表 2.11 表面粗糙度 Ra 值标注示例

代号	意 义	代号	意 义
3.2 √	用任何方法获得的表面粗糙度，Ra 的上限值为 $3.2\mu m$	3.2max √	用任何方法获得的表面粗糙度，Ra 的最大值为 $3.2\mu m$
3.2 ∇	用去除材料方法获得的表面粗糙度，Ra 的上限值为 $3.2\mu m$	3.2max ∇	用去除材料方法获得的表面粗糙度，Ra 的最大值为 $3.2\mu m$
3.2 ∇	用不去除材料方法获得的表面粗糙度，Ra 的上限值为 $3.2\mu m$	3.2max ∇	用不去除材料方法获得的表面粗糙度，Ra 的最大值为 $3.2\mu m$
3.2 1.6 ∇	用去除材料方法获得的表面粗糙度，Ra 的上限值为 $3.2\mu m$，Ra 的下限值为 $1.6\mu m$	3.2max 1.6min ∇	用去除材料方法获得的表面粗糙度，Ra 的最大值为 $3.2\mu m$，Ra 的最小值为 $1.6\mu m$

表 2.12 表面粗糙度 Rz、Ry 值标注示例

代号	意 义	代号	意 义
$Ry3.2$ √	用任何方法获得的表面粗糙度，Ry 的上限值为 $3.2\mu m$	$Ry3.2$max √	用任何方法获得的表面粗糙度，Ry 的最大值为 $3.2\mu m$
$Rz200$ ∇	用不去除材料方法获得的表面粗糙度，Rz 的上限值为 $200\mu m$	$Rz200$max ∇	用不去除材料方法获得的表面粗糙度，Rz 的最大值为 $200\mu m$
$Rz3.2$ $Rz1.6$ ∇	用去除材料方法获得的表面粗糙度，Rz 的上限值为 $3.2\mu m$，下限值为 $1.6\mu m$	$Rz3.2$max $Rz1.6$min ∇	用去除材料方法获得的表面粗糙度，Rz 的最大值为 $3.2\mu m$，最小值为 $1.6\mu m$
3.2 $Ry12.5$ ∇	用去除材料方法获得的表面粗糙度，Ra 的上限值为 $3.2\mu m$，Ry 的上限值为 $12.5\mu m$	3.2max $Ry12.5$max ∇	用去除材料方法获得的表面粗糙度，Ra 的最大值为 $3.2\mu m$，Ry 的最大值为 $12.5\mu m$

（3）表面粗糙度其他项目标注。GB/T 131—2006《产品几何技术规范（GPS）技术产品中表面结构的表示方法》规定了零件表面粗糙度符号及其在图样上的注法，在图样上标注的表面粗糙度特征代号是表示零件加工完成后对表面的要求。若需标注表面粗糙度其他数值及有关规定符号时，其注写方法及标注示例如图 2.40 所示。

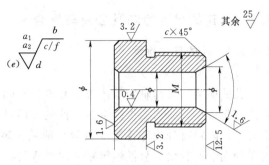

图 2.40　表面粗糙度代号及标注示例

a_1、a_2—粗糙度高度参数代号及其数值，μm；b—加工方法、镀覆、表面处理或其他说明等；c—取样长度，mm，或波纹度，μm；d—加工纹理方向符号；e—加工余量，mm；f—粗糙度间距参数值，mm，或轮廓支持长度率

9. 表面粗糙度的测量方法

常用的表面粗糙度测量方法有比较法、光切法、干涉法等。

（1）比较法。比较法是指将被测表面与表面粗糙度样板直接进行比较，通过人的视觉、触觉或借助于放大镜、显微镜来判断被测表面粗糙度的一种方法，是车间里常用的测量方法。进行比较时，为了减少检测误差，提高判断准确性，所用的粗糙度样板的材料、加工方法尽可能与被测表面相同。由于评定的可靠性在很大程度上取决于检验人员的经验，仅适用于评定表面粗糙度要求不高的零件。

（2）光切法。光切法是利用"光切原理"，通过光学仪器——双管显微镜来测量表面粗糙度的方法。必要时也可通过测出轮廓图形上各点的坐标作出轮廓图形，或使用仪器上的照相装置拍摄出被测轮廓，近似评定粗糙度参数。适用于车、铣、刨等加工方法获得的金属外表面的测量。

（3）干涉法。干涉法是利用"光波干涉原理"，通过干涉显微镜进行表面粗糙度的测量，主要用于测量表面粗糙度的 Rz 和 Ry 值，一般用于测量表面粗糙度要求高的表面。

2.2　孔的检测及公差与配合

【任务】　盘类零件的检测

（1）目的：通过检测一盘类零件，了解孔的测量方法和测量工具的使用，掌握孔轴配合的种类、特点及应用。

（2）器材：游标卡尺、内径千分尺、内径百分表、塞规等测量工具，盘类零件若干。

（3）任务设计：①教师现场示范测量工具的使用，讲解测量注意事项；②学生动手测量工件，认识各种测量工具；③小组对比测量结果，讨论工具使用中存在的问题。

（4）报告要求：说明孔测量工具的种类及使用方法，分析孔、轴配合的种类及应用场合。

2.2.1 孔的尺寸检测及公差与配合

2.2.1.1 孔的尺寸检测

1. 孔的尺寸检测方法

孔的检测方法与轴的检测方法有许多相同之处，低精度的孔多用极限量规来检验。若生产批量较小，或需要得到被测工件的实际尺寸时，中、低精度的孔常用游标卡尺、内径千分尺、内径百分表等普通计量器具测量。高精度的孔（高于 IT6）通常不用量规检验，而采用光学比较仪、显微镜等精密仪器进行测量。

2. 孔的检测量具使用方法

（1）塞规。塞规是成批生产时使用的量具，用于测量内表面尺寸，如孔径、槽宽等，如图 2.41 所示。检查零件时，过端通过，止端不通过为合格。塞规的过端控制的是最小极限尺寸，止端控制的是最大极限尺寸。

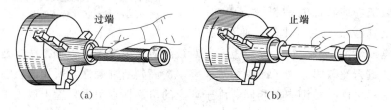

图 2.41 塞规

(a) 过端通过；(b) 止端不通过

（2）内径百分表。内径百分表测量方法属于接触测量，一般用相对测量法测量孔径、槽宽的尺寸。如图 2.42 所示，内径百分表主要由百分表、测杆 1、测量杆 2、接长杆 3、等臂杠杆 4、活动测头 5、可换测量头 6 等组成。工件的尺寸变化通过活动测头传递给等臂转向杠杆及接长杆，由百分表指示出测量值。为使内径百分表的测量轴线通过被测孔的中心，内径百分表一般均设有定心装置，以保证测量的快捷与准确。测量时，将测头放进孔内，适当摆动，即可测得被测尺寸与公称尺寸相比较的差值。弹簧产生的测量力使测量杆每移动 1mm，大指针沿大刻度盘回转一周，小指针沿小刻度盘移动一格。百分表内的游丝可消除齿轮啮合间隙，以提高测量精度。每个仪器都附有一套可换测量头以备选用，根据被测孔径大小不同，可选用不同长度的可换测头。

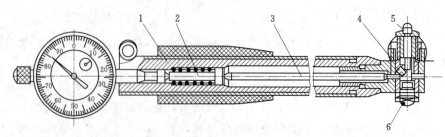

图 2.42 内径百分表

1—测杆；2—测量杆；3—接长杆；4—等臂杠杆；5—活动测头；6—可换测头

仪器的测量范围取决于测量头的范围。测量范围一般为 6～10mm、10～18mm、18～35mm、35～50mm、50～100mm、100～160mm、160～250mm、250～450mm 等。其分度值为 0.01mm。

（3）内径千分尺。内径千分尺为自动定心测量内径的量具，其特点是测量精度高，示值稳定，使用简捷，并能测量不通孔的零件。内径千分尺有普通内径千分尺和杆式内径千分尺两种形式，如图 2.43 所示。使用前先将千分尺及相应校对环的测量面擦干净，将校对环放在平台上，然后将所需使用的千分尺垂直伸入校对环孔内，旋转测力装置不少于 3 次，与校对环实际尺寸比较，如有差异时，将千分尺固定套筒上的螺钉旋松，刻线对准读数后，旋紧螺钉再重复校对一次即可使用；测量时将测量爪轻置于孔内，使测量爪逐步接近孔壁，旋动测力装置不少于 3 次，使测量爪贴紧孔壁取得读数，注意测量时测量爪不应在孔内滑动，尺身不应晃动。

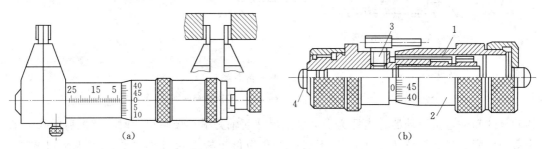

图 2.43　内径千分尺
（a）普通内径千分尺；（b）杆式内径千分尺
1—固定套筒；2—微分筒；3—锁紧手柄；4—测量触头

（4）卡钳。卡钳是一种间接测量的工具，使用时需有钢直尺或其他刻线量具配合。内卡钳用于测量内表面，内卡钳的使用如图 2.44 所示。

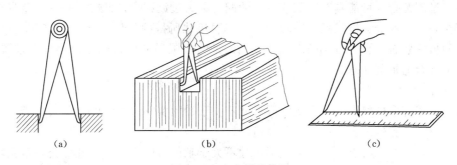

图 2.44　内卡钳的使用

2.2.1.2　公差与配合

1. 配合的种类

基本尺寸相同、相互结合的孔和轴公差带之间的关系称为配合，分为三类，如图 2.45 所示。

（1）间隙配合。具有间隙（包括最小间隙等于零）的配合称为间隙配合。此时，孔的公差带在轴的公差带之上。由于孔、轴的实际尺寸允许在各自的公差带内变动，所以孔、

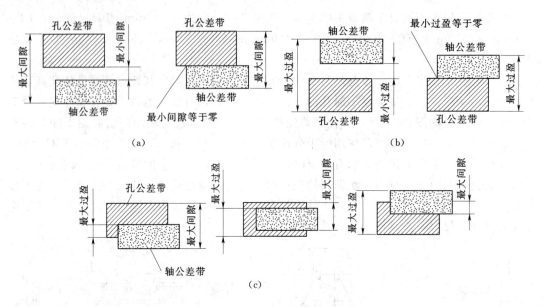

图 2.45 配合的种类
(a) 间隙配合；(b) 过盈配合；(c) 过渡配合

轴配合的间隙也是变动的。当孔为最大极限尺寸而轴为最小极限尺寸时，装配后的孔、轴为最松的配合状态，称为最大间隙 X_{max}；当孔为最小极限尺寸而轴为最大极限尺寸时，装配后的孔、轴为最紧的配合状态，称为最小间隙 X_{min}。

（2）过盈配合。具有过盈（包括最小过盈等于零）的配合称为过盈配合。此时，孔的公差带在轴的公差带之下。在过盈配合中，孔的最大极限尺寸减轴的最小极限尺寸所得的差值为最小过盈 Y_{min}，是孔、轴配合的最松状态；孔的最小极限尺寸减轴的最大极限尺寸所得的差值为最大过盈 Y_{max}，是孔、轴配合的最紧状态。

（3）过渡配合。可能具有间隙或过盈的配合称为过渡配合。此时，孔的公差带与轴的公差带交叠，孔的最大极限尺寸减轴的最小极限尺寸所得的差值为最大间隙 X_{max}，是孔、轴配合的最松状态；孔的最小极限尺寸减轴的最大极限尺寸所得的差值为最大过盈 Y_{max}，是孔、轴配合的最紧状态。

2. 配合的特点

（1）间隙配合的特点。①孔的实际尺寸不小于轴的实际尺寸；②孔的公差带在轴的公差带的上方；③孔轴配合后能产生相对运动。

（2）过盈配合的特点。①孔的实际尺寸不大于轴的实际尺寸；②孔的公差带在轴的公差带的下方；③孔轴配合后使零件位置固定或传递载荷。

（3）过渡配合。①孔的实际尺寸可能大于或小于轴的实际尺寸；②孔的公差带与轴的公差带相互交叠；③孔轴配合时，可能存在间隙，也可能存在过盈。

3. 配合公差

允许间隙或过盈的变动量称为配合公差，它表明配合松紧程度的变化范围。配合公差用 T_f 表示，是一个没有符号的绝对值。

间隙配合 $$T_f = |X_{max} - X_{min}|$$

过盈配合	$T_f = |Y_{min} - Y_{max}|$
过渡配合	$T_f = |X_{max} - Y_{max}|$

把最大、最小间隙和过盈分别用孔、轴的极限尺寸或偏差带入，可得三种配合的配合公差都为

$$T_f = T_h + T_s$$

即配合公差等于孔公差 T_h 与轴公差 T_s 之和，说明配合精度要求越高，则孔、轴的精度也应越高（公差越小），配合精度要求越低，则孔、轴的精度也应越低（公差越大）。

4. 基准制的类型

（1）基孔制。基本偏差为一定的孔的公差带，与不同基本偏差的轴的公差带形成各种配合的一种制度。基孔制配合中的孔为基准孔，是配合的基准件。GB/T 1800.2—1998《公差、偏差和配合的基本规定》规定，基准孔的基本偏差为下偏差，数值为零，即 $EI = 0$，上偏差为正值，其公差带在零线上侧。基准孔的代号为 H，如图 2.46 所示。

（2）基轴制。基本偏差为一定的轴的公差带，与不同基本偏差的孔的公差带形成各种配合的一种制度。基轴制配合中的轴为基准轴，是配合的基准件。标准规定，基准轴的基本偏差为上偏差，数值为零，即 $es = 0$，下偏差为负值，其公差带在零线下侧。基准轴的代号为 h，如图 2.47 所示。

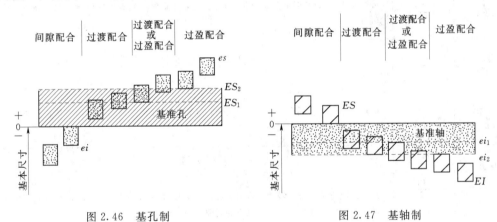

图 2.46 基孔制	图 2.47 基轴制

5. 基准制的选择

（1）一般情况下优先选用基孔制。这主要是从工艺性和经济性来考虑的，孔通常用定值刀具（如钻头、铰刀、拉刀）加工，用极限量规（塞规）检验，当孔的基本尺寸和公差等级相同而基本偏差改变时，就需更换刀具和量具；而一种规格的砂轮或车刀，可以加工不同基本偏差的轴，轴还可以用通用量具进行测量。所以，为了减少定值刀具、量具的规格和数量，利于生产和提高经济性，应优先选用基孔制。

（2）下列情况应选用基轴制。

1）当在机械制造中采用具有一定公差等级的冷拉钢材，其外径不经切削加工即能满足使用要求，此时就应选择基轴制，再按配合要求选用和加工孔就可以了。这在技术上、经济上都是合理的。

2）由于结构上的特点，宜采用基轴制的地方。根据工作要求，活塞销轴与活塞孔应

为过渡配合，而活塞销与连杆之间由于有相对运动应为间隙配合。若采用基孔制配合，销轴将做成阶梯状，这样既不便于加工，又不利于装配；若采用基轴制配合，销轴做成光轴，既方便加工，又利于装配。

3）与标准件配合时，应以标准件为基准件来确定基准制。

如滚动轴承内圈与轴的配合只能采用基轴制，外圈与机座孔的配合只能采用基孔制。在特殊需要时可采用非基准制配合。

2.2.1.3 配合种类的选用

设计选用时，首先考虑优先配合，见表 2.13；如果这些配合不能满足设计要求，则考虑常用配合，见表 2.14；都不能满足要求时，可由孔、轴的一般公差带自选组合。

表 2.13 优先配合选用说明

优先配合		说　　明
基孔制	基轴制	
$\dfrac{H11}{c11}$	$\dfrac{C11}{h11}$	间隙非常大，用于很松的、转动很慢的动配合；要求大公差与大间隙的外露组件；要求装配方便的、很松的配合
$\dfrac{H9}{d9}$	$\dfrac{D9}{h9}$	间隙很大的自由转动配合，用于精度非主要要求时，或有大的温度变化、高转速或大的轴颈压力时
$\dfrac{H8}{f7}$	$\dfrac{F8}{h7}$	间隙不大的转动配合，用于中等转速与中等轴颈压力的精确转动；也用于装配较易的中等定位配合
$\dfrac{H7}{g6}$	$\dfrac{G7}{h6}$	间隙很小的滑动配合，用于不希望自由转动，但可自由移动和滑动并精密定位时；也可用于要求明确的定位配合
$\dfrac{H7}{h6}$ $\dfrac{H8}{h7}$ $\dfrac{H9}{h9}$ $\dfrac{H11}{h11}$	$\dfrac{H7}{h6}$ $\dfrac{H8}{h7}$ $\dfrac{H9}{h9}$ $\dfrac{H11}{h11}$	均为间隙定位配合，零件可自由装拆，而工作时一般相对静止不动，在最大实体条件下的间隙为零，在最小实体条件下的间隙由公差等级决定
$\dfrac{H7}{k6}$	$\dfrac{K7}{h6}$	过渡配合，用于精密定位
$\dfrac{H7}{n6}$	$\dfrac{N7}{h6}$	过渡配合，允许有较大过盈的更精密定位
$\dfrac{H7}{p6}$	$\dfrac{P7}{h6}$	过盈定位配合，即小过盈配合，用于定位精度特别重要时，能以最好的定位精度达到部件的刚性及对中性要求，而对内孔承受压力无特殊要求，不依靠配合的坚固性传递摩擦负荷
$\dfrac{H7}{s6}$	$\dfrac{S7}{h6}$	中等压入配合，适用于一般钢件；或用于薄壁件的冷缩配合，用于铸铁件可得到最紧的配合
$\dfrac{H7}{u6}$	$\dfrac{U7}{h6}$	压入配合，适用于可以承受高压入力的零件，或不宜承受大压入力的冷缩配合

表 2.14　　　　　　　　　　　　常用配合的特点与应用

配合类别	配合代号	配合特性和使用条件	应　用
间隙配合	a、b、c	a、b 间隙特别大，很少使用。c 间隙很大，适用于高温和松弛的动配合	管道连接，起重机的吊钩铰链，内燃机的排气门和导管，用于工作条件较差（如农业机械）等场合
	d、e	一般用于 IT7～IT11 级，适用于大直径松的转动配合、高速中载，e 多用于 IT7～IT9 级，高速重载	如密封盖、滑轮、空转皮带轮等与轴配合，透平机、重型弯曲机等重型机械的滑动轴承及大型电动机、内燃机主要轴承
	f	多用于 IT6～IT8 级的转动配合，中等间隙，广泛用于普通机械中	润滑油（润滑脂）润滑的支承，如齿轮箱、小电动机、泵等的轴承与滑动轴承的配合
	g	配合间隙小，不推荐用于转动配合。多用于 IT5～IT7 级精密滑动配合	用于插销等定位配合，如精密连杆轴承、活塞及滑阀、连杆销、机床夹具钻套
	h	用于 IT4～IT11 级。广泛用于无相对转动的零件，作为定位配合。也用于精密的滑动配合	机床变速箱中齿轮和轴，无相对转动的齿轮、带轮、离合器，车床尾座与套筒，汽车的正时齿轮与凸轮轴的配合
过渡配合	js	多用于 IT4～IT7 级，要求间隙比 h 轴小，并允许略有过盈的定位配合	机床中变速箱中齿轮和轴，电机座与端盖如联轴节、齿圈与钢制轮毂，带轮与轴的配合，可用木槌装配
	k	平均间隙接近于零，用于 IT4～IT7 级，用于稍有过盈的定位配合	消除振动用的定位配合，一般用木槌装配，如某机床主轴后轴承座与箱体孔的配合
	m	平均过盈较小的配合，适于 IT4～IT7 级，用于不经常拆卸处	压箱机连杆与衬套、减速器的轴与圆锥齿轮，蜗轮青铜轮缘与轮辐的配合
	n	平均过盈比 m 稍大，适用于 IT4～IT7 级，用锤或压入机装配。精确定位，常用于紧密的组件配合	链轮轮缘与轮心、振动机械的齿轮与轴、安全联轴器销钉与套等，如钻套与衬套的配合、冲床齿轮与轴的配合
过盈配合	p、r	轻型过盈，用于精确定位配合，传递扭矩时要加紧固件	重载轮缘与轴，凸轮孔与凸轮轴，如齿轮轴与轴套的配合，连杆小孔与衬套
	s	中型过盈，不加紧固件可传递较小扭矩，加紧固件可传递较大扭矩，需要热胀法或冷缩法装配	齿轮与轴、柴油机连杆衬套和轴瓦、减速器的轴与蜗轮，水泵阀座与壳体的配合
	t	重型过盈，不加紧固件可传递较大扭矩，材料许用应力要求较大	蜗杆轴衬与箱体、轧钢设备中的辊子与心轴、偏心压床滑块与轴等，联轴器和轴的配合
	u	配合过盈大，要用热胀或冷缩法装配	火车轮毂和轴的配合
	x、y、z	过盈量很大，一般不推荐采用	钢与轻合金或塑料等不同材料的配合

【例 2.2】　查表确定 $\phi 30 H8/f7$ 和 $\phi 30 F8/h7$ 配合中孔、轴的极限偏差，计算两对配合的极限间隙。

【解】（1）查表确定 $\phi 30 H8/f7$ 配合中孔、轴的极限偏差。

由基本尺寸 $\phi 30$ 查表 2.1 得 $IT7 = 21\mu m$，$IT8 = 33\mu m$；基准孔 H8 的下偏差 $EI = 0$，其上偏差 $ES = EI + IT8 = +33\mu m$，查表 2.2 得轴 f7 的上偏差 $es = -20\mu m$，下偏差 $ei = es - IT7 = -41\mu m$，由此可得：

$$\phi30H8=\phi30^{+0.033}_{0}$$

$$\phi30f7=\phi30^{-0.020}_{-0.041}$$

（2）查表确定 $\phi30F8/h7$ 配合中孔、轴极限偏差。

查表 2.3 得 F8 的下偏差 $EI=+20\mu m$，其上偏差 $ES=EI+IT8=20+33=+53\mu m$，基准轴 h7 的上偏差 $es=0$，其下偏差 $ei=es-IT7=-21\mu m$，由此可得：

$$\phi30F8=\phi30^{+0.053}_{+0.020}$$

$$\phi30h7=\phi30^{0}_{-0.021}$$

（3）计算 $\phi30H8/f7$ 和 $\phi30F8/h7$ 配合极限间隙。

对于 $\phi30H8/f7$：

$$最大间隙\ X_{max}=ES-ei=+33-(-41)=+74(\mu m)$$

$$最小间隙\ X_{min}=EI-es=0-(-20)=+20(\mu m)$$

对于 $\phi30F8/h7$：

$$最大间隙\ X_{max}=ES-ei=+53-(-21)=+74(\mu m)$$

$$最小间隙\ X_{min}=EI-es=+20-0=+20(\mu m)$$

2.2.2　孔的形状与位置公差的检测

盘套类零件的主要表面是孔，其主要技术要求如下。

1. 孔的技术要求

孔是套筒类零件起支承或导向作用的主要表面，通常与运动的轴、刀具或活塞相配合。孔的直径尺寸公差等级一般为 IT7，精密轴套可取 IT6，气缸和液压缸由于与其配合的活塞上有密封圈，精度要求较低，通常取 IT9。孔的形状精度，应控制在孔径公差以内，一些精密套筒控制在孔径公差的 $1/2\sim1/3$ 以内，甚至更严。对于长的套筒，除了圆度要求以外，还应注意孔的圆柱度。

2. 孔与外圆的同轴度要求

当孔的最终加工是将套筒装入箱体或机架后进行时，套筒内外圆间的同轴度要求较低；若最终加工是在装配前完成的，则同轴度要求较高，一般为 $0.01\sim0.05mm$。

3. 孔与孔之间的位置度要求

位置度用于控制被测要素（点、线、面）对基准要素的位置误差。根据零件的功能要求，位置度公差可分为给定一个方向、给定相互垂直的两个方向和任意方向三种。后者用得最多。位置度常用于控制具有孔组零件的各孔轴线的位置度误差，公差一般为 $0.01\sim0.1mm$，如图 2.48 所示。

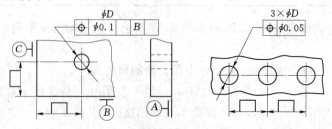

图 2.48　位置度

4. 孔轴线与端面的垂直度

盘套类零件的端面（或凸缘端面）如果在工作中承受轴向载荷，或是作为定位基准和装配基准，这时端面与孔轴线有较高的垂直度或端面圆跳动要求，一般为 0.02～0.05mm。

5. 孔的表面粗糙度

为了保证零件的功用和提高耐磨性，孔的表面粗糙度为 $Ra1.6$～$0.2\mu m$，要求高的精密套筒可达 $Ra0.04\mu m$。

2.3 叉架类零件的检测

【任务】 叉架类零件的检测

（1）目的：通过实训认识叉架类零件的结构特点，掌握零件尺寸链计算的基本知识。

（2）器材：叉架类零件，图纸、钢尺、游标卡尺、内卡尺等尺寸测量工具。

（3）任务设计：①教师介绍叉架类零件的结构特点，其尺寸标注的要点；②学生动手测量叉架零件的尺寸，分析尺寸链的组成并进行尺寸链的计算。

（4）报告要求：举例说明叉架类零件的特点、应用，分析尺寸链的组成，尺寸链中各尺寸的含义，应用公式计算尺寸链。

2.3.1 叉架类零件的工艺特点

1. 叉架类零件的结构

机器上常安装有支架、吊架、连杆、拨叉、摇臂等，这些都属于叉架类零件，这类零件的形体较为复杂，多数为不对称形状，一般都具有肋、板、杆、筒、座、凸台、凹坑等结构。与轴套类零件和盘盖类零件相比，不同的叉架类零件其所具有的结构、形状没有一定的规则，根据零件在机器中的作用及安装要求，叉架类零件具有多种不同的形体结构。但是大多数叉架类零件的主体部分都可以分为工作、固定以及连接三大部分。如图 2.49 所示的拨叉是用一些实心杆板、肋板将圆筒和半圆筒连接而成，局部结构常有油槽、螺孔、倒角等，外形复杂，形状不规则。

2. 叉架类零件的主要技术要求

叉架类零件一般以孔的中心线或轴线、重要的安装面、对称平面或端面为主要尺寸基

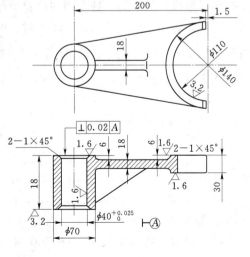

图 2.49 拨叉

准。定位尺寸较多，常见的有孔中心线或轴线之间的距离、孔中心线或轴线到平面间的

距离。

叉架类零件的技术要求按功用和结构的不同而有较大的差异，主要孔的精度一般要求较高，为 IT6～IT7 级；孔与孔、孔与其他表面之间的相互位置精度要求也较高，常有垂直度、平行度、平面度等要求；工作表面的粗糙度 Ra 值一般都小于 $1.6\mu m$。

2.3.2 叉架类零件的位置公差及尺寸链

由于叉架类零件的结构复杂，加工、定位较为困难，在加工过程中经常需要进行工序尺寸计算。工序尺寸的计算离不开尺寸链。

1. 尺寸链的组成

（1）尺寸链的概念。零件加工过程中，由相互联系的、按一定顺序排列成封闭图形的尺寸组，称为尺寸链。如图 2.50 所示，用调整法加工阶梯轴，以 1 面定位，采用试切法加工 2 面和 3 面时，控制 B 和 C 尺寸，1、2 面间的距离尺寸由 B、C 尺寸间接保证。A、B、C 存在一定的内在联系，这三个尺寸正好首尾相连，形成封闭的链环，把这种尺寸系统称为尺寸链。

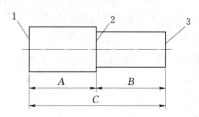

图 2.50 尺寸链的概念

（2）封闭环和组成环。组成尺寸链的每一个尺寸，都称为尺寸链的环，它由封闭环和组成环组成。所谓封闭环是指加工或装配到最后自然形成或间接获得的派生尺寸，其尺寸受其他尺寸变化的影响，通常用符号 A_0 表示，在一个尺寸链中，封闭环只有一个；组成环是指加工中可直接控制并可测量获得的，其尺寸大小不受其他尺寸的影响。在图 2.50 的尺寸链中，B、C 尺寸在加工时直接控制，而 A 尺寸是加工到最后由 B、C 尺寸获得后自然形成的，且当 B 或 C 尺寸变化时均会引起 A 的变化，故 A 尺寸为封闭环，B 和 C 尺寸称为组成环。

（3）组成环的分类。处在不同位置的组成环对封闭环尺寸的影响也不相同。①当其他尺寸不变，若某一组成环的尺寸增大时，引起封闭环尺寸也随之增大的组成环称增环，用符号 $\overrightarrow{A}$ 表示；②当其他尺寸不变，某一组成环尺寸增大时，引起封闭环尺寸随之减少的组成环称为减环，用符号 $\overleftarrow{A}$ 表示。在前述尺寸链中，C 是增环，B 为减环，A 为封闭环，用 A_0 表示。

2. 尺寸链的计算方法

尺寸链的计算方法有两种。

（1）极值法。又称为极大极小法，它是利用增环、减环均处在最大极限尺寸或最小极限尺寸的情况下，求解封闭环的极限尺寸的方法。

（2）概率法。概率法是应用概率论原理进行尺寸链计算的一种方法。

3. 极值法计算尺寸链的公式

（1）封闭环的基本尺寸等于所有增环的基本尺寸之和减去所有减环的基本尺寸之和，即

$$A_0 = \sum_{i=1}^{m} \overrightarrow{A}_i - \sum_{j=m+1}^{n-1} \overleftarrow{A}_j$$

（2）封闭环的最大极限尺寸等于所有增环的最大极限尺寸之和减去所有减环的最小极限尺寸之和，即

$$A_{0\max} = \sum_{i=1}^{m} \overrightarrow{A}_{\max i} - \sum_{j=m+1}^{n-1} \overleftarrow{A}_{\min j}$$

（3）封闭环的最小极限尺寸等于所有增环的最小极限尺寸之和减去所有减环的最大极限尺寸之和，即

$$A_{0\min} = \sum_{i=1}^{m} \overrightarrow{A}_{\min i} - \sum_{j=m+1}^{n-1} \overleftarrow{A}_{\max j}$$

（4）封闭环的上偏差等于所有增环的上偏差之和减去所有减环的下偏差之和，即

$$ES_{A0} = \sum_{i=1}^{m} ES\overrightarrow{A_i} - \sum_{j=m+1}^{n-1} EI\overleftarrow{A_j}$$

（5）封闭环的下偏差等于所有增环的下偏差之和减去所有减环的上偏差之和，即

$$EI_{A0} = \sum_{i=1}^{m} EI\overrightarrow{A_i} - \sum_{j=m+1}^{n-1} ES\overleftarrow{A_j}$$

（6）封闭环的尺寸公差等于所有组成环的尺寸公差之和，即

$$T_{A0} = \sum_{i=1}^{n-1} T_{A_i}$$

从上式可见，封闭环的尺寸公差大于任何一个组成环的尺寸公差。因此，在零件图上，一般以最不重要的尺寸作为封闭环。但是，零件图上的封闭环在工序图上并不一定也是封闭环，在工艺过程中，封闭环是加工到最后自然形成的尺寸，两者应分清。当封闭环尺寸公差确定之后，组成环的环数越多，则每一组成环的尺寸公差越小，加工越困难。因此，在加工、装配中应尽量减少尺寸链的环数，这一原则称"最短尺寸链原则"。

2.4 螺纹的检测及公差与配合

【任务】 螺纹的检测

（1）目的：通过检测螺纹的参数，认识螺纹的种类及作用，了解螺纹参数的种类及作用，掌握螺纹的检测工具及使用方法。

（2）器材：螺纹零件若干、齿厚游标卡尺、螺纹千分尺、螺纹规等测量工具。

（3）任务设计：①教师介绍螺纹测量工具的使用方法及注意事项；②学生动手测量螺纹参数，记录有关参数；③小组讨论各种螺纹结构的区别，教师归纳总结。

（4）报告要求：说明螺纹的种类及应用场合，螺纹的基本参数，不同螺纹其参数的区别；分析螺纹公差对使用性能的影响及其选用方法，螺纹测量工具的使用方法。

2.4.1 普通螺纹的检测及公差与配合

1. 螺纹种类及使用要求

螺纹连接是利用螺纹零件构成的可拆连接，在各种机器上的应用十分广泛，按螺纹结

合性质和使用要求可分为以下三类。

（1）普通螺纹。主要用于连接和紧固零件，是应用最为广泛的一种螺纹，分粗牙和细牙两种。对这类螺纹结合的主要要求有两个，一是可旋合性，二是连接的可靠性。

（2）传动螺纹。主要用于传递精确的位移、动力和运动，如机床中的丝杠和螺母，千斤顶的起重螺杆等。

（3）密封螺纹。用于密封的螺纹联结，如管螺纹的连接，要求结合紧密，不漏水，不漏气，不漏油。

2. 普通螺纹的基本参数

普通螺纹的基本牙型是在原始的等边三角形基础上，削去顶部和底部所形成的螺纹牙型。如图 2.51 所示。普通螺纹的主要几何参数如下。

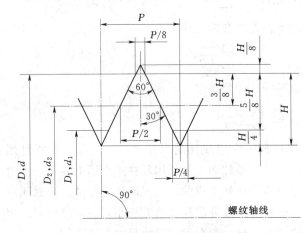

图 2.51　螺纹的基本参数

（1）大径（d，D）。大径是与外螺纹牙顶或内螺纹牙底相切的假想圆柱的直径。国家标准规定，普通螺纹大径的基本尺寸为螺纹的公称直径。

（2）小径（d_1，D_1）。小径是与外螺纹牙底或内螺纹牙顶相切的假想圆柱的直径。为了应用方便，与牙顶相切的直径又被称为顶径，外螺纹大径和内螺纹小径即为顶径；与牙底相切的直径又被称为底径，外螺纹小径和内螺纹大径即为底径。

（3）中径（d_2，D_2）。中径是一个假想圆柱的直径，圆柱的母线通过螺纹牙型上沟槽和凸起宽度相等的地方的直径称为中径。

（4）螺距（P）。螺距是相邻两牙在中径线上对应两点间的轴向距离。

（5）导程（P_h）。导程是指同一螺旋线上的相邻两牙在中径线上对应两点间的轴向距离。对单线螺纹，导程与螺距同值；对多线螺纹，导程等于螺距 P 与螺纹线数 n 的乘积，即导程 $P_h = nP$。

（6）牙型角（α）和牙型半角（$\alpha/2$）。牙型角是螺纹牙型上相邻两牙侧间的夹角。公制普通螺纹的牙型角 $\alpha = 60°$，牙型半角是牙型角的一半。公制普通螺纹的牙型半角 $\alpha/2 = 30°$。

（7）牙侧角。牙侧角是在螺纹牙型上牙侧与螺纹轴线的垂线之间的夹角。

（8）螺纹旋合长度。两个相互配合的螺纹，沿螺纹轴线方向上相互旋合部分的长度。

（9）螺纹接触高度。两个相互配合的螺纹牙型上，牙侧重合部分在垂直于螺纹轴线方向上的距离。

3. 螺纹几何参数对螺纹连接的影响

（1）螺纹中径误差对螺纹互换性的影响。螺纹中径的实际尺寸与中径基本尺寸存在偏差，当外螺纹中径比内螺纹中径大就会影响螺纹的旋合性；反之，当外螺纹中径比内螺纹中径小，就会使内外螺纹配合过松而影响连接的可靠性和紧密性，削弱连接强度。可见，中径误差的大小直接影响螺纹的互换性，因此，对中径误差必须加以限制。

（2）螺距偏差对螺纹互换性的影响。螺距偏差分为单个螺距偏差和螺距累积误差，前者与旋合长度无关，后者和旋合长度有关。

（3）螺距偏差对旋合性的影响。在实际生产中，为了使有螺距偏差的外螺纹旋入标准的内螺纹，应将外螺纹的中径减小一个数值。同理，为了使有螺距偏差的内螺纹旋入标准的外螺纹，应将内螺纹的中径加大一个数值 f_p，这个 f_p 值叫做螺距误差的中径当量。

从图 2.52 中的几何关系可得：

$$f_p = |\Delta P_\Sigma| \cot \frac{\alpha}{2}$$

对于公制普通螺纹 $\alpha/2 = 30°$，则 $f_p = 1.732 |\Delta P_\Sigma|$

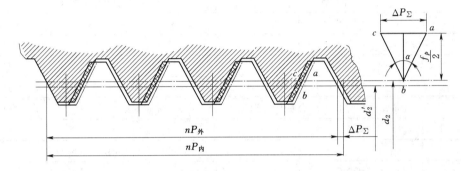

图 2.52 螺距误差对旋合性的影响

（4）牙侧角偏差对螺纹互换性的影响。螺纹牙侧角偏差为实际牙侧角与理论牙侧角之差，它是牙侧相对于螺纹轴线的位置误差。牙侧角偏差对螺纹的旋合性和连接强度均有影响。

（5）螺距偏差对作用中径的影响。作用中径是指螺纹配合时实际起作用的中径。当外螺纹有了螺距偏差和牙侧角偏差时，相当于外螺纹的中径增大了，这个增大了的假想中径叫做外螺纹的作用中径，它是与内螺纹旋合时实际起作用的中径。

同理，内螺纹有了螺距偏差和牙侧角偏差时，相当于内螺纹中径减小了，这个减小了的假想中径叫做内螺纹的作用中径。

由于螺距偏差和牙侧角偏差的影响均可折算为中径当量，故对于普通螺纹，GB/T 192—2003《普通螺纹 基本牙型》没有规定螺距及牙侧角的公差，只规定了一个中径公差，这个公差同时用来限制实际中径、螺距及牙侧角三个要素的误差。

4. 螺纹的公差等级

GB/T 197—2003《普通螺纹 公差》对内、外螺纹规定了不同的公差等级，各公差等级中，3 级最高，9 级最低，其中 6 级为基本级。普通螺纹的公差等级见表 2.15。

表 2.15　　　　　　　　　　　　　普通螺纹的公差等级

螺 纹 直 径	公 差 等 级
外螺纹中径 d_2	3、4、5、6、7、8、9
外螺纹大径 d	4、6、8
内螺纹中径 D_2	4、5、6、7、8
内螺纹小径 D_1	4、5、6、7、8

由于内螺纹加工比外螺纹困难，在同一公差等级中，内螺纹中径公差比外螺纹中径公差大 32%。对外螺纹的小径和内螺纹的大径没有规定具体的公差值，而只规定内、外螺纹牙底实际轮廓上的任何点均不得超出按基本偏差所确定的最大实体牙型。

5. 螺纹的基本偏差

螺纹公差带的位置是由基本偏差确定的。在普通螺纹标准中，对内螺纹规定了代号为 G、H 的两种基本偏差，对外螺纹规定了代号为 e、f、g、h 的四种基本偏差。

内、外螺纹的基本偏差见表 2.16。

表 2.16   普通螺纹常用的公差带

公差精度	公差带位置 G			公差带位置 H		
	S	N	L	S	N	L
精密	—	—	—	4H	5H	6H
中等	(5G)	6G	(7G)	5H	6H	7H
粗糙	—	(7G)	(8G)	—	7H	8H

公差精度	公差带位置 e			公差带位置 f			公差带位置 g			公差带位置 h		
	S	N	L	S	N	L	S	N	L	S	N	L
精密	—	—	—	—	—	—	(4g)	(5g4g)	(3h4h)	4h	(5h4h)	
中等	6e	(7e6e)		6f		(5g6g)	6g	(7g6g)	(5h6h)	6h	(7h6h)	
粗糙	—	(8e)	(9e8e)	—	—	—	8g	(9g8g)	—	—	—	

6. 螺纹的旋合长度与精度等级

GB/T 197—2003 按螺纹的直径和螺距将旋合长度分为三组，分别称为短旋合长度组（S）、中旋合长度组（N）和长旋合长度组（L）。

一般以中等旋合长度下的 6 级公差等级作为中等精度，精密与粗糙都与此相比较而言。

7. 螺纹的公差带及选用

按照内、外螺纹不同的基本偏差和公差等级可以组成许多螺纹公差带，在实际应用中，为了减少螺纹刀具和螺纹量规的规格和数量，GB/T 197—2003 推荐了一些常用的公差带。见表 2.18。

螺纹公差带代号由表示基本偏差的字母和表示公差等级的数字组成，写法是公差等级数字在前，基本偏差字母在后。螺纹公差带代号包括中径和顶径的公差等级和基本偏差代号，当中径和顶径公差带不同时，应分别注出，前者为中径，后者为顶径，如 5H6H、5g6g。当中径、顶径的公差带相同时，合并标注一个即可，如 6H、6g。

为了保证足够的接触高度，加工好的内、外螺纹最好组成 H/g、H/h 或 G/h 的配合。一般情况采用最小间隙为零的 H/h 配合；对用于经常拆卸或工作温度高的螺纹，通常采用 H/g 或 G/h 的配合；对公称直径不大于 1.4mm 的螺纹，应选用 5H/6h、4H/6h 或更精密的配合。

8. 螺纹标记

普通螺纹完整的标注由螺纹代号、螺纹公差带代号和螺纹的旋合长度所组成，三者之间用短横符号"—"分开。

普通螺纹代号用"M"及公称直径×螺距（单位：mm）表示，粗牙螺纹不标注螺距。当螺纹为左旋时在螺纹代号后加"左"或"LH"，不注时为右旋螺纹；螺纹公差带代号标注在螺纹代号之后；螺纹旋合长度代号标注在螺纹公差带代号后，中等旋合长度不标注。普通螺纹标注如图 2.53 所示。

图 2.53　普通螺纹标注

【例 2.3】　一螺纹配合为 M20—6H/5g6g，试查表确定内外螺纹的基本中径、小径和大径的极限偏差，并计算内外螺纹的基本中径、小径和大径的极限尺寸。

【解】　（1）查《机械设计手册》（闻邦椿，机械工业出版社，2010 年）得：

$$大径 D=d=20\text{mm}$$

$$中径 D_2=d_2=18.376\text{mm}$$

$$小径 D_1=d_1=17.294\text{mm}$$

$$螺距 P=2.5\text{mm}$$

（2）查《机械设计手册》（闻邦椿，机械工业出版社，2010 年），求出内、外螺纹基本中径、小径和大径的极限偏差，并计算出基本中径、小径和大径的极限尺寸，结果列于表 2.17 中。

表 2.17　　　　　　　　　　　　　螺纹的极限偏差与极限尺寸　　　　　　　　　单位：mm

名　称		内　螺　纹		外　螺　纹	
极限偏差		上偏差	下偏差	上偏差	下偏差
查表	大径	不规定	0	−0.042	−0.337
	中径	+0.224	0	−0.042	−0.174
	小径	+0.450	0	−0.042	不规定
极限尺寸		最大极限尺寸	最小极限尺寸	最大极限尺寸	最小极限尺寸
计算	大径	不超过实体牙型	20	19.958	19.663
	中径	18.600	18.376	18.334	18.202
	小径	17.744	17.294	17.252	不超过实体牙型

9. 普通螺纹的测量

检测螺纹主要测量螺距、牙型角和螺纹中径。

（1）用钢尺或螺纹规测量螺距、牙型角。螺距是由车床的运动关系来保证的，用钢尺测量即可，如图 2.54 所示。普通螺纹的螺距一般较小，在测量时，最好量 10 个螺距的长度，再除以 10 得到一个螺距的尺寸。牙型角是由车刀的刀尖以及正确安装来保证的，一般用样板测量，也可用螺纹规同时测量螺距和牙型角，如图 2.55 所示。

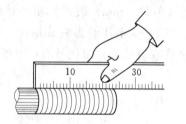

图 2.54 用钢尺测量螺距

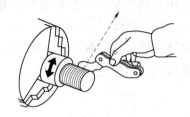

图 2.55 用螺纹规测量螺距

（2）测量螺纹中径。

1）螺纹千分尺。螺纹中径常用螺纹千分尺测量，如图 2.56 所示。使用方法跟一般的外径千分尺相似，有两个可以调换的测量头，在测量时，两个与牙型相同的触头正好卡在螺纹的牙型面，所得到的千分尺读数就是该螺纹的中径实际尺寸。

2）三针测量法。如图 2.57 所示，三针测量法是把三根直径相等的钢针放在被测的螺纹两边对应的螺旋槽内，用外径千分尺测出钢针之间的距离 M，由此判断螺纹中径的合格性。这种测量方法比较精密，应用较为广泛。根据螺距 P、牙型角 α 及钢针的直径 d_0，按以下公式计算出螺纹的单一直径 d_2。

$$d_2 = M - d_0 \left(1 + \frac{1}{\sin \frac{\alpha}{2}} \right) + \frac{P}{2} \cot \frac{\alpha}{2}$$

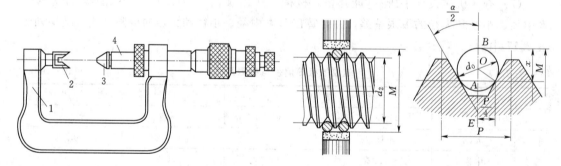

图 2.56 螺纹千分尺

1—千分尺身；2—V 形槽侧头；3—锥形
侧头；4—测微螺杆

图 2.57 用三针法测量外螺纹

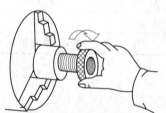

图 2.58 用螺纹环规测量外螺纹

（3）综合测量。外螺纹可用螺纹环规测量，如图 2.58 所示，如通规通过，而止规拧不进，说明螺纹尺寸符合要求。另外还可以用无能工具显微镜测量螺纹的各种参数。

2.4.2 梯形螺纹的检测及公差配合

梯形螺纹的牙型为等腰梯形，牙型角 $\alpha = 30°$，效率虽较矩形螺纹低，但加工较易，对中性好，牙根强度较高，用剖分螺母时，磨损后可以调整间隙，故多用于传动，如机床进给传动系统、分度机构、螺旋起重机、千斤顶等。

在机床制造业中，梯形螺纹丝杠和螺母的应用较为广泛，它不仅用来传递一般的运动和动力，而且还要精确地传递位移。所以一般的梯形螺纹的标准就不能满足精度要求。这种机床用的梯形螺纹丝杠和螺母，和一般梯形螺纹的大、中、小径的基本尺寸相同外，有关精度要求在行业标准《机床梯形螺纹丝杠和螺母

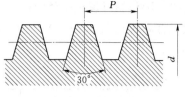

图 2.59 梯形螺纹

技术条件》（JB 2886—1992）中给出了详细规定。梯形螺纹的基本牙型如图 2.59 所示。

1. 精度等级

机床丝杠和螺母的精度等级各分为 7 级：3 级、4 级、5 级、…、9 级。其中 3 级精度最高，其余精度依次降低，9 级精度最低。各级精度主要应用的情况如下。

（1）3 级、4 级主要用于超高精度的坐标镗床和坐标磨床的传动定位丝杠和螺母。

（2）5 级、6 级用于高精度坐标镗床、高精度丝杠车床、螺纹磨床、齿轮磨床的传动丝杠，不带校正装置的分度机构和计量仪器上的测微丝杠。

（3）7 级用于精密螺纹车床、齿轮机床、镗床、外圆磨床和平面磨床的精确传动丝杠和螺母。

（4）8 级用于一般的传动，如普通车床、普通铣床、螺纹铣床用的丝杠。

（5）9 级用于低精度的地方，如普通机床进结机构用的丝杠。

2. 螺母精度的确定

螺母的螺距偏差和牙型半角偏差很难测量。为保证螺母的精度，对螺母规定了大径、中径、小径的极限偏差，并用中径公差综合控制螺距偏差和牙型半角偏差。

螺母螺纹大径和小径的极限偏差不分精度等级，各有一种，见表 2.18。

表 2.18　　　　　　　　　　　　　　螺母螺纹大径和小径的极限偏差

螺距 P/mm	公称直径 d/mm	螺纹大径/μm		螺纹小径/μm	
		上偏差	下偏差	上偏差	下偏差
2	10～16	+328			
	18～28	+355	0	+100	0
	30～42	+370			
3	10～14	+372			
	22～28	+408			
	30～44	+428	0	+150	0
	46～60	+440			
4	16～20	+440			
	44～60	+490	0	+200	0
	65～80	+520			
5	22～28	+515			
	30～42	+528	0	+250	0
	85～110	+595			

6～9 级螺母螺纹中径的极限偏差见表 2.19。高精度的螺母通常按先加工好的丝杠来配作。配作螺母螺纹中径的极限尺寸以丝杠螺纹中径的实际尺寸为基数，按《机床梯形螺纹丝杠和螺母技术条件》（JB 2886—1992）规定的螺母与丝杠配作的中径径向间隙来确定。

表 2.19　　　　　　　　　　　　　　螺母螺纹中径的极限偏差

螺距 P/mm	极限偏差	精度等级/μm			
		6	7	8	9
		极限偏差/μm			
2～5	上偏差	+55	+65	+85	+100
	下偏差	0	0	0	0
6～10	上偏差	+65	+75	+100	+120
	下偏差	0	0	0	0
12～20	上偏差	+75	+85	+120	+150
	下偏差	0	0	0	0

3. 丝杠和螺母螺纹的表面粗糙度

丝杠和螺母螺纹牙型侧面和顶径、底径表面粗糙度参数 Ra 值参考《实用机械制造工艺设计手册》（王凡，机械工业出版社，2008 年）。

4. 丝杠和螺母螺纹的标记

丝杠和螺母螺纹的标记依次由螺纹代号 Tr、尺寸规格（公称直径×螺距，单位为 mm）、旋向和精度等级代号组成。旋向与精度等级代号之间用短横符号"—"分开。左旋螺纹用代号 LH 表示，右旋螺纹不标注旋向。

例如：公称直径为 55mm，螺距为 12mm，6 级精度的右旋螺纹标记为 Tr55×12—6。

5. 梯形螺纹的测量方法

梯形螺纹的测量除了上面介绍的方法外，还经常采用下面的测量方法。

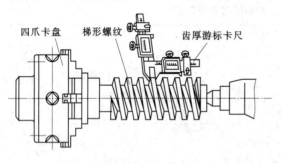

图 2.60　齿厚游标卡尺测量梯形螺纹

（1）用齿厚游标卡尺测量。齿厚游标卡尺由互相垂直的齿高卡尺和齿厚卡尺组成，如图 2.60 所示，用来测量梯形螺纹中径牙厚和蜗杆节径齿厚。测量时，将齿高卡尺读数调整至齿顶高（梯形螺纹等于 0.25×螺距 P，蜗杆等于模数），随后使齿厚卡尺和蜗杆轴线大致相交成一螺纹升角 β，并作少量摆动。这时所测量的最小尺寸即为梯形螺纹（或蜗杆）轴线节径法向齿厚 S_n。

梯形螺纹（或蜗杆）节径法向齿厚可预先用下式计算：

$$S_n = \frac{1}{2}P\cos\beta$$

式中　S_n——梯形螺纹（或蜗杆）节径法向齿厚；

P——梯形螺纹螺距（或蜗杆周节）；

β——螺纹升角。

（2）单针测量法。如图 2.61 所示，只需使用一根量针，测量方便。但是，由于千分尺的固定测脚与工件的外圆接触，所有测量结果受到工件外圆直径变化的影响。

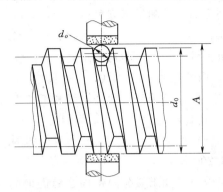

图 2.61　单针测量法

小　结

本模块主要学习了有关尺寸的术语和定义，有关公差的术语和定义，配合的概念，标准公差系列，基本偏差系列，公差与配合的选用；测量器具及使用方法，测量误差的概念；形位公差的含义及作用，形位公差的测量方法；表面粗糙度的术语和定义，粗糙度评定参数及其选用的一般原则、测量方法等；各种零件的测量方法；尺寸链的计算及螺纹的相关参数与测量方法。

重点掌握孔、轴配合公差带的选择。

练 习 与 思 考 题

1. 判断题（正确的打√，错误的×）

（1）只要零件不经挑选或修配便能装配到机器上去，则该零件具有互换性。（　　）

（2）加工误差只有通过测量才能得到，所以加工误差实质上就是测量误差。（　　）

（3）同一公差等级的孔和轴，其标准公差数值一定相等。（　　）

（4）直线度公差带是距离为公差值 t 的两平行直线之间的区域。（　　）

（5）当通规和止规都能通过被测零件，该零件即是合格品。（　　）

（6）基孔制的间隙配合，其轴的基本偏差一定为负值。（　　）

（7）公差值可以是正的或负的。（　　）

2. 单向选择题

（1）游标卡尺的精度有（　　）三种。

A. 0.10mm、0.05mm、0.02mm　　　　B. 0.01mm、0.02mm、0.05mm

C. 0.10mm、0.50mm、0.20mm　　　　D. 0.05mm、0.10mm、0.20mm

（2）工件尺寸是游标卡尺主尺读出的整毫米数加上（　　）的小数值。

A. 与主尺对齐的前总游标刻度数×精度值

B. 游标刻度

C. 精度值

D. 游标刻度加精度值

（3）千分尺是一种精密量具，其测量精度可达（　　　）mm。

A. 0.1　　　　　　　B. 0.01　　　　　　C. 0.001　　　　　D. 0.005

（4）千分尺是用来测量工件（　　）的精度量具。

A. 外部尺寸　　　　B. 内部尺寸　　　　C. 深度尺寸　　　　D. 内外尺寸

（5）使用千分尺测量时，应保证千分尺螺杆轴线和工件中心线（　　　）。

A. 平行　　　　　　B. 垂直　　　　　　C. 倾斜　　　　　　D. 任意

（6）千分尺在微分筒的圆锥面上刻有（　　　）条等分的刻线。

A. 10　　　　　　　B. 20　　　　　　　C. 30　　　　　　　D. 50

（7）利用千分尺测量读数时，如果微分筒锥面边缘的前面露出主尺纵线下边的刻线，则小数部分（　　　）0.5m。

A. 大于　　　　　　B. 小于　　　　　　C. 等于　　　　　　D. 小于或等于

（8）内径百分表在汽车修理中主要用来测量发动机汽缸（　　　）。

A. 平面度　　　　　B. 同轴度　　　　　C. 跳动量　　　　　D. 圆度和圆柱度

（9）百分表表盘刻度为 100 格，长针转动一格为（　　　）mm。

A. 0.01　　　　　　B. 0.02　　　　　　C. 0.05　　　　　　D. 0.1

（10）百分表表盘刻度为 100 格，短针转动一格为（　　　）mm。

A. 1　　　　　　　B. 10　　　　　　　C. 100　　　　　　D. 1000

（11）相互结合的孔和轴的精度决定了（　　　）。

A. 配合精度　　　　B. 配合的松紧　　　C. 配合的性质　　　D. 质量高低

（12）要保证普通螺纹结合的互换性，必须使实际螺纹上（　　　）不能超出最小实体牙型的中径 。

A. 作用中径　　　　B. 单一中径　　　　C. 中径　　　　　　D. 大径

3. 综合题

（1）什么是互换性？互换性的优越性有哪些？

（2）互换性的分类有哪些？完全互换和不完全互换有何区别？

（3）公差带的位置是由什么决定的？配合有什么基准制？它们有什么不同？

（4）选择公差配合时应考虑哪些问题？

（5）形位公差包括哪几项内容要求？

（6）圆度公差与径向圆跳动公差有何共同点和不同点？

（7）何谓表面粗糙度？

（8）什么是取样长度、评定长度？

（9）什么是轮廓算术平均偏差、微观不平度十点平均高度、轮廓最大高度？

（10）用杠杆千分尺能否进行相对测量？相对测量法和绝对测量法比较，哪种测量方法精度较高？为什么？

(11) 已知基本尺寸 $D = d = 50\text{mm}$，孔的极限尺寸 $D_{\max} = 50.025\text{mm}$，$D_{\min} = 50\text{mm}$；轴的极限尺寸 $d_{\max} = 49.950\text{mm}$，$d_{\min} = 49.934\text{mm}$。现测得孔、轴的实际尺寸分别为 $D_a = 50.010\text{mm}$，$d_a = 49.946\text{mm}$。求孔、轴的极限偏差、实际偏差及公差。

(12) 试对图 2.62 所示的图样上标注的形位公差作出解释。

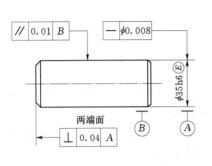
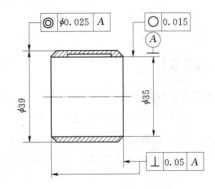

图 2.62

(13) 查表计算下列配合的极限间隙或极限过盈，并画出孔、轴公差带图，说明各属于哪种配合。

1）$\phi28\text{H7/f6}$；2）$\phi30\text{H7/g6}$；3）$\phi50\text{H7/js6}$；4）$\phi60\text{K7/h6}$；5）$\phi65\text{T8/h6}$；6）$\phi70\text{H7/r6}$。

(14) 用三针测量螺纹中径的方法属于哪一种测量方法？为什么要选用最佳量针直径？

模块 3　金属切削技术及机床

【教学目标要求】

能力目标：掌握车削、铣削、磨削等常用的机械加工方法，了解常用机床的结构及基本操作，能够正确使用手锯、錾子、锉刀、丝锥、板牙等钳工工具。

知识目标：了解典型表面的加工方法和机床的选用，明确典型零件的机械加工工艺，熟悉各类设备的加工精度范围，掌握钳工加工的基本工艺。

3.1　车 工 基 本 知 识

【任务】　典型零件的车削

（1）目的：①了解普通卧式车床的基本结构；②学会工件和车刀的安装；③熟悉车床常用附件和各种车刀的使用；④了解车削过程以及端面、外圆表面与台阶面的车削方法。

（2）器材：普通卧式车床、各种车刀和车床附件；游标卡尺、扳手等工具；棒料若干；零件图。

（3）任务设计：①现场讲解车床的结构组成及其作用；示范三爪卡盘的使用以及工件、车刀的安装；演示对刀、试切和切削过程，通过销轴类和盘类零件的车削使学生了解车刀的选用和常见表面的车削要领；②学生动手操作，车削典型的销轴类和盘类零件。

（4）报告要求：分析车床的种类及应用范围、车削加工的特点，说明车削加工时工件装夹、车刀选用的方法、车削用量选择的原则、车床操作的步骤和方法，测量工件尺寸，分析加工中存在的问题。

车削加工是机械加工方法中应用最为广泛的方法之一，在机械加工方法中占有重要的地位，在一般机械制造企业中，车床占机床总数的 20%～35%。

3.1.1　车床的总体构造和应用

1. 车床的组成

结构布局各不相同，但其基本组成大致相同，车床包括基础件（如床身、立柱、横梁等）、主轴箱、刀架（如方刀架、转塔刀架、回轮刀架等）、进给箱、尾座、溜板箱几部分。图 3.1 为卧式车床。

2. 车床的类型

根据结构布局、用途和加工对象的不同，车床主要可分为卧式车床、立式车床、转塔

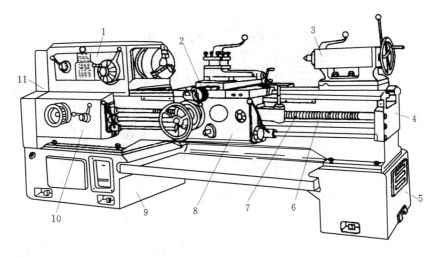

图 3.1　卧式车床

1—主轴箱；2—刀架；3—尾座；4—床身；5、9—床脚；6—光杆；

7—丝杠；8—溜板箱；10—进给箱；11—挂轮变速机构

车床、回轮车床、多刀半自动车床、液压仿形车床、数控车床、机械式自动与半自动车床等。

（1）卧式车床。卧式车床是应用最普遍、工艺范围最广泛的一种车床。在卧式车床上可以完成各种类型的内外回转体表面的加工，如圆柱面、圆锥面、成形面、端面、螺纹等，还可进行钻、扩、铰、滚花等加工，通过改装还可以进行其他类型的加工，如球头的车削、回转面磨削等。普通卧式车床自动化程度低，加工生产效率低，加工质量特别是成形面质量取决于操作者的经验和技术水平。

（2）立式车床。对于大型工件，可采用如图 3.2 所示立式车床加工。与卧式车床相比，立式车床由于主轴垂直布置，工件的安装平面处于水平位置，有利于工件的安装和调整，机床的精度保持性也好。因而，实际生产中立式车床应用较为广泛。对于一些受条件限制而没有立式车床的企业，可以通过自行改造落地车床来解决加工所需装备。

（3）转塔车床及回轮车床。如图 3.3 所示，转塔车床没有尾座和丝杠，在尾座的位置装有一个多工位的转塔刀架，该刀架可以安装多把刀具，通过转塔转位可以使不同的刀具依次处于工作位置，对工件进行不同内容的加工，减少了反复装夹刀具的时间。由于没有丝杠，这类机床只能用丝锥、板牙等刀具来完成螺纹加工。

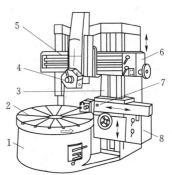

图 3.2　立式车床

1—底座；2—工作台；3—立柱；

4—垂直刀架；5—横梁；

6—进给箱；7—侧刀

架；8—侧进给箱

如图 3.4 所示，回轮车床通过回轮刀架的特殊结构可缩短辅助工时。所以，在成批加工形状复杂的工件时具有较高的生产率。

（4）液压仿形车床。液压仿形车床是由液压仿形刀架按照样板或样件（标准工件）的

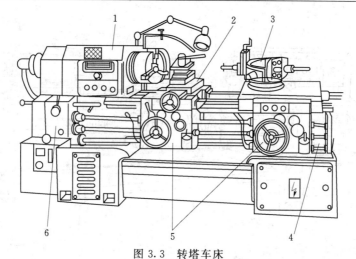

图 3.3 转塔车床

1—主轴箱；2—前刀架；3—转塔刀架；4—床身；5—溜板箱；6—进给箱

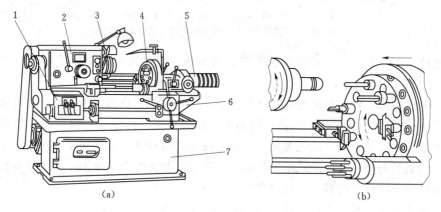

（a）   （b）

图 3.4 回轮车床

1—进给箱；2—主轴箱；3—夹头；4—回轮刀架；5—挡块轴；6—床身；7—底座

轮廓自动仿形来完成工件加工的，可减少测量辅助时间，加工质量稳定，调整方便，车削多阶梯的阶梯轴时，采用液压仿形车床具有较高的生产效率，适用于批量生产。

（5）数控车床。数控车床加工工艺与通用车床相似，不同的是整个加工过程由事先编好的程序通过计算机控制，包括控制回转刀架换刀。与普通车床相比，数控车床可实现两轴或多轴联动，不依赖成形车刀及靠模便可完成锥面、曲面的加工。所以，数控车床具有高柔性和高精度，大大提高了生产效率，降低了劳动强度，实现了加工自动化。

3.1.2 车削运动与车削要素

1. 车削运动

在车床上车削加工时，工件做回转运动，车刀做进给运动，刀尖点的运动轨迹在工件回转表面上切除一定的材料，从而形成所要求的工件形状。

零件的加工表面是通过零件与切削刀具之间的相对运动来实现的，这些相对运动为切削运动。切削运动可分为主运动和进给运动两种类型。

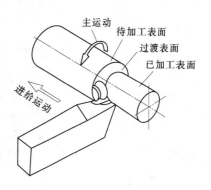

（1）主运动。使零件与刀具之间产生相对运动以进行切削的最基本运动，称为主运动。一般来说，主运动的速度最高，所消耗的功率最大。在切削运动中，主运动只有一个，它可由零件完成，也可以由刀具完成；可以是旋转运动，也可以是直线运动。图 3.5 中工件的旋转运动为主运动。

（2）进给运动。不断地把被切削层投入切削，以逐渐切削出整个零件表面的运动，称为进给运动。图 3.5 中刀具相对于零件轴线的平行直线运动。车削的进给运动有轴向进给和径向进给两种形式，进给运动一般速度

图 3.5　车削的主运动和进给运动

较低，消耗的功率较少，可由一个或多个运动组成，可以是连续的，也可以是间断的。

车削加工一般采用轨迹法成形原理，主运动为主轴带动工件的旋转运动，进给运动为车刀横向（径向）或纵向（轴向）切入工件的直线或者曲线运动。

2. 车削加工类型

应用车削加工方法可以加工各种回转体内外表面，如内外圆柱面、圆锥面、成形回转表面等。采用特殊的辅助装置或技术后，在车床上还可以加工非圆零件表面，如凸轮、端面螺纹等，可以完成球面加工、非回转体零件上的回转体表面的加工，如图 3.6 所示。

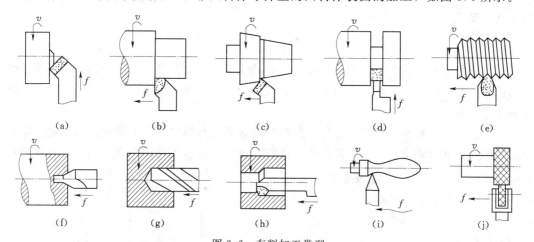

图 3.6　车削加工类型

（a）车端面；（b）车外圆；（c）车圆锥；（d）切槽或切断；（e）车螺纹；（f）钻中心孔；
（g）钻孔；（h）镗孔；（i）车成形面；（j）滚花

3. 车削要素

（1）切削零件表面的类型。如图 3.7 所示，在切削过程中，零件上形成了以下三个表面。

1）已加工表面。零件上切除切屑后留下的表面。

2）待加工表面。零件上将被切除切削层的表面。

3）加工表面（过渡表面）。零件上正在切削的表面，也即已加工表面和待加工表面之间的表面。

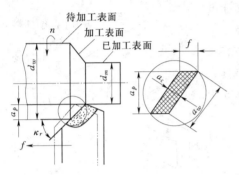

图 3.7　车外圆时的车削用量

（2）车削用量。车削用量是指切削过程中各参数的物理量，它包括车削速度 v_c、进给量 f、背吃刀量 a_p 三项要素。

1）车削速度 v_c。在单位时间内工件和刀具沿主运动方向的相对位移；单位为 m/min 或 m/s。

$$v_c = \frac{\pi d n}{1000} \tag{3.1}$$

式中　d——待加工零件外圆直径，mm；

　　　n——工件的旋转速度，r/min 或 r/s。

2）进给量 f。工件或刀具运动在一个工作循环（或单位时间）内，刀具与工件之间沿进给运动方向的相对位移，单位为 mm/r。

3）背吃刀量（切削深度）a_p。待加工表面与已加工表面间的垂直距离，单位为 mm。

$$a_p = \frac{d_w - d_m}{2} \tag{3.2}$$

式中　d_w——待加工外圆直径，mm；

　　　d_m——已加工外圆直径，mm。

3.1.3　车刀

1. 刀具材料

（1）刀具材料应具备的性能。要保证刀具的使用寿命，刀具材料必须具有高硬度、高耐磨性、足够的强度和韧性、高的耐热性、良好的导热性和耐热冲击性能、良好的工艺性能和经济性等。

（2）常用刀具材料。目前，常用刀具材料有碳素工具钢、合金工具钢、高速钢、硬质合金、陶瓷、立方碳化硼以及金刚石等。碳素工具钢及合金工具钢，因耐热性较差，通常只用于手工工具及切削速度较低的刀具，陶瓷、金刚石和立方氮化硼仅用于有限的场合。目前，刀具材料中用得最多的是高速钢和硬质合金。

2. 车刀的类型

车刀直接参与从工件上切除余量的车削加工过程，是完成车削加工所必需的工具。车刀的性能取决于刀具的材料、结构和几何参数。按使用要求的不同，车刀有不同的结构和材料。刀具性能的优劣对车削加工的质量、生产率有决定性的影响，尤其是随着车床性能的提高和高速主轴的应用，刀具的性能直接影响机床性能的

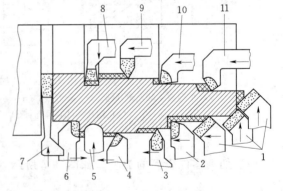

图 3.8　车刀的类型与用途

1—45°弯头车刀；2—90°外圆车刀；3—外螺纹车刀；4—75°外圆车刀；5—成形车刀；6—90°左偏外圆车刀；7—切槽刀；8—内孔槽刀；9—内螺纹车刀；10—盲孔镗刀；11—通孔镗刀

发挥。

（1）按用途分类。按用途可将车刀分为弯头车刀、外圆车刀、外螺纹车刀、内螺纹车刀、成形车刀、切槽刀、内孔槽刀、盲孔镗刀、通孔镗刀等，如图3.8所示。

（2）按结构分类。车刀按结构可以分为整体式、焊接式、机夹式和可转位式车刀等，如图3.9所示。

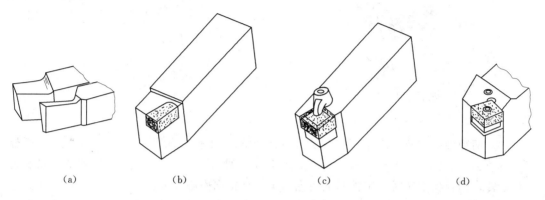

图 3.9　车刀的结构
(a) 整体式；(b) 焊接式；(c) 机夹式；(d) 可转位式车刀

整体式高速钢车刀是选用一定形状的整体高速钢刀条，在其一端刃磨出所需的切削部分形状、角度而成的，刃磨方便，可以根据需要刃磨成不同用途的车刀，尤其适宜于刃磨各种刃形的成形车刀，如切槽刀、螺纹车刀等。但是，由于是整体高速钢结构，造成刀杆处材料浪费，强度低，切削力较大时，易遭破坏；硬质合金焊接式车刀是把一定形状的硬质合金刀片焊在刀杆的刀槽内制成的，结构简单，制造刃磨方便，刀具材料利用充分，一般用于中、小批量生产，修配生产中应用较多；可转位式车刀简称可转位车刀，是一种将可转位使用的刀片用夹紧元件夹持在刀杆上使用的刀具；还有用于加工回转体成形表面的成形车刀，其刃形根据被加工零件表面轮廓形状进行设计。

3.1.4　车床夹具

1. 夹具分类

机械加工中，在机床上用以确定工件位置并将其夹紧的工艺装备称为机床夹具（简称夹具），一般可分为通用夹具、专用夹具和组合夹具三类。车削加工时用的夹具又称为车机夹具。

2. 车床夹具的常见类型及车削装夹方式

车床夹具通常安装在车床的主轴前端部，与主轴一起旋转。在车床上加工外圆面时，主要有以下几种安装方法。

（1）三爪卡盘安装。如图3.10如示，三爪卡盘上的卡爪是联动的，能以工件的外圆面自动定心，故安装工件一般不需找正。但是，由于卡盘的制造误差及使用后磨损的影响，定位精度一般为0.01～0.1mm，适宜安装形状规则的圆柱形工件。

（2）四爪卡盘安装。如图3.11所示，四个爪可以分别调整，故安装时需要花费较多的时间对工件进行找正。当使用百分表找正时，定位精度可达 0.005mm，此时的定位基准是安装找正的表面。四爪卡盘夹紧力大，适合用于三爪卡盘不能安装的工件，如矩形、不对称或较大的工件。

图 3.10　三爪卡盘　　　　　　　　　图 3.11　四爪卡盘

　　（3）两顶尖间安装。用于长径比为 4～10 的轴类工件。前顶尖（与主轴相连）可旋转，后顶尖（装在尾座上）不转，用于支承工件。如图 3.12 所示，拨盘和卡箍用以带动工件旋转，用顶尖安装时，工件两端面先用中心钻钻出中心孔。若工件为空心轴，在其通孔加工出来后，中心孔已不复存在。此时可在通孔两头加工出一段锥孔，装上锥堵，利用锥堵心轴上的中心孔来进行双顶尖定位，如图 3.13 所示。当工件的刚度较低时，还可在前后顶尖之间加装中心架或跟刀架作为辅助支承以提高支承刚度。

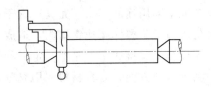　　　　　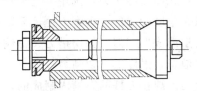

图 3.12　两顶尖装夹　　　　　　　　图 3.13　锥堵装夹

　　（4）一夹一顶。较长轴件粗加工，切削力大，如采用双顶尖装夹会受到回转力小的制约。此时可采用三爪自定心卡盘夹一端，或用外拨顶尖卡一头，后顶尖顶另一头。

3.1.5　销轴类零件的加工工艺

　　1. 销轴类零件结构特点

　　（1）基本形状。在机械零件中，凡是外表为回转体（一般为圆柱或圆锥）、长度尺寸相对直径较大的形体一般都归类于销轴类零件。如各种圆柱或圆锥销、各类轴、车床上的光杆、丝杠、模具中的导杆等。

　　（2）常见结构。销轴类零件多以同一轴线的各段回转体所构成，其中，销类零件形状比较简单；而轴类零件常常有倒角、倒圆、键槽、油槽、油孔、中心孔、螺纹、退刀槽或越程槽等结构。

　　销轴类零件的毛坯多为圆钢或锻造件，其外圆表面常用的机械加工方法有车削、磨削和各种光整加工方法。车削加工的切削量大，因而是外圆表面最经济、有效的加工方法。

　　2. 销轴类零件的车削加工工艺

　　外圆车削可划分为粗车、半精车、精车和精细车，各个车削阶段所能达到的加工精度和表面粗糙度各不相同，必须按零件技术要求、生产类型、生产率和加工经济性等方面的要求合理选择。就车削加工的经济精度来看，适宜作为外圆表面的粗加工和半精加工。

（1）粗车。中小型锻件和铸件毛坯精度稍低，可直接进行粗车。粗车后工件的尺寸精度为 IT13～IT11，表面粗糙度 Ra 值为 30～12.5μm。精度要求低的次要表面可将粗车作为其最终加工工序。

（2）半精车。在精加工工序之前一般安排半精车，或者某些尺寸精度要求不高的次要面以半精车为最终加工。半精车尺寸精度为 IT10～IT8，表面粗糙度 Ra 值为 6.3～3.2μm。

（3）精车。一般作为最终加工工序，也可以作为磨削、光整加工的预加工工序。对于小余量高精度的毛坯，如精密铸造件可直接进行半精车或精车而无须经过粗车。精车尺寸精度为 IT8～IT7，表面粗糙度 Ra 值为 1.6～0.8μm。

（4）精细车。主要用于有色金属加工或要求很高的钢制工件的最终加工。精细车尺寸精度为 IT7～IT6，表面粗糙度 Ra 值为 0.4～0.025μm，属精密加工。

3. 车削用量选择

粗加工时主要任务是尽快切去大部分余量，所以在考虑机床功率、切削层面积等因素后，应优先考虑采用大的背吃刀量 a_p，其次考虑用大的进给量 f，最后选定合理的切削速度 v_c；半精加工和精加工时主要目的是要保证加工精度和表面质量，同时要兼顾必要的刀具耐用度和生产效率，所以一般多选用较小的背吃刀量 a_p 和进给量 f，在保证合理刀具耐用度的前提下确定合理的切削速度 v_c。

4. 销轴类工件加工实例

加工如图 3.14 所示的传动轴，材料为 45 钢，热处理要求为调质处理 HRC28～32，毛坯质量为 6.5kg，数量为 50 件。

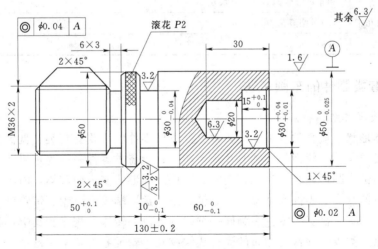

图 3.14 传动轴

（1）分析传动轴的结构和技术要求。轴颈和安装传动零件的轴段表面一般是轴类零件的重要表面，其尺寸精度、形状精度（圆度、圆柱度等）、位置精度（同轴度、与端面的垂直度等）及表面粗糙度均要求较高，是轴类零件机械加工的重点。

如图 3.14 所示的传动轴的各项精度要求均较高，基准轴颈尺寸为 $\phi50_{-0.025}^{0}$，为主要加工表面，另外还有退刀槽、螺纹等结构。

（2）确定加工方案。阶梯轴类零件的毛坯最常用的是圆棒料和锻件。小批量生产，选用 45 热轧圆钢，毛坯下料尺寸为 $\phi55\times135$。

在进行外圆车削加工时，由于切除大量金属后会引起残余应力重新分布而变形，所以将粗精加工分开，先粗加工，再半精加工和精加工，主要表面精加工放在最后进行。

（3）加工工艺。传动轴加工工艺过程见表 3.1。

表 3.1　　　　　　　　　　　　　传动轴加工工艺过程

工序号	工序名称	工　序　内　容	设备
1	下料	$\phi55\times135$	
2	车	三爪卡盘夹持工件，车端面见平，钻中心孔，用尾架顶尖支承，粗车外圆 $\phi50$，直径、长度均留余量 2mm	CA6140
		车槽 $\phi30\times10$，槽底和两侧各留余量 1mm	CA6140
3	热	调质处理 HRC28～32	
4	钻	用 $\phi16$ 钻头钻孔，孔深 30，再用 $\phi20$ 钻头扩孔	CA6140
5	车	精车 $\phi30_{+0.01}^{+0.04}$、$\phi50_{-0.025}^{0}$ 至尺寸	CA6140
		精车槽 $\phi30\times10$ 槽底两侧面，先保证尺寸 $\phi30$，再保证轴向尺寸 60，最后控制尺寸 10mm	
		倒角 $1\times45°$，其余锐边倒钝	
6	车	调头垫铜皮夹 $\phi50$ 外圆，车端面保证总长 130mm	CA6140
		粗车、半精车 M36 到 $\phi36$，车退刀槽 6×3，即控制槽底直径 $\phi30$	
		倒角 $2\times45°$ 三处	
		粗车、精车 M36 螺纹到尺寸	
	滚花	$\phi50$ 外圆滚花	
7	检	检验	

3.1.6　盘套类零件的车削工艺

1. 盘套类零件结构特点

（1）基本形状。盘套类零件是比较常见的机械零件，主要有套类、盘盖类以及轮类零件。其中，套类零件一般为带有轴心孔的回转体；盘盖类零件一般为短粗回转体或其他平板状结构，内部为圆形通孔或盲孔；而轮类零件外部形状多为回转体，内部一般是带键槽的通孔。常见的盘套类零件有轴套、空心轴、法兰盘、端盖、齿轮、带轮等。

（2）常见结构。盘套类零件多为同一轴线的各段回转体所构成。其中，套类零件形状比较简单；盘盖类零件常常有均布的光孔或螺纹孔；轮类零件常常有键槽、轮辐等结构。

（3）一般加工方法。套类零件的毛坯多为圆钢或锻造件，而盘盖类零件以及轮类零件多为锻造件或铸造件。其中，外圆、内孔以及端面等主要表面的粗加工以及半精加工多在车床上完成，而均布的小孔多采用钻床加工，键槽采用插床加工；主要表面的精加工一般在磨床上完成。

2. 内孔车削方法及其经济精度

常用的内孔车削为钻孔和镗孔，在实体材料上进行孔加工时，先要钻孔，钻孔时刀具为麻花钻，装在尾架套筒内，通过手动进给。

如需在已有预留孔（钻孔、铸孔、铰孔）的工件上对孔做进一步扩径加工称为镗孔，镗孔可加工通孔、盲孔、内环形槽。

粗车孔精度可达 IT11～IT10，表面粗糙度 Ra 12.5～6.3μm；半精车孔精度为 IT10～IT9，Ra 6.3～3.2μm；精车孔精度为 IT8～IT7，表面粗糙度为 Ra 1.6～0.8μm。

对孔径小于 10mm 的孔，在车床上一般采用钻孔后直接铰孔。

3. 车削盘套类零件的装夹方案

（1）粗车、半精车时的装夹方式。粗车时，一般以外圆定位，定位方式多采用三爪卡盘装夹。

（2）半精车、精车时的装夹方式。以内孔定位，精车外圆、端面，常采用的定位方式是心轴或可涨心轴；然后再以外圆定位，精镗轴心孔。

4. 盘套类工件加工实例

套筒类零件的加工工艺根据其功用、结构形状、材料和热处理以及尺寸大小的不同而异。就其结构形状来划分，大体可以分为短套筒和长套筒两大类。它们在加工中的装夹方法和加工方法都有很大的差别。

下面讲述轴承套加工工艺分析。如图 3.15 所示的轴承套，材料为 ZQSn6 - 6 - 3，每批数量为 200 件。

（1）技术要求。该轴承套属于短套筒，材料为锡青铜，主要技术要求为：ϕ34js7 外圆对 ϕ22H7 孔轴线的径向圆跳动公差为 0.01mm；左端面对 ϕ22H7 孔轴线的垂直度公差为 0.01mm。轴承套外圆精度为 IT7 级，采用精车可以满足要求；内孔精度也为 IT7 级，采用铰孔可以满足要求。内孔的加工顺序为：钻孔-车孔-铰孔。

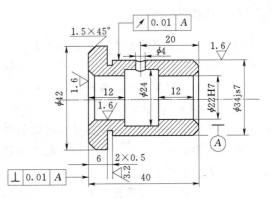

图 3.15　轴承套零件图

由于外圆对内孔的径向圆跳动要求在 0.01mm 内，用软卡爪装夹无法保证。因此，精车外圆时应以内孔为定位基准，使轴承套在小锥度心轴上定位，用两顶尖装夹。这样可使加工基准和测量基准一致，容易达到图纸要求。车、铰内孔时，应与端面在一次装夹下加工出，以保证端面与内孔轴线的垂直度。

（2）加工工艺。轴承套加工工艺过程见表 3.2。

表 3. 2　　　　　　　　　　　　　轴承套加工工艺过程

序号	工序名称	工 序 内 容	设备
1	备料	棒料，按五件合一加工下料	
2	钻中心孔	三爪卡盘夹外圆，车端面，钻中心孔； 调头车另一端面，钻中心孔	CA6140

续表

序号	工序名称	工 序 内 容	设备
3	粗车	中心孔定位，车外圆 $\phi42$ 长度为 6.5mm，车外圆 $\phi34js7$ 至 $\phi35mm$，车空刀槽 $2\times0.5mm$，取总长 40.5mm，车分割槽 $\phi20\times3mm$，两端倒角 $1.5\times45°$，五件同加工，尺寸均相同	CA6140
4	钻	软爪夹 $\phi42mm$ 外圆，钻孔 $\phi22H7$ 至 $\phi22mm$ 成单件	CA6140
5	车、铰	软爪夹 $\phi42mm$ 外圆，车端面，取总长 40mm 至尺寸； 车内孔 $\phi22H7$ 为 $22^{0}_{-0.05}mm$； 车内槽 $\phi24\times16mm$ 至尺寸； 铰孔 $\phi22H7$ 至尺寸； 孔两端倒角	CA6140
6	精车	$\phi22H7$ 孔用心轴定位，车 $\phi34js7$（±0.012）mm 至尺寸	CA6140
7	钻	以 $\phi34mm$ 外圆及端面定位，钻径向油孔 $\phi4mm$	CA6140
8	检查	检查	

3.2 铣 工 基 本 知 识

【任务】 压板的铣削

（1）目的：了解卧式铣床的基本结构，掌握工件和铣刀的安装，熟悉铣床常用附件和各种铣刀的使用，了解铣削过程以及平面的铣削方法。

（2）器材：卧式铣床，各种铣刀和铣床附件，游标卡尺、扳手等工具，板料若干，零件图。

（3）任务设计：①现场讲解铣床的结构组成及其作用，示范平口钳的使用，工件、铣刀的安装，演示对刀、试切和切削过程，通过压板的铣削了解平面的铣削要领；②学生动手操作，掌握压板的铣削加工。

（4）报告要求：说明铣床的种类、铣削加工的应用范围、铣削加工的方式、方法，工件找正、工件装夹的方法和步骤，测量工件尺寸，分析工件加工精度。

3.2.1 铣床的总体构造和应用

1. 铣床类型及组成

铣床的类型很多，主要有立式或卧式升降台铣床、龙门铣床、工具铣床、仿形铣床、仪表铣床和各种专门化铣床等。随着数控技术的应用，数控铣床和以镗削、铣削为主要功能的镗铣加工中心的应用也越来越普遍。

（1）卧式万能铣床。图 3.16 为 X62W 型铣床，其主轴水平安置，安装圆柱铣刀和盘铣刀，广泛应用于平面、沟槽的加工。床身固定在底座上。在床身内部装有主轴变速机构及主轴部件等。床身顶部的导轨上装有横梁，可沿水平方向调整其前后位置，刀杆支承用于支承刀杆的悬伸端，以提高刀杆刚性。升降台安装在床身前侧的垂直导轨上，可上下垂直移动。升降台内装有进给变速机构，实现工作台的进给运动和快速移动。在升降台的横向导轨上装有回转盘，它可绕垂直轴在一定范围内调整角度。工作台安装在回转盘上的床鞍导轨内，可做纵向移动。横溜板可带动工作台沿升降台横向导轨做横向移动。因此，固定在工作台上的工件，可以在三个坐标方向实现任一方向的调整或进给运动。

（2）立式升降台铣床。这类铣床与卧式升降台铣床的主要区别在于它的主轴是垂直安置的，轴头可安装各种面铣刀或立铣刀，用以加工平面、斜面、沟槽、台阶、齿轮表面等。图 3.17 所示为立式升降台铣床的外形图，其工作台、床鞍及升降台与卧式升降台铣床相同。立铣头可根据加工要求在垂直平面内调整角度，主轴可沿轴线方向进行调整。

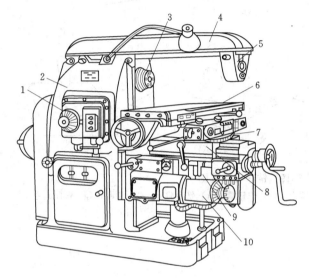

图 3.16　X62W 型铣床

1—主轴变速机构；2—床身；3—主轴；4—横梁；
5—刀杆支承；6—工作台；7—回转盘；8—横溜板；9—升降台；10—进给变速机构

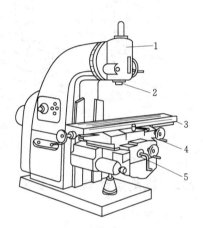

图 3.17　立式升降台铣床

1—立铣头；2—主轴；3—工作台；
4—床鞍；5—升降台

（3）龙门铣床。如图 3.18 所示龙门铣床，因床身两侧有立柱和横梁组成的门式框架而得名，这种结构适用于大、中型工件的平面、沟槽加工。加工时，工件装夹在工作台上做直线进给运动。横梁上的两个垂直铣头可沿横梁做水平方向位置调整。立柱上的两个水平铣头则可沿铅垂方向做位置调整。各铣刀的吃刀运动均可由铣头主轴套筒带动铣刀主轴沿轴向移动来实现。有些龙门铣床上的立铣头主轴可以做倾斜调整来铣斜面。相对前面二者，龙门铣床的刚性好，精度较高，可用几把铣刀同时铣削。所以，生产率和加工精度都较高，广泛应用于成批和大量生产。

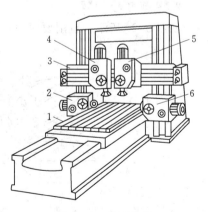

图 3.18　龙门铣床

1—工件台；2、6—水平铣头；
3—横梁；4、5—垂直铣头

2. 铣床的应用

铣床是用铣刀对工件进行铣削加工的机床。铣床除能铣削平面、沟槽、轮齿、螺纹和花键轴外，还能加工比较复杂的型面，效率较刨床高，在机械制造和修理部门得到广泛应用。图 3.19 是铣床的主要应用范围。

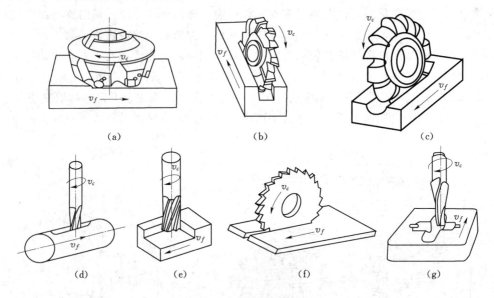

图 3.19 铣床应用范围

（a）铣平面；（b）铣沟槽；（c）铣成型面；（d）铣键槽；（e）铣台阶面；（f）切断；（g）铣曲面

3.2.2 铣削运动与铣削要素

1. 铣削运动

铣削加工是广泛用于平面、台阶面、沟槽、成形面、螺旋表面的一种切削加工方法。铣削加工时，主运动是铣刀的旋转，进给运动是铣刀或工件沿坐标方向的直线运动或绕坐标轴回转运动。

2. 铣削要素

如图 3.20 所示，铣削要素包括背吃刀量 a_p、侧吃刀量 a_c、铣削速度 v_c 和进给量 f。

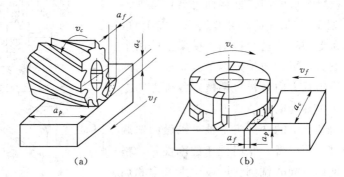

图 3.20 铣削要素

（a）圆周铣削；（b）端面铣削

（1）背吃刀量 a_p。平行于铣刀轴线测量的切削层尺寸，单位 mm。

（2）侧吃刀量 a_c。垂直于铣刀轴线测量的切削层尺寸，单位 mm。

（3）铣削速度 v_c。铣削速度为铣刀主运动的线速度，单位 m/min。其值可用下式计算

$$v_c = \frac{\pi n d}{1000} \tag{3.3}$$

式中　　d——铣刀直径，mm；

　　　　n——主轴转速，r/min。

（4）进给量 f。进给量是铣刀与工件在进给方向上的相对位移量。它有三种表示方法：①每齿进给量 a_f，是铣刀每转一个刀齿时，工件相对铣刀沿进给方向的位移量，单位为 mm/z；②每转进给量 v_f，是铣刀每转一转时，工件相对铣刀沿进给方向的位移量，单位为 mm/r；③进给速度 f，是单位时间内工件相对铣刀沿进给方向的位移量，单位为 mm/min。三者之间的关系为

$$v_f = a_f z, \quad f = v_f n = a_f z n$$

式中　　z——铣刀刀齿数。

加工时，首先应根据加工条件选择 f 或 a_f，然后计算 v_f 来按机床铭牌上相应的值进行调整。

3. 铣削用量选择

铣削用量的选择应当根据工件的加工精度，铣刀的耐用度及机床的刚性，首先选定铣削深度，其次是每齿进给量，最后确定铣削速度。下面阐述按照加工精度不同来选择铣削用量的一般原则：

（1）粗加工。精度低，余量大，选择铣削用量应当考虑工艺系统刚性及刀具耐用度。为提高生产率去除余量和避开毛坯硬皮，一般选取较大的背吃刀量和侧吃刀量，在刀具性能允许前提下应选用较大的每齿进给量，较小的切削速度。

（2）半精加工。余量较小，精度较高、表面粗糙度值降低，因此，应选择较小的每齿进给量，而取较大的切削速度。

（3）精加工。精加工余量很小，要求尺寸精度和表面质量高，考虑刀具的磨损对加工精度的影响，宜选择较小的每齿进给量；考虑粗糙度要求，应根据刀具性能选用最大铣削速度。

4. 铣削方式

铣削平面的方式有周铣和端铣两种，如图 3.21 所示。

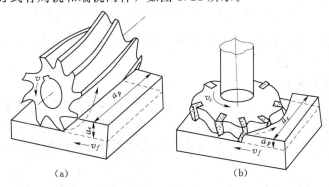

图 3.21　铣削平面的方式
(a) 周铣；(b) 端铣

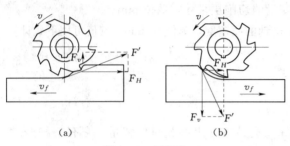

图 3.22　周铣法
(a) 逆铣；(b) 顺铣

（1）周铣法。用圆柱铣刀圆周上的刀刃铣削平面称为周铣。周铣有逆铣、顺铣两种方式，如图 3.22 所示。

1）逆铣。铣刀旋转方向与工件进给方向相反，铣削时每齿切削厚度从零逐渐到最大而后切出。刀具磨损快，工件表面粗糙度值大。

2）顺铣。铣刀旋转方向与工件进给方向相同，铣削时每齿切削厚度从最大逐渐减小到零，避免了逆铣时的刀齿挤压、滑行现象，已加工面的冷硬程度较轻，刀具耐用度提高，表面质量也较高。加工中顺铣产生垂直方向的切削分力向下压工件，避免了工件的振动。铣床工作台的纵向进给运动一般是依靠丝杠、螺母副实现的，螺母被固定，丝杠转动则带动工作台平移。顺铣时，铣削力的纵向分力方向始终与丝杆驱动工作台移动的纵向力方向相同。如果丝杠与螺母传动副中存在间隙，当纵向铣削分力大于工作台与导轨之间的摩擦力时，会使工作台连同丝杠相对螺母窜动，造成工作台振动，进给不均匀，甚至出现打刀现象。若铣床工作台进给丝杠、螺母副安装了消除间隙的装置，可采用顺铣，否则采用逆铣。

（2）端铣法。用端铣刀的端面刀齿进行加工称为端铣法，根据铣刀对工件相对位置的不同，端铣法可以分为对称铣削法和不对称铣削法（分为不对称逆铣和不对称顺铣），如图 3.23 所示。

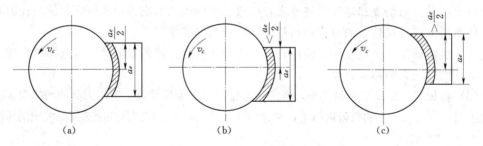

图 3.23　端铣法
(a) 对称铣削；(b) 不对称逆铣；(c) 不对称顺铣

端铣法可以通过调整铣刀和工件的相对位置，调节刀齿切入和切出时的切削厚度，从而达到改善铣削过程的目的。

（3）周铣法与端铣法的比较。

1）端铣的加工质量比周铣高。端铣与周铣相比，同时工作的刀齿数多，铣削过程平稳；端铣的切削厚度虽小，但不像周铣时切削厚度最小时为零，改善了刀具后刀面与工件的摩擦状况，提高了刀具耐用度。端铣刀的修光刃还可修光已加工表面，使表面粗糙度 Ra 值减小。

2）端铣的生产率比周铣高。端铣的面铣刀直接安装在铣床主轴端部，刀具系统刚性好，同时刀齿可镶硬质合金刀片，易于采用大的切削用量进行强力切削和高速切削，使生产率得到提高，而且工件已加工表面质量也得到提高。

　　3）端铣的适应性比周铣差。端铣一般只用于铣平面，而周铣可采用多种形式的铣刀加工平面、沟槽和成形面等，因此周铣的适应性强，生产中仍常用。

3.2.3　铣刀

　　铣刀属于多刃刀具，它由刀齿和刀体两部分组成。铣刀的种类较多，按铣刀的结构可以分为整体式和镶齿式两种，如图 3.24 所示。

　　整体式铣刀一般由高速钢制成，刀齿和刀体是一个整体；镶齿式铣刀的刀体一般由普通钢材制成，刀体上开槽，镶有刀齿，刀齿一般用高速钢或硬质合金制成。

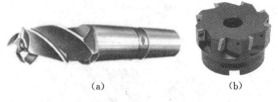

　　(a)　　　　　　　　(b)

图 3.24　铣刀结构
(a) 整体式；(b) 镶齿式

　　铣刀按被加工表面特征可分为平面加工铣刀、沟槽加工铣刀、成型面加工铣刀等三大类。按形状不同，铣刀可分为圆柱铣刀、面铣刀、盘形铣刀、锯片铣刀、立铣刀、键槽铣刀、模具铣刀、角度铣刀、成型铣刀等。按用途不同，铣刀可分为端铣刀、槽铣刀、成形铣刀、键槽铣刀、立铣刀、锯片铣刀、模具铣刀等。如图 3.19 所示。

3.2.4　典型零件的铣削工艺

　　1. 铣削加工应用及特点

　　铣削加工可以对工件进行粗加工和半精加工，粗铣加工精度达到 IT13～IT11，表面粗糙度 Ra 可达到 $12.5\mu m$，精铣加工精度可达 IT9～IT7，表面粗糙度 Ra 值可达 3.2～$1.6\mu m$。铣削是常用的平面加工方法之一，铣刀的一个刀齿相当于一把车刀，因此，铣削与车削加工特点基本相同。铣削特点主要表现在以下几个方面：

　　（1）生产率高。铣削的主运动为回转运动，速度高，由于多个刀齿参与切削，可用较大进给速度，生产率高。

　　（2）断续切削。铣削时，每个刀齿依次切入和切出工件，形成断续切削，切入和切出时会产生冲击和振动，影响已加工表面的粗糙度。此外，高速铣削时刀齿还经受周期性的温度变化即热冲击的作用，降低刀具的耐用度。

　　（3）排屑散热好。由于铣刀是多刃刀具，刀盘上相邻两刀齿之间有足够的空间容屑、排屑，既有利于保护刀具，又有利于散热。

　　（4）工艺多样性。不同类型铣床、附件及刀具的组合，使得铣削工艺范围更广泛，而且同一工件加工可用不同工艺方案实现。

　　2. 铣削的装夹方式

　　在铣床上加工工件时，一般采用以下几种装夹方法：

　　（1）直接装夹在铣床工作台上，如图 3.25（a）所示。大型工件常直接装夹在工作台上，用螺柱、压板压紧，这种方法需用百分表、划针等工具找正加工面和铣刀的相对位置。

（2）用机床用平口虎钳装夹工件，如图 3.25（b）所示。对于形状简单的中、小型工件，一般可装夹在机床用平口虎钳中，使用时需保证虎钳在机床中的正确位置。

（3）用分度头装夹工件，如图 3.25（c）所示。对于需要分度的工件，一般可直接装夹在分度头上。另外，不需分度的工件用分度头装夹加工也很方便。

（4）用 V 形架装夹工件，如图 3.25（d）所示。这种方法一般适用于轴类零件，除了具有较好的对中性以外，还可承受较大的切削力。

（5）用专用夹具装夹工件。专用夹具定位准确、夹紧方便，效率高，一般适用于成批、大量生产中。

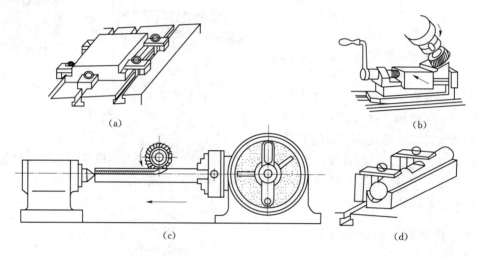

图 3.25　铣削装夹方式

（a）铣床工作台；（b）平口虎钳；（c）分度头；（d）V 形架

3. 典型零件铣削工艺实例

如图 3.26 所示的 V 形铁零件，毛坯是长 100mm、宽 70mm、高 60mm 的长方形 45 钢锻件，单件生产。

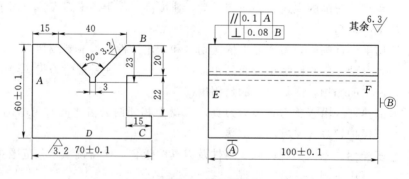

图 3.26　V 形铁零件图

工艺分析：根据零件具有 V 形槽和单件生产等特点，这种零件适宜在卧式铣床上铣削加工，采用平口钳进行安装。铣削按两大步骤进行，先把六面体铣出，后铣沟槽。具体铣削步骤见表 3.3。

表 3.3 　　　　　　　　　　　　　　V 形铁的铣削步骤

序号	加 工 内 容	加工简图	刀 具
1	以 A 面为定位粗基准，铣削平面 B 至尺寸 62mm		螺旋圆柱铣刀
2	以已加工的 B 面为定位精基准，紧贴钳口，铣削平面 C 至尺寸 72mm		螺旋圆柱铣刀
3	以 B 面和 C 面为基准，B 面紧贴钳口，C 面置于平行垫铁上，铣削平面 A 至尺寸（70±0.1）mm		螺旋圆柱铣刀
4	以 B 面和 C 面为基准，C 面紧贴钳口，B 面置于平行垫铁上，铣削平面 D 至尺寸（60±0.1）mm		螺旋圆柱铣刀
5	以 B 面为定位基准，B 面紧贴钳口，同时使 C 面或 A 面垂直于工作台平面，铣削平面 E 至尺寸 102mm		螺旋圆柱铣刀
6	以 B 面和 E 面为基准，B 面紧贴钳口，E 面置于平行垫铁上，铣削平面 F 至尺寸（100±0.1）mm		螺旋圆柱铣刀
7	以 B 面和 C 面为基准，铣削 C 面上的直通槽，宽 22mm，深 15mm		三面刃铣刀
8	以 A 面和 D 面为基准，铣削 B 面上的空刀槽，宽 3mm，深 23mm		锯片铣刀
9	仍以 A 面和 D 面为基准，铣削 B 面上的 V 形槽，保证开口处尺寸为 40mm		角度铣刀

3.3　磨 工 基 本 知 识

【任务】 典型零件的磨削

（1）目的：了解磨床的类型和基本结构；学会工件和砂轮的安装以及磨床的基本操作；了解砂轮的常见类型和选用；了解磨削过程以及外圆、内孔和平面的磨削方法。

（2）器材：万能外圆磨床、平面磨床和各种砂轮；游标卡尺、千分尺、百分表、扳手等工具；工件若干；零件图。

（3）任务设计：①现场讲解磨床的结构组成及其作用，示范磨床的基本操作和工件、砂轮的安装，演示各种表面的磨削使学生了解磨削过程；②学生动手操作，掌握磨床的基本操作。

（4）报告要求：说明磨床的种类及应用范围、砂轮的特性要素、磨削加工工件的装夹方法，测量工件的加工尺寸和精度，分析影响磨削加工精度的因素。

3.3.1　磨床的总体构造和应用

1. 磨床的种类及构造

磨削加工主要在磨床上进行，磨床的种类很多，根据用途和采用的工艺方法不同，大致可分为外圆磨床、内圆磨床、平面磨床、工具磨床、刀具刃磨床及各种专门化磨床等；还有以柔性砂带为磨削工具的砂带磨床，以油石和研磨剂等为磨削工具的精磨机床。

（1）外圆磨床。

1）万能外圆磨床。如图 3.27 所示为 M1432A 型万能外圆磨床，该机床是普通精度级磨床，主要由床身、头架、工作台、内圆磨具、砂轮架、尾架和脚踏操纵板七个部分组成。

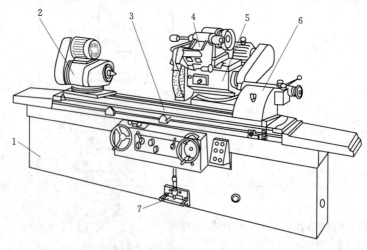

图 3.27　M1432A 型万能外圆磨床

1—床身；2—头架；3—工作台；4—内圆磨具；5—砂轮架；6—尾架；7—脚踏操纵板

万能外圆磨床可以用来磨削外圆柱面、圆锥面、端面以及内孔。磨削外圆柱面、外圆锥面的基本磨削方法有纵磨法和横磨法两种。图 3.28 为万能外圆磨床的典型加工方法示意图。

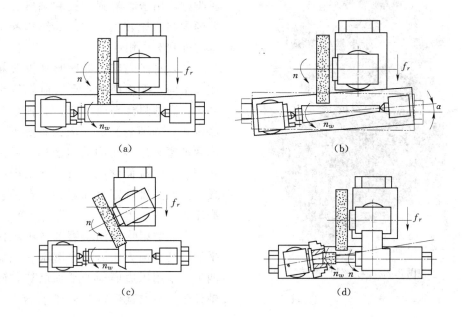

图 3.28　万能外圆磨床的典型加工方法

(a) 纵磨法磨外圆柱面；(b) 偏转工作台以纵磨法磨长圆锥面；(c) 转砂轮架，以横磨法磨短圆锥面；(d) 转动头架，用内圆磨装置以纵磨法磨圆锥孔

纵磨法主要用于磨削轴向尺寸大于砂轮宽度的工件。纵磨时除了砂轮的主运动和工件的旋转进给运动外，工件还要随工作台一起做纵向进给运动，每一纵向行程或往复行程终了时，砂轮周期性地做一次横向进给运动，如此反复直至加工余量被全部磨光为止，最后在无横向进给运动的情况下再光磨几次，以提高工件的磨削精度和表面质量。

横磨法主要用于磨削轴向尺寸小于砂轮宽度的工件，与纵磨相比，工件只做旋转进给运动而无纵向进给运动，砂轮则以很慢的速度间断或连续地做横向进给运动，直至达到所要求的磨削尺寸为止。横磨生产率高，但磨削热集中、磨削温度高，势必影响工件的加工精度和表面质量，必须给予充分的切削液来降低磨削温度。

2) 无心外圆磨床。图 3.29 为无心外圆磨床的外形，磨削时工件不是支承在顶尖上或夹持在卡盘上，而是放在砂轮和导轮之间，以被磨削外圆表面作为定位基准，将工件支承在托板和导轮上。砂轮高速旋转为主运动，导轮以较慢速度同向旋转，在磨削力以及导轮和工件间的摩擦力作用下，实现圆周进给运动。工件中心高于导轮与砂轮中心连线，且支承托板有一定的斜度，以使工件经过多次转动后被磨圆。

无心外圆磨床适用于磨削细长轴、无中心孔短轴、销类和套类工件；如果装上自动上下料机构，容易实现单机自动化。但机床调整费时，只适用于大批量生产。无心外圆磨床不能磨削不连续的外圆表面，如带有键槽、小平面等的表面，也不保证加工面与其他表面

砂轮
托板架
导轮

图 3.29　无心外圆磨床

间的相互位置精度（如同轴度等）。

（2）内圆磨床。内圆磨床有普通内圆磨床、无心内圆磨床和行星内圆磨床等多种类型，用于磨削圆柱孔和圆锥孔，其中普通内圆磨床较为常用。其结构和工作原理与外圆磨床相近。

（3）平面磨床。根据磨削方法和机床布局不同，平面磨床主要有卧轴矩台平面磨床、卧轴圆台平面磨床、立轴矩台平面磨床和立轴圆台平面磨床四种类型。其中前两种磨床用砂轮的周边磨削，后两种磨床用砂轮的端面磨削。目前，生产中应用最广泛的是卧轴矩台和立轴圆台两种平面磨床。

平面磨床主要用于磨削各种工件上的平面，其磨削方法有周边磨削和端面磨削两种。采用周边磨削的平面磨床，砂轮主轴处于水平位置，如图 3.30 所示。

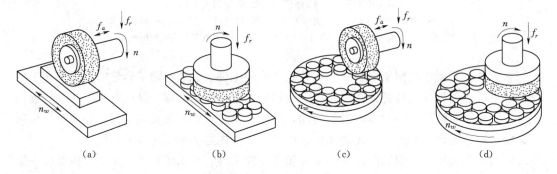

（a）　　　　　　　（b）　　　　　　　（c）　　　　　　　（d）

图 3.30　平面磨床典型磨削方法

（a）卧轴矩台平面磨削；（b）立轴矩台平面磨削；（c）卧轴圆台平面磨削；（d）立轴圆台平面磨削

2. 磨削的应用

磨削加工的应用范围很广，可以加工各种外圆面、内孔、平面和成形面（如齿轮、螺纹等），如图 3.31 所示。此外还用于各种切削刀具的刃磨。

3.3.2　磨削过程及特点

1. 磨削过程

磨削是用砂轮或其他磨具作为切削刀具对工件进行切削加工的方法，磨削加工时砂轮表面上的每个磨粒，可以近似地看成一个微小刀齿，突出的磨粒尖棱，可以认为是微小的切削刃。因此，砂轮可以看做是具有极多微小刀齿的铣刀，这些刀齿随机地排

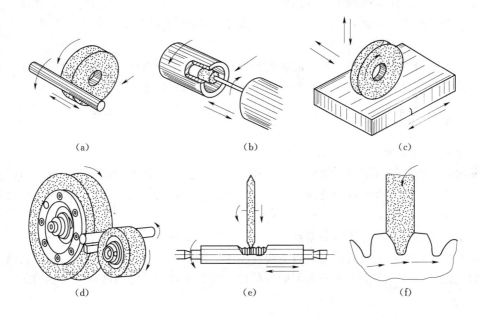

图 3.31 磨削加工的应用

(a) 磨外圆；(b) 磨内孔；(c) 磨平面；(d) 无心磨磨外圆；(e) 磨螺纹；(f) 磨齿轮

列在砂轮表面上，它们的几何形状和切削角度有着很大差异，各自的工作情况相差甚远。

当砂轮相对工件运动时，砂轮表面上凸起的磨粒首先与工件表面接触并切入材料，迫使工件表面材料产生滑移，最后分离出一小块磨屑。砂轮连续旋转，砂轮圆周上众多的磨粒不断地与工件表面接触、切削，同时工件也做旋转运动和轴向运动将未加工表面送进切削区，从而产生连续的切削。切削的深度和工件尺寸可以通过砂轮相对工件的径向运动来控制。

2. 磨削的特点

磨削是零件精加工的主要方法之一。其特点如下：

(1) 能加工高硬度材料。由于砂轮磨粒本身具有很高的硬度和耐热性，因此磨削能加工硬度很高的材料，如淬硬的钢、硬质合金等。

(2) 能经济地获得高加工精度。砂轮和磨床的特性决定了磨削工艺系统能做均匀的微量切削，一般 $a_p = 0.001 \sim 0.005$ mm；磨削速度很高，一般可达 $v = 30 \sim 50$ m/s；磨床刚度好；采用液压传动，因此，磨削能经济地获得高的加工精度（IT6～IT5）和小的表面粗糙度（$Ra \approx 0.8 \sim 0.2 \mu$m）。

(3) 磨削区温度很高。这会造成工件产生应力和变形，甚至造成工件表面烧伤；因此，磨削时必须注入大量冷却液，以降低磨削温度；冷却液还可起排屑和润滑作用。

(4) 加工径向力很大。这会造成机床、砂轮、工件系统的弹性退让，使实际切深小于名义切深。因此，磨削将要完成时，应进行无进给的光磨，以消除误差。

(5) 磨粒具有自锐性。磨粒磨钝后，磨削力也随之增大，致使磨粒破碎或脱落，重新露出锋利的刃口，此特性称为"自锐性"。自锐性使磨削在一定时间内能正常进行，但超过一定工作时间后，应进行人工修整，以免磨削力增大引起振动、噪声及损伤工件表面质量。

（6）不宜加工有色金属。对一般有色金属零件，由于材料塑性较好，材质较软，砂轮会很快被有色金属碎屑堵塞，使磨削无法进行，并划伤有色金属已加工表面。

3.3.3 砂轮

1. 砂轮特性要素

砂轮是用磨粒进行切削的磨削工具。砂轮是由基体、结合剂、磨粒所组成，通常是用各种类型的结合剂把磨粒粘合起来，经压坯、干燥、焙烧及修整而成的。砂轮上面具有很多气孔，用于容纳磨屑。

决定砂轮特性的五个要素是磨料、粒度、结合剂、硬度和组织。

（1）磨料。普通砂轮所用的磨料主要有刚玉、碳化硅和超硬磨料三类，按照其纯度和添加的元素不同，每一类又可分为不同的品种。表3.4列出了常用磨料的力学性能及适用范围。

表3.4　　　　　　　　　　常用磨料的力学性能及适用范围

磨料名称		代号	主要成分	颜色	力学性能	热稳定性	适用磨削范围
刚玉类	棕刚玉	A	Al_2O_3 95% TiO_2 2%～3%	褐色	韧性好、硬度大	2100℃熔融	碳钢、合金钢、铸铁钢
	白刚玉	WA	$Al_2O_3>99\%$	白色			淬火钢、高速钢
碳化硅类	黑碳化硅	C	$SiC>95\%$	黑色		>1500℃氧化	铸铁、黄铜、非金属材料
	绿碳化硅	GC	$SiC>99\%$	绿色			硬质合金
超硬磨料类	氮化硼	CBN	立方氮化硼	黑色	高硬度、高强度	<1300℃稳定	硬质合金、高速钢
	人造金刚石	D	碳结晶体	乳白色		>700℃石墨化	硬质合金、宝石

（2）粒度。粒度是指砂轮中磨粒尺寸的大小。粒度有两种表示方法：

1）筛选法。用筛选法区分的较大磨粒，主要用来制造砂轮，粒度号以筛网上每英寸长度的筛孔来表示。如60号粒度表示磨粒能通过每英寸（25.4mm）长度上有60个孔眼的筛网。粒度号的范围为4～240，粒度号越大，颗粒尺寸越小。

2）显微镜法。用显微镜测量尺寸区分的磨粒称为微粉，主要用于研磨或制造微细砂轮，以其最大尺寸前加W表示。微粉的粒度以该颗粒最大尺寸的微米数表示。如尺寸为20μm的微粉，其粒度号为W20。粒度号越小，微粉的颗粒越细。

粗磨使用颗粒较粗的磨粒，精磨使用颗粒较细的磨粒。当工件材料软、塑性大或磨削接触面积大时，为避免砂轮堵塞或发热过多而引起工件表面烧伤，也常采用较粗的磨粒。常用磨粒粒度、尺寸及应用范围见表3.5。

（3）结合剂。结合剂的作用是将磨粒黏合在一起，使砂轮具有一定的强度、气孔、硬度和抗腐蚀、抗潮湿等性能。常用结合剂的性能及适用范围见表3.6。

表 3.5 常用磨粒粒度、尺寸及应用范围

类 别	粒 度	颗粒尺寸/μm	应用范围
磨粒	12 号～36 号	2000～1600 500～400	荒磨、打毛刺
	46 号～80 号	400～315 200～160	粗磨、半精磨、精磨
	100 号～280 号	160～125 50～40	精磨、珩磨
微粉	W40～W28	40～28 28～20	珩磨、研磨
	W20～W14	20～14 14～10	研磨、超精磨削
	W10～W5	10～7 5～3.5	研磨、超精加工、镜面磨削

表 3.6 常用结合剂的性能及适用范围

结合剂	代号	性 能	适 用 范 围
陶瓷	V	耐热、耐蚀，气孔率大，易保持廓形，弹性差	各类磨削加工，最常用
树脂	B	强度较陶瓷高，弹性好，耐热性差	高速磨削、切断、开槽等
橡胶	R	强度较树脂高，更富有弹性，气孔率小，耐热性差	切断、开槽
青铜	J	强度最高，导电性好，磨耗少，自锐性差	金刚石砂轮

（4）硬度。砂轮硬度反映磨粒与结合剂的黏结强度。砂轮硬，磨粒不易脱落；砂轮软，磨粒容易脱落。砂轮的硬度等级和代号见表 3.7。

表 3.7 砂轮的硬度等级和代号

大级名称	超软	软			中软		中		中硬			硬		超硬
小级名称	超软	软 1	软 2	软 3	中软 1	中软 2	中 1	中 2	中硬 1	中硬 2	中硬 3	硬 1	硬 2	超硬
代号	D E F	G	H	J	K	L	M	N	P	Q	R	S	T	Y

砂轮的硬度选择原则：一般来说，磨削较硬的材料，应选用较软的砂轮；磨削较软的材料，应选用较硬的砂轮。磨削有色金属时，应选用较软的砂轮，以免切屑堵塞砂轮；在精磨和成型磨削时，应选用较硬的砂轮。

（5）组织。砂轮的组织反映了磨粒、结合剂、气孔三者之间的比例关系。磨粒在砂轮总体积中所占比例越大，则砂轮组织越紧密，气孔越小；反之，磨粒所占比例越小，则组织越松，气孔越大。

砂轮的组织用组织号来表示，表 3.8 为砂轮组织号。砂轮组织号大，则组织疏松，砂轮不易被磨屑堵塞，切削液和空气能被带入磨削区域，降低磨削区域的温度，减少工件因

发热引起的变形或烧伤，故适用于磨削韧性大而硬度不高的工件和磨削热敏性材料及薄板薄壁工件；相反，砂轮组织号小，则组织紧密，砂轮易被磨屑堵塞，磨削效率低，但可承受较大的磨削力，且砂轮轮廓形状持久不变形，故适用于成型磨削和精密磨削；中等组织号的砂轮适用于一般磨削，如磨削淬火钢工件及刃磨刀具等。

表 3.8　　　　　　　　　　　　　　　砂 轮 组 织 号

组织号	0	1	2	3	4	5	6	7	8	9	10	11	12	13	14
磨粒率/%	62	60	58	56	54	52	50	48	46	44	42	40	38	36	34
疏密程度	紧密				中等				疏松					大气孔	
适用范围	重负荷、成型、精密磨削，加工脆硬材料				外圆、内圆、无心磨及工具磨，淬硬工件及刀具刃磨等				粗磨及磨削韧性大、硬度低的工件，适合磨削薄壁、细长工件，或砂轮与工件接触面大以及平面磨削等					有色金属及塑料橡胶等非金属以及热敏合金	

2. 砂轮的形状、代号及用途

为了适应在不同类型的磨床上磨削各种形状工件的需要，砂轮有许多形状和尺寸。砂轮的标记印在砂轮的端面上，其顺序是：形状代号、尺寸、磨料、粒度号、硬度、组织号、结合剂、线速度。如外径 300 mm、厚度 50mm、孔径 75mm、棕刚玉、粒度号 60、硬度 L、5 号组织、陶瓷结合剂、最高工作线速度 35m/s 的平形砂轮，其标记为：砂轮 1－300×50×75－A60L5V－35 m/s GB 2484－1994。

3.3.4　典型零件的磨削工艺

磨削加工精度高、表面质量好，粗磨时，尺寸精度达 IT8～IT7，表面粗糙度 Ra 值不大于 1.6～0.8μm；精磨时（属于精密加工级），尺寸精度达 IT6～IT5，表面粗糙度 Ra 值不大于 0.4～0.2μm。因此，磨削主要应用于金属材料（铜、铝等有色金属除外）或非金属材料的精加工以及精密加工，尤其是一些重要零件的重要表面的高质量加工。

1. 磨削加工的装夹方法

（1）外圆磨削的装夹方式。外圆磨削是对工件圆柱、圆锥、台阶轴外表面和旋转体外曲面进行的磨削。磨削一般作为外圆车削后的精加工工序，尤其是能消除淬火等热处理后的氧化层和微小变形。外圆磨削常在外圆磨床和无心外圆磨床上进行。在外圆磨床上装夹时，轴类工件常用顶尖装夹，其方法与车削时基本相同；在无心外圆磨床上进行无心磨，装夹时将工件放在两个砂轮之间，下方用托板托住，不用顶尖支承。

（2）内圆磨削的装夹方式。孔的磨削可以在内圆磨床上进行，也可以在万能外圆磨床上进行。目前，应用在内圆磨床的夹具多为卡盘式的，可以用来实现圆柱孔、圆锥孔和成形内圆面等加工时的装夹。纵磨圆柱孔时，工件安装在卡盘上，在其旋转的同时，沿轴向做往复直线运动（即纵向进给运动）。

（3）平面磨削的装夹方式。平面磨削可作为车、铣、刨削平面之后的精加工，也可代替铣削和刨削。其装夹方式和铣削平面的装夹方式相同，可以直接用压板组件装夹在工作台上面，也可以采用平口钳或者磁力吸盘装夹工件。平面磨床利用电磁吸盘装夹工件时，有利于保证工件的平行度。此外电磁吸盘装卸工件方便迅速，可同时装夹多个工件，生产率高。但电磁吸盘只能适用于安装钢、铸铁等铁磁性材料制成的零件。

2. 磨削加工参数

如图 3.32 所示，磨削加工一般有四个运动，即主运动 v_c、径向进给运动 f_r、轴向进给运动 f_a、工件的旋转运动或直线运动 v_w。这四个运动参数对磨削效率和质量有重要的影响，参数值可以参照下列原则。

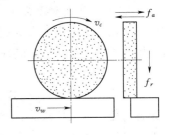

图 3.32　磨削加工参数

砂轮的旋转运动 v_c 称为主运动，普通磨削速度 v_c 为 30～35m/s，当 v_c ＞45m/s 时称为高速磨削。

径向方向的运动 f_r（即磨削时的切深运动）称为径向进给运动。一般情况下，径向进给 f_r＝0.005～0.02mm/双行程。

轴向方向的运动 f_a 称为轴向进给运动。一般取 f_a＝(0.3～0.6) B(mm/r)，B 为砂轮的宽度。粗加工时 f_a 取大值，精加工时 f_a 取小值。

工件运动 v_w，内外圆磨削时为工件的旋转运动，平面磨削时为工件台的直线往复运动。

3.4　钳　工　基　本　知　识

【任务】　典型凹凸体工件的手工配制

（1）目的：了解划线、锯割、锉削、钻孔等钳工作业的基本操作方法；熟悉钻床结构，了解手锯构造及各种锉刀的使用。

（2）器材：划针及划线盘、手锯、各种锉刀、錾子、钻床及钻头、板牙和丝锥、手锤、工作台。

（3）任务设计：现场讲解划针和划线盘的使用，划线操作；示范錾子和手锤的使用及手锯的安装以及工件的锯割、钻孔和攻丝。

（4）报告要求：说明钳工的作用，加工过程中选择锉刀、手锤、錾子等工具的原则及使用注意事项，攻螺纹时确定螺纹底孔的方法，测量工件尺寸，分析影响加工精度的因素。

钳工是以手工操作为主的加工方式，主要是利用虎钳、各种手用工具和一些机械工具完成某些零件的加工，部件、机器的装配和调试以及各类机械设备的维护、修理等工作。

钳工是一种工艺要求高的比较复杂、细致的工作。其基本操作有划线、錾削、锯削、锉削、钻孔、扩孔、铰孔、锪孔、攻螺纹、套螺纹、刮削、研磨、装配和拆卸等。钳工特点：所用的工具简单、加工多样灵活、操作方便、适应面广等。目前，虽然有各种先进的加工方法，但很多工作仍然需要由钳工来完成，如高精度零件的精密加工、机器的装配、调试、检测和维修等。因此，在现代的机械制造业中，钳工仍是不可缺少的重要工种之一。

3.4.1 钳工的特点和常用设备

1. 钳工的分类及特点

（1）钳工的分类。根据加工的范围，把进行切削加工的定为普通钳工；把制作生产模具的定为模具钳工；把组装成产品的定为装配钳工；把对机械设备进行维护修理定为机修钳工。

（2）钳工的特点。①实践性强，劳动强度大，主要靠手工操作的方式完成切削加工；②设备简便，钳工比较常用的设备有工作台（钳台）、平板（平台）、钻床、砂轮机等；③操作灵活，钳工工作不完全受场地限制，可根据情况，只要身边有工具，基本上就可以完成大部分操作，对机床等设备的依赖性不强，尤其是修理性的工作，操作的灵活性更明显。

2. 钳工常用设备

（1）钳工工作台。如图3.33所示，有单人用和多人用两种。工作台要求平稳、结实，台面高度一般以装上虎钳后钳口高度恰好与人的手肘平齐为宜。

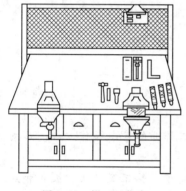

图3.33　钳工工作台

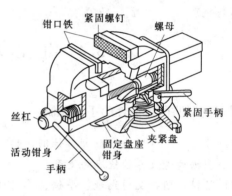

图3.34　虎钳

（2）虎钳。如图3.34所示，用来夹持工件，其规格以钳口的宽度来表示，常用的有100mm、125mm、150mm三种。

（3）台钻。台钻是一种小型机床，主要用于钻孔。一般为手动进给，其转速由带轮调节获得。一般台钻的钻孔直径小于13mm。

3.4.2 钳工常用工具及安全使用

1. 划线

划线是按图样的尺寸要求在毛坯或半成品上划出待加工部位的轮廓线或基准的点、线，作为切削加工的依据和标志。通过划线可检查毛坯的形状和尺寸是否符合图样要求，对合格的毛坯划出加工界线，标明加工余量。

（1）划线工具。划线工具如图3.35所示。其中，划线平板是划线的主要基准工具，是经过精刨及刮研的铸铁平板。安放时要平稳牢固，上表面是划线的基准平面，要求平直、光滑；各处应均匀使用，免局部磨损；不准碰撞和敲击。要经常保持清洁，长期不用时，应涂油防锈，并加盖保护罩。

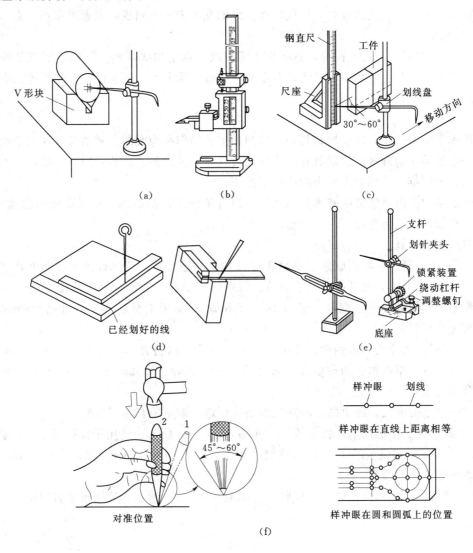

图 3.35 划线工具

（a）划针与 V 形块；（b）高度游标尺；（c）钢直尺；（d）直角尺；（e）划线盘；（f）样冲及其使用

（2）划线基准和设计基准。

1）划线基准。用划线盘划各水平线时，应选定某一基准作为依据，并以此来调节划线的高度，这个基准称为划线基准。

选择划线基准的原则：一般选择重要孔的轴线为划线基准或以加工过的表面为划线基准。常见的划线基准有三种类型：①以两个相互垂直的平面或直线为基准；②以一个平面与一对称平面或线为基准；③以两互相垂直的中心平面或线为基准。

2）设计基准。在零件图上用来确定其他点、线、面位置的基准称为设计基准。划线时，划线基准与设计基准应一致。

（3）划线方法与步骤。

1）划线方法分为平面划线和立体划线两种。平面划线是在工件的一个平面上划线；立体划线则是平面划线的复合，即同时在工件的几个表面上划线，或者说在长、宽、高三个方向划线。

2）划线步骤。①分析图样，查明要划哪些线，选定划线基准；②确定划线基准和加工时在机床上安装找正用的辅助线；③划其他直线；④划圆、连接圆弧、斜线等；⑤检查核对尺寸；⑥打样冲眼。

2. 錾削

用锤子锤击錾子，对金属材料进行切削加工的操作称为錾削。錾削可以加工平面、沟槽、切断及铸件清理等。錾削具有较大的灵活性，不受设备、场地的限制，特别适用于机床无法加工或难以达到加工要求的情况下使用。

錾削是钳工需要掌握的基本技能之一。通过錾削工作的锻炼，可提高敲击的准确性，为装拆机械设备奠定基础。

（1）錾削工具。

1）錾子。錾子一般用碳素工具钢 T8、T10 等锻造而成，刃部经淬火或回火处理，硬度达到 52～57HRC，并具有一定的韧性。常用的錾子有平錾、窄錾、油槽錾等。平錾用于錾削平面和切断金属，宽度一般为 10～15mm；窄錾用于錾削沟槽，刃宽约 5mm；油槽錾刃短且呈圆弧状。

2）手锤。由锤头和木柄两部分组成。锤头用碳素钢制成，两端经淬火硬化、磨光等处理。锤子的规格以锤头的质量大小来表示，有 0.25kg、0.5kg、0.75kg、1kg 等几种规格，常用的是 0.5kg，全长约 300mm。

（2）錾子的握法。握錾的方法随工作条件而定，常用的有如下几种：

1）正握法。手心向下，握住錾身，如图 3.36（a）所示，适用于在平面上进行錾削。

2）反握法。手心向上，手指自然握住錾把，手心悬空，如图 3.36（b）所示，适用于小的平面或侧面錾削。

3）立握法。虎口自然朝上握住錾把，如图 3.36（c）所示，适用于垂直錾削。

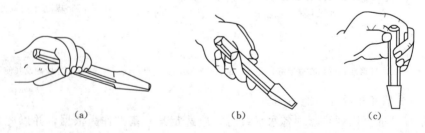

图 3.36　錾子的握法
（a）正握法；（b）反握法；（c）立握法

（3）手锤的握法。手锤的握法有紧握法、松握法两种。

1）紧握法。右手五指紧握锤柄，大拇指扣在食指上，虎口对准锤头方向，木柄尾端露出 15～30mm，如图 3.37（a）所示，在锤击过程中五指始终紧握。

2）松握法。在锤击的过程中，拇指与食指仍卡住锤把，其余三个手指稍有松动，压着锤把，锤击时三指随挥锤逐渐收拢，如图 3.37（b）所示。这种握法的优点是轻便自如、锤击有力、减轻疲劳，故经常使用。

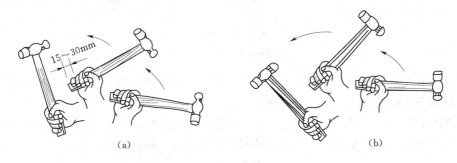

（a）　　　　　　　　　　　　　（b）

图 3.37　手锤的握法

（a）紧握法；（b）松握法

（4）挥锤的方法。挥锤的方法有腕挥、肘挥、臂挥三种。

1）腕挥。用腕部的动作，挥锤敲击。锤击力小，适用于錾削的开始或收尾，或錾削油槽、打样冲眼等用力不大的地方。

2）肘挥。靠手腕和肘的活动，即小臂的挥动。挥锤时，手腕和肘向后挥动，上臂不太动，然后迅速向錾子的顶部击去。肘挥的锤击力较大，应用最广。

3）臂挥。是腕、肘和臂的联合动作，挥锤时手腕和肘向后上方伸，并将臂伸开。挥臂的锤击力大，适用于要求锤击力大的錾削工作。

（5）錾削时的步位和姿势。錾削时，操作者的步位和姿势应便于用力。身体的重心应在右腿，挥锤要自然，眼睛正视錾刃，而不是看錾子的头部。錾削时的步位和正确姿势如图 3.38 所示。

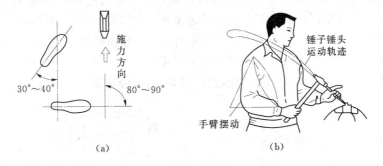

（a）　　　　　　　　　　　（b）

图 3.38　錾削的步位和姿势

（a）步位；（b）姿势

3. 锯割

锯割（锯削）是用手锯对工件或材料进行分割的一种切削加工。锯割的工作范围包括：分割各种材料或半成品、锯掉工件上多余的部分、在工件上锯槽等。

（1）手锯。手锯是锯削常用的工具，由锯弓和锯条两部分组成，如图 3.39 所示。

锯弓是用来夹持和拉紧锯条的工具，分为固定式和可调式两种。锯条用碳素工具钢或

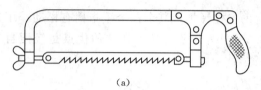
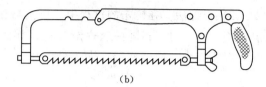

（a）　　　　　　　　　　　　　（b）

图 3.39　手锯

（a）固定式；（b）可调式

合金工具钢制成，并经热处理淬硬。锯条的规格以锯条安装孔间的距离来表示。常用的手工锯条长为 300mm，宽为 12mm，厚为 0.8mm。

锯条制造时，锯齿按一定形状左右错开，排列成波浪形和交叉形状，如图 3.40 所示，以减少锯条与锯缝的摩擦阻力，使排屑顺利，锯削省力，提高工作效率。

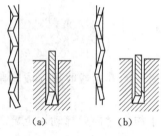

（a）　　　　（b）

图 3.40　锯齿的排列

（2）锯割操作。

1）工件的夹持。工件应尽量夹持在虎钳的左面，以方便操作；锯割线应与虎钳钳口垂直，以防锯斜；锯割线离钳口不应太远，以免锯割时产生颤抖；工件夹持应稳当、牢固，以防锯割时工件移动而使锯条折断。同时也要防止夹坏已加工表面导致工件变形。

2）锯条的安装。手锯是向前推进时进行切削的，因此，安装锯条时要保证齿尖的方向朝前。锯条的松紧要适当，太紧会失去应有的弹性，锯条容易崩断；太松会使锯条扭曲，锯缝容易歪斜，锯条也容易折断。

3）起锯。起锯是锯割工作的开始，起锯的好坏直接影响锯割的质量。起锯的方式有远边起锯和近边起锯两种。一般常用远边起锯，如图 3.41（a）所示。因为远边起锯时，锯齿是逐步切入材料的，不易被卡住，起锯比较方便。近边起锯，如图 3.41（b）所示，由于锯齿突然锯入且较深，容易被工件的棱边卡住。起锯时，用左手的拇指垂直靠住锯条来定位。起锯角一般以 10°～15°为宜，若起锯角过大，锯齿易被棱边卡住，甚至使锯齿崩断；起锯角太小，则不易切入材料，锯条还可能打滑，把工件表面锯坏，如图 3.41（c）所示。起锯时，要注意所加压力小，往返行程短，速度慢，这样才可以平稳起锯。

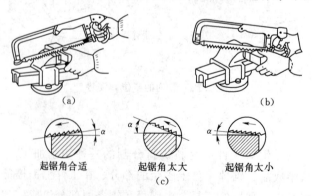

（a）　　　　　　　　　　　　　（b）

起锯角合适　　　　起锯角太大　　　　起锯角太小

（c）

图 3.41　起锯方法

4）锯割的姿势。锯割时的姿势与錾削相似，重心均匀分布在两腿之间，右手握稳锯柄，左手轻扶在锯弓前端，如图 3.42 所示。锯弓应直线往复，不可左右摆动，前推时加力要均匀，返回时锯条从工件上轻轻滑过。锯削时尽量使用锯条全长（至少占长度的1/3）工作，以免锯条中部锯齿迅速磨损。锯速不应过快，以每分钟往复 20～40 次为宜。当工件快要锯断时，用力要轻，以免折断锯条或碰伤手臂。

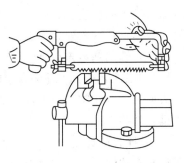

图 3.42 手锯的握法

4. 锉削

锉削是用锉刀对工件表面进行加工，使它达到图纸所要求的形状、尺寸和表面粗糙度的一种钳工操作的最基本方法。

锉削加工简便，应用范围广，一般用于錾削、锯削加工之后。锉削可对工件上的平面、曲面、内孔、沟槽以及其他复杂的表面进行加工，还可以用于成形样板、模具型腔的修整以及机器装配时工件的修配等。锉削加工的精度可达到 IT7～IT8 级，表面粗糙度 Ra 值可达 $0.8\mu m$。

（1）锉刀。

1）锉刀材料。锉刀是锉削的主要工具，常用碳素工具钢 T12、T13 制成，并经热处理淬硬至 62～67HRC。

2）锉刀的组成。锉刀由锉刀面、锉刀舌、锉刀尾、木柄等部分组成，如图 3.43 所示。

3）锉刀的种类。锉刀按用途可分为普通锉、特种锉、整形锉（什锦锉）三类。锉刀的规格一般以截面形状、锉刀长度、锉纹粗细来表示。普通锉刀，按其截面形状可分为平锉、方锉、圆锉、半圆锉和三角锉五种，如图 3.44 所示。

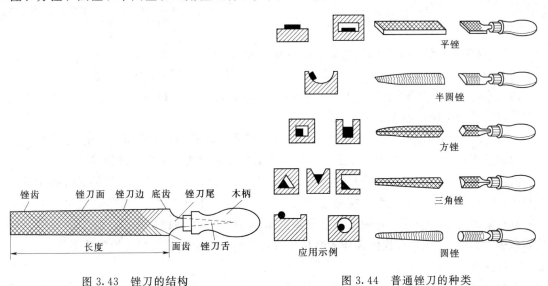

图 3.43 锉刀的结构   图 3.44 普通锉刀的种类

4）锉刀的选用。合理选用锉刀，对保证加工质量，提高工作效率和延长锉刀的使用寿命有很大的影响。一般选择原则：根据工件形状和加工面的大小，选择锉刀的形状和规格；根据材料的软硬、加工余量、精度和粗糙度的要求，选择锉刀齿纹的粗细。

（2）锉削基本知识。

1）工件装夹。工件必须牢固地装夹在台虎钳钳口的中间，并略高于钳口。夹持已加工表面时，应在钳口与工件间加垫铜片或铝片。易于变形和不便于装夹的工件，可用其他辅助材料装夹。

2）锉刀的握法。正确握持锉刀有助于提高锉削质量。根据锉刀的大小和形状不同，采用相应的握法。①大锉刀的握法：右手心抵着锉刀木柄的端头，大拇指放在锉刀木柄的上面，其余四指弯在下面，配合大拇指捏住锉刀木把。左手则根据锉刀大小和用力的轻重，有多种姿势，如图 3.45 所示；②中锉刀的握法：右手握法与大锉刀相同，左手用大拇指和食指捏住锉刀前端，如图 3.46（a）所示；③小锉刀的握法：右手食指伸直，拇指放在锉刀的木柄上面，食指靠在锉刀的刀边，左手几个手指压在锉刀的中部，如图 3.46（b）所示；④更小锉刀的握法：一般只用右手拿着锉刀，食指放在锉刀上面，拇指放在锉刀的左侧面，如图 3.46（c）所示。

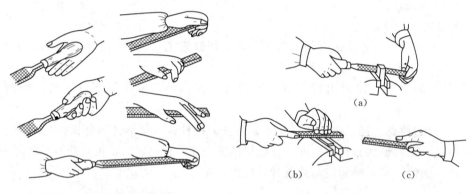

图 3.45　大锉刀的握法　　　　　图 3.46　中小锉刀的握法

3）锉削的姿势。正确的锉削姿势，能减轻疲劳，提高锉削质量和效率。人站立的位置与錾削时基本相同，只是左腿弯曲，右腿伸直，身体向前倾斜，重心落在左腿上。使用不同大小的锉刀，有不同的姿势及施力方法。锉削时站姿及身体的运动要自然并便于用力，以能适应不同的加工要求为准。

4）锉削力的运用。锉削平面时保持锉刀的平直运动是锉削的关键。锉削施力有水平推力和垂直压力两种。推力主要由右手控制，力度必须大于切削阻力才能锉去切屑；压力是由两手控制的，其作用是使锉齿深入金属表面。由于锉刀两端伸出工件的长度随时都在变化，因此，两手压力大小也应随之变化，使两手对工件中心的力矩相等，这是保证锉刀平直运动的关键。锉平面时的施力情况如图 3.47 所示。运动保持水平，锉削的速度一般为每分钟 30～60 次，太快使操作者容易疲劳，且锉齿易磨钝，太慢使切削效率低。

（3）锉削的基本方法。

1）平面的锉削。①交叉锉法如图 3.48（a）所示，粗锉时用，不仅锉得快，而且可以利用锉痕判别加工部分是否已达到尺寸；②顺锉法如图 3.48（b）所示，平面基本锉平

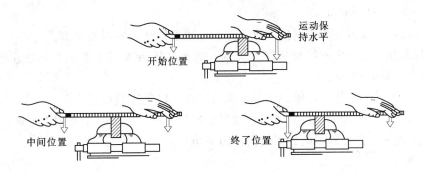

图 3.47 锉削时施力的变化

后使用，以降低工件表面的粗糙度，并获得正、直的锉纹；③推锉法如图 3.48（c）所示，最后用细锉刀或油光锉以修光平面。

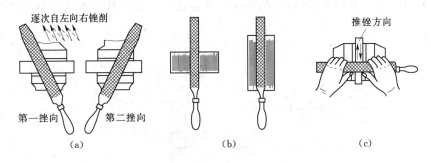

图 3.48 平面的锉削
(a) 交叉锉法；(b) 顺锉法；(c) 推锉法

2）曲面的锉削。锉削外圆弧面有两种方法：一种是滚锉法，另一种是横锉法。滚锉法锉刀除向前运动外，还要沿被加工圆弧面转动，此法用于精加工锉削外圆弧面，如图 3.49（a）所示；横锉法是锉刀横着圆弧面锉削，此法常用于粗锉外圆弧面或不能用滚锉法的情况下，如图 3.49（b）所示。内圆弧面的锉削，锉刀除向前运动外，锉刀本身还要做一定的旋转和左右移动，如图 3.50 所示。

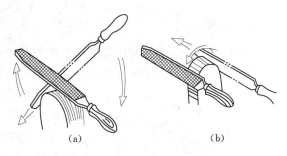

图 3.49 外圆弧面的锉削

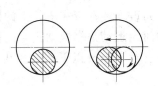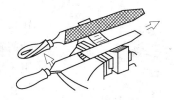

图 3.50 内圆弧面的锉削

（4）锉削注意的事项。

1）一许可。锉刀锉面积屑后，可用钢丝刷顺着锉纹方向刷去锉屑。

2）两不准。①不准使用无柄锉刀锉削，以免被锉舌戳伤手掌；②不准用嘴吹锉屑，以防锉屑飞入眼中。

3）三不要。①锉削时，锉刀柄不要碰撞工件，以免锉刀柄脱落伤人；②放置锉刀时，不要把锉刀露出钳台外面，以防锉刀掉落砸伤操作者；③锉削时不要用手摸锉过的工件表面，因手有油污，会使锉削时锉刀打滑而造成事故。

5. 孔加工

用钻头在实体材料上加工孔的操作称为钻孔，可以加工直径 30mm 以下的孔。对于直径 30～80mm 的孔，一般先钻出较小直径的孔，再用扩孔或镗孔的方法获得所需直径的孔。钻孔加工主要用于孔的粗加工，也可用于装配和维修或者攻螺纹前的准备工作。

（1）钻孔刀具。如图 3.51 所示的麻花钻是钻孔的主要刀具，用高速钢或碳素工具钢制造。

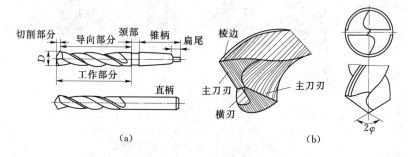

图 3.51　麻花钻的结构
（a）麻花钻的组成；（b）麻花钻的切削部分

麻花钻的工作部分由切削部分和导向部分组成。在钻孔时切削部分起主要切削作用，导向部分起引导并保持钻削方向的作用，同时也起着排屑和修光孔壁的作用。颈部是钻孔时，为了便于磨削钻头棱边和柄部而需设置退刀槽。柄部分为两种：钻头直径在 12mm 以下时，柄部一般做成圆柱形（直柄），钻头直径在 12mm 以上时，一般做成圆锥形（锥柄）。

（2）钻床及附件。钻孔多在钻床上加工，常用的钻床有三种：台式钻床、立式钻床和摇臂钻床。

1）台式钻床简称台钻，如图 3.52 所示，主轴转速可通过改变传动带在塔轮上的位置来调节，主轴的轴向进给运动是靠扳动进给手柄实现的。主要用于加工孔径 13mm 以下，最大孔径不超过 16mm 的孔。

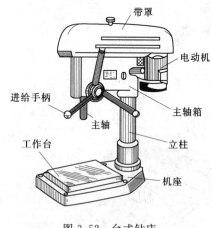

图 3.52　台式钻床

2）立式钻床简称立钻，主要用于加工孔径在 50mm 以下的工件。

3）摇臂钻床的摇臂可以沿立柱做上下移动，可绕着立柱做旋转运动，主要用于大型工件的孔加工，特别适用于多孔件的加工。

　　钻床附件包括过渡套筒、钻夹头和平口钳，钻夹头用于装夹直柄钻头，过渡套筒（又称钻套）由五个莫氏锥度号组成一套，供不同大小锥柄钻头的过渡连接。

　　（3）扩孔钻和铰刀。扩孔是利用刀具扩大工件孔径的加工方法，扩孔用的刀具是扩孔钻，如图3.53所示。铰孔是用铰刀从工件壁上切除微量金属层，以提高尺寸精度和表面质量的精加工方法。铰孔的主要工具是铰刀，分手用和机用两种，如图3.54所示。机用铰刀可以安装在钻床或车床上进行铰孔，手用铰刀用于手工铰孔。

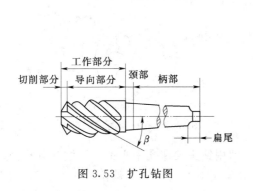

图 3.53　扩孔钻图

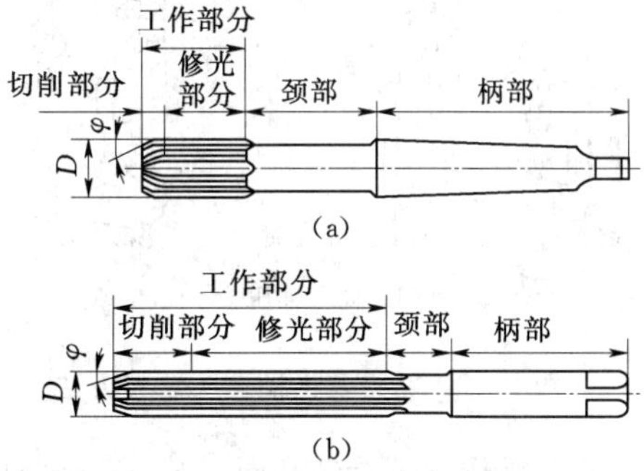

图 3.54　铰刀
(a) 机用铰刀；(b) 手用铰刀

　　（4）钻孔的基本操作。

　　1）钻孔前的准备。

　　a. 工件划线。钻孔前的工件一般要进行划线，如图3.55所示，在工件孔的位置划出孔径圆，并在孔径圆上打样冲眼，以便钻头定心。

　　b. 钻头的选择与刃磨。根据孔径的大小和精度等级选择钻头，对于较低精度的孔，可选用与孔径相同直径的钻头一次钻出；对于精度要求较高的孔，可选用小于孔径的钻头钻孔，留出加工余量进行扩孔；对于高精度的孔，还要进行铰孔。钻孔前应检查钻头的两切削刃是否锋利对称，如果不满足要求应进行刃磨。刃磨钻头时，两条主切削刃要对称，两主切削刃夹角为118°±2°，顶角要被钻头中心线平分。刃磨过程中要经常蘸水冷却，以防过热使钻头硬度下降。

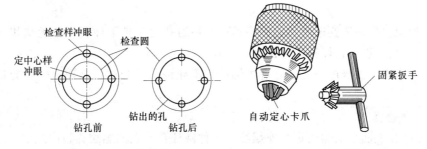

图 3.55　钻孔前划线

图 3.56　钻夹头

　　c. 钻头与工件的装夹。钻头柄部形状不同，装夹方法也不同，如图3.56所示，直柄钻头可以用钻夹头装夹，通过转动固紧扳手，可以夹紧或放松钻头。锥柄钻头可以直接装在机床主轴的锥孔内；钻头锥柄尺寸较小时，可以用钻套过渡连接，如图 3.57 所示。钻头装夹时应先轻轻夹住，开机检查有无偏摆，无摆动时，停机夹紧后开始工作；若有摆动，则应停机纠正后再夹紧。

钻孔时应保证被钻孔的中心线与钻床工作台面垂直，为此应根据工件大小和形状选择合适的工件装夹方法。

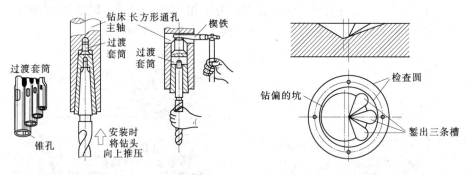

图 3.57　钻夹及锥柄钻头装夹方法　　　　图 3.58　孔钻偏时的纠正方法

2）钻孔操作。开始钻孔时，应进行试钻，即用钻头尖在孔中心钻一浅坑（占孔径 1/4 左右），检查坑的中心是否与检查圆同心，如有偏位应及时纠正。偏位较小时，可以用样冲重新打样冲眼纠正中心位置后再钻；偏位较大时，可以用窄錾将偏位相对方向錾低一些，将偏位的坑矫正过来，如图 3.58 所示。钻通孔时应注意，将要钻通时进给量要小，防止钻头在钻通的瞬间抖动，损坏钻头；钻盲孔时，则要调整好钻床上深度标尺的挡块，或安置控制长度的量具，也可以用粉笔在钻头上划出标记。钻深孔（孔深大于孔径 4 倍）和钻较硬的材料时，要经常退出钻头及时排屑和冷却，否则容易造成切屑堵塞或钻头过度磨损甚至折断。钻较大的孔（孔径 30mm 以上），应先钻小孔，然后再扩孔，这样既有利于延长钻头寿命，也有利于提高钻削质量。尽量避免在斜面上钻孔，若在斜面上钻孔，必须用立铣刀在钻孔位置铣出一个水平面，使钻头中心线与工件在钻孔位置的表面垂直。钻半圆孔则必须另找一块与工件同样材料的垫块，把垫块与工件拼夹在一起钻孔。

（5）钻孔、铰孔注意事项。

1）一不能。铰孔时铰刀不能倒转，以防切屑卡在孔壁和刀刃之间，划伤孔壁或崩裂刀刃。

2）二切记。①钻床变速时切记先停车；②钻通孔时工件下面切记垫上垫块或把钻头对准工作台空槽，以防损坏钻床工作台。

3）三不允许。①身体不允许靠近主轴；②不允许戴手套进行操作；③不允许用手拉扯切屑。

6. 攻丝和套丝

工件外圆柱表面上的螺纹称为外螺纹，工件圆柱孔壁上的螺纹称为内螺纹。攻螺纹是用丝锥加工工件内螺纹的操作，套螺纹是用板牙加工工件外螺纹的操作。攻螺纹和套螺纹所用工具简单，操作方便，但生产率低，精度不高，主要用于单件或小批量的小直径普通螺纹的加工。

(1) 攻螺纹工具。攻螺纹的主要工具是丝锥和铰杠以及扳手等。丝锥是加工小直径内螺纹的成形刀切削工具，一般用高速钢或合金工具钢制造。如图 3.59 所示，丝锥由工作部分和柄部组成，工作部分包括切削部分和校准部分。切削部分制成锥形，使切削负荷分配在几个刀齿上，其作用是切去孔内螺纹牙间的金属；校准部分的作用是修光螺纹并引导丝锥的轴向移动；丝锥上有 3~4 条容屑槽，以便容屑和排屑；柄部方头用来与铰杠配合传递扭矩。丝锥分为手用丝锥和机用丝锥，手用丝锥用于手工攻螺纹，机用丝锥用于在机床上攻螺纹。丝锥通常由两支组成一套，使用时先用头锥，然后再用二锥，头锥完成切削量的大部分，剩余小部分切削余量由二锥完成。

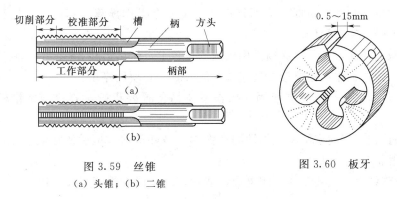

图 3.59　丝锥

(a) 头锥；(b) 二锥

图 3.60　板牙

(2) 套螺纹工具。套螺纹的主要工具是板牙和板牙架。板牙是加工小直径外螺纹的成形刀具，一般用合金工具钢制造。板牙的形状和圆形螺母相似，如图 3.60 所示，在靠近螺纹外径处有 3~4 个排屑孔，并形成了切削刃；其中间部分是校准部分，校准部分起修光螺纹和导向作用。板牙的外圆柱面上有四个锥坑和一个 V 形槽，其中两个锥坑的作用是通过板牙架上两个紧固螺钉将板牙紧固在板牙架内，以便传递扭矩；另两个锥坑的作用是：当板牙磨损后，将板牙沿 V 形槽锯开，拧紧板牙架上的调节螺钉，螺钉顶在这两个锥坑上，使板牙孔做微量缩小以补偿板牙的磨损，调节范围为 0.1~0.25mm。板牙架是夹持板牙传递扭矩的工具，如图 3.61 所示。板牙架与板牙配套使用，为了增加板牙架的通用性，一定直径范围内的板牙外径是相等的，当板牙外径与板牙架不配套时，可以加过渡套或使用大一号的板牙架。

图 3.61　板牙架

7. 钳工安全生产和防护知识

(1) 穿好工作服，戴好工作帽，长头发要压入帽内，不得穿拖鞋。

（2）工作地点必须经常保持整齐清洁，地面上不得有油脂和积水，以防滑倒。

（3）夹持工件应尽可能在钳口的中部，虎钳高度要适当。

（4）正确掌握各种钳工工具的使用方法，以防意外事故发生。

（5）多人共用的钳台应装设防护网，以防切屑伤人。多人同时作业时，要相互照应、配合，防止发生意外。

（6）錾削、锉削、锯削和钻孔时会产生许多切屑，清除切屑宜用刷子，禁止用手直接清除或用嘴吹切屑，以防伤人。

（7）使用的工具、量具及加工的零件、毛坯和原材料放置时要整齐、稳当、有序，不许在过道上堆放或随意放置。

（8）使用钻床和砂轮机时，应严格遵守有关安全操作规程，不得用手接触旋转的部位，钻孔时严禁戴手套操作。

（9）钻床运转前，各手柄必须推到正确的位置上，然后运转 3～5min，确定正常后才能正式开始工作。工作中需要改变转速和进给量时，必须先停车。

（10）工件和钻头必须装夹牢固；操作者所站位置要正确，要便于操作机床和观察工件。

（11）坚持按制度规定给机床加油润滑保养，做好班前、班后的加油工作，保证机床有良好的润滑状态。

（12）工作结束后，要及时关闭电源，清除切屑，保养机床；要分组轮流清扫环境及整理工作场地。

小　结

机械加工和钳工是机械零部件加工中最常用、最基本的加工方法，掌握这些加工方法不仅对编制机械制造工艺有重要的意义，而且对进一步掌握数控车、数控铣、线切割电火花等现代加工技术很有帮助。

本模块主要是介绍车削、铣削、磨削以及钳工等常用加工方法的工艺范围及特点，概述了常用机械加工设备、刀具的特点、使用方法及其适用范围，并通过实例分析了各种典型表面加工的方法和基本加工路线，以及各种典型零件的装夹方式、加工精度、加工效率、加工经济性。

重点掌握各种加工设备和工具的使用。

练 习 与 思 考 题

1. 填空题

（1）适合外圆加工的机床主要有_____和_____。

（2）车削运动的主运动是_____，进给运动是_____或_____。

（3）车削用量由_____、_____、_____等三项要素组成。

（4）粗车外圆的精度一般达到_____，表面粗糙度 Ra 达到_____。

（5）铣床附件扩大了铣床的工艺范围，常用铣床附件有_____、_____平口钳和_____等。

（6）铣削平面的方式有_____和_____两种，铣刀按结构可以分为_____和镶齿式两种。

（7）磨削外圆柱面的基本磨削方法有_____和_____两种；可以磨削外圆的机床有万能外圆磨床和_____。

（8）常用的平面磨床有_____平面磨床和_____平面磨床。

（9）钳工加工外螺纹的工具是_____，加工内螺纹的工具是_____。

2. 判断题（正确的打√，错误的打×）

（1）转塔车床和回轮车床没有尾座和丝杠。（　　）

（2）端面铣削的生产率比周边铣削的生产率高。（　　）

（3）万能外圆磨床既能够磨削外圆，也能够磨削内孔。（　　）

（4）无心外圆磨床既可以磨削连续的外圆表面，也可以磨削不连续的外圆表面。（　　）

（5）砂轮的硬度就是砂轮磨粒上的硬度。（　　）

（6）铰孔的精度一般比钻孔高。（　　）

（7）攻不通的螺孔时，不用退出丝锥，硬行推转就可以。（　　）

（8）锉削时，要及时清理锉纹中的铁屑，可用嘴吹，也可用手清除。（　　）

（9）使用扳手时，最好的效果是拉动，若必须推动时，也只能用手掌推，并且手指要伸开，以免螺栓或螺母突然扭动碰伤手指。（　　）

（10）锯削钢件时应使用冷却液。（　　）

（11）在车床、铣床、铣镗床、外圆磨床上均可以加工外圆表面。（　　）

（12）磨具的硬度取决于组成磨具的磨料的硬度。（　　）

3. 单项选择题

（1）三爪卡盘属于（　　）。

A. 通用夹具　　　　B. 专用夹具　　　　C. 组合夹具

（2）精车较长轴的外圆时，最常采用的装夹方式是（　　）。

A. 磁力吸盘　　　　B. 三爪卡盘　　　　C. 双顶尖装夹

（3）对于刀具耐用度，车削用量三要素中影响最大的是（　　）。

A. 切削速度 v_c　　　B. 进给量 f　　　C. 背吃刀量 a_p

（4）下面磨粒的粒度号中，尺寸最小的是（　　）。

A. 60 号　　　　B. 240 号　　　　C. W20　　　　D. W5

（5）不适合磨削的材料是（　　）。

A. 钢铁　　　　B. 硬质合金　　　　C. 铜、铝　　　　D. 陶瓷、玻璃

（6）下面不属于钳工加工的是（　　）。

A. 锉削　　　　B. 锯割　　　　C. 磨削　　　　D. 錾削

（7）钳工加工的第一步工作是（　　）。

A. 钻孔　　　　B. 錾削　　　　C. 锉削　　　　D. 划线

（8）在以下划线工具中，（　　）是绘画工具。

A. 划规　　　　　　　B. 划线平板　　　　　C. 方箱　　　　　　　D. 分度头

（9）錾削时，錾子的切削刃应与錾削方向倾斜一个角度，此角度大约在（　　）。

A. 15°～25°　　　　　B. 25°～40°　　　　　C. 40°～55°　　　　　D. 55°～70°

（10）锯弓是用来装夹锯条的，它有固定式和（　　）两种。

A. 移动式　　　　　　B. 可拆式　　　　　　C. 可调式　　　　　　D. 整体

4. 作图题

图 3.62 为车削工件的示意图，在图上标注以下内容。

（1）主运动、进给运动和背吃刀量（切削深度）。

（2）已加工表面、加工（过渡）表面和待加工表面。

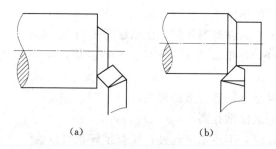

（a）　　　　　　　　　　　　　　（b）

图 3.62　车削工件的示意图

（a）车端面；（b）车外圆

5. 简答题

（1）车削加工工艺特点是什么？常用车床附件有哪些？

（2）铣削加工工艺特点是什么？常用的铣削方法有哪些？

（3）外圆磨削的工艺方法有哪些？有何特点？适用于什么场合？

（4）钳工加工有何特点？

模块 4 金属成型技术

【教学目标要求】

能力目标：具有分析机器零件成型加工方法及加工工艺的能力，能参与机器设计、零件加工、设备维护、保养和维修等工作。

知识目标：了解铸造、锻造、板料冲压、焊接等成型加工方法及其工艺，掌握这四大类成型加工方法的特点及应用。

4.1 铸造基本知识

【任务】 铸造与锻造企业参观调查

（1）目的：①了解砂型铸造生产过程及应用实例；②了解型砂的性能要求及其制备，了解各种手工造型及机器造型方法；③了解自由锻、模锻、板料冲压的生产过程及应用实例；④了解常见锻造、冲压设备的名称、规格、型号，铸造、锻压车间的安全生产规程。

（2）器材：企业的铸造车间、锻造车间、冲压车间及有关设备。

（3）任务设计：①参观铸造生产工艺过程；②参观自由锻生产过程；③参观板料冲压生产过程；④小组汇报参观学习的收获，教师归纳总结。

（4）报告要求：分析铸造工艺制订的原则、铸造的常见缺陷和防止措施、铸造的种类及应用，说明特种铸造的特点。

金属成型技术是指材料经过成型制作，得到具有一定形状、尺寸和使用性能金属制品的工艺过程。金属成型的主要方法有铸造成型、锻造成型、冲压成型和焊接成型等。

4.1.1 铸造概述

将液体金属浇注到具有与零件形状相类似的铸造型腔中，待其冷却凝固后，获得零件或毛坯的方法称为铸造。铸造具有可制造各种不同尺寸、形状复杂的毛坯或零件，应用广、成本低的优点，是机械零件毛坯或成品零件热加工的主要方法。在一般机械设备中，铸件约占整个机械设备质量的45%～90%。其中，汽车铸件质量约占汽车质量的40%～60%，拖拉机的铸件质量约占拖拉机质量的70%，金属切削机床的铸件质量约占机床质量的70%～80%。在国民经济其他各个部门中，也广泛采用各种各样的铸件。

（1）铸造成型是历史悠久的一种金属成型方法，它具有以下特点。

1）适应性强。工业中常用的金属材料都可以铸造生产形状复杂、各种尺寸的毛坯或成品，特别是内形复杂的零件。其尺寸可以从几毫米到几十米，质量可以从几克到几百吨不等。特别是那些不宜锻造和焊接的金属材料可用铸造的方法生产。

2）铸件的生产成本低。铸造用的材料一般都比较低廉，且来源丰富；铸件的形状接近零件的形状，可以减少切削加工量，从而降低零件的生产成本。

3）铸件具有很好的减震性和耐磨性，这是其他成型方法无法比拟的。

4）用同一金属生产的铸件，其机械性能相对较低，生产工艺环节多，且不易控制，容易出现内部组织粗大或缩孔、缩松、气孔、砂眼等内部缺陷，表面质量低。因此，铸造一般只用来生产受力不大或受简单静载荷的零件，如箱体件、床身、支架、机座等。

（2）铸造可分为砂型铸造和特种铸造两大类。

1）砂型铸造是以型砂为主要造型材料制作铸型的铸造生产工艺方法，它具有适应性广、生产设备简单、生产成本低的特点，是应用最广泛的一种铸造方法。图 4.1 为套筒的砂型铸造过程。

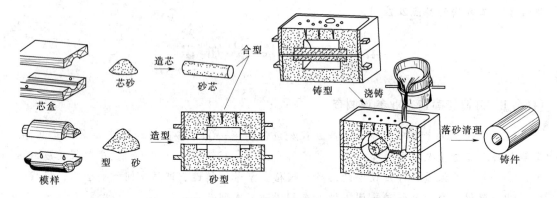

图 4.1　套筒的砂型铸造过程

2）特种铸造是指砂型铸造以外的铸造工艺，主要有金属型铸造、压力铸造、低压铸造、离心铸造、熔模铸造、实型铸造等。特种铸造具有铸件质量好、生产率高的特点，但生产成本较高，主要用于大批量生产，是当前铸造发展的方向。

4.1.2　铸造工艺的制订

1. 浇注位置的选择原则

浇注位置是指浇注时铸件在铸型中所处的空间位置，浇注位置选择正确与否，对铸件质量影响很大。选择时应考虑以下原则：

（1）一般情况下，铸件浇注位置的上面比下面铸造缺陷多，所以应将铸件的重要加工面或主要受力面等要求较高的部位放到下面，若有困难则可放到侧面或斜面。如机床床身的导轨面放到最下面。

（2）浇注位置的选择应有利于铸件的充填和型腔中气体的排出。所以，薄壁铸件应将薄而大的平面放到下面或侧立、倾斜，以防止出现浇注不足或冷隔等缺陷。

（3）当铸件壁厚不匀，需要补缩时，应从顺序凝固的原则出发，将厚大部分放在上面或侧面，以便安放冒口和冷却。

（4）尽可能避免使用吊砂、吊芯或悬壁式砂芯。吊砂在合型、浇注时，容易造成塌箱；吊芯操作很不方便；悬壁式砂芯不稳定，在金属液浮力作用下易发生偏斜。

2. 分型面的确定原则

分型面是指两个半铸型相互接触的表面，分型面的选择与浇注位置的选择密切相关，一般是先确定浇注位置，再选择分型面。分型面的确定原则如下：

（1）起模方便，分型面一般选在铸件的最大截面上，但注意不要使模样在一个砂型内过高。

（2）将铸件的重要加工面或大部分加工面和加工基准面放在同一个砂型中，而且尽可能放在下型，以便保证铸件的精确。

（3）为了简化操作过程，保证铸件尺寸精度，应尽量减少分型面的数目，减少活块数目。

（4）分型面应尽量采用平直面，使操作方便。

（5）应尽量减少砂芯数目。图 4.2 为一接头零件，若按图 4.2（a）对称分型，则必须制作砂芯；若按图 4.2（b）分型，内孔可以用堆吊砂（简称自带砂芯）。

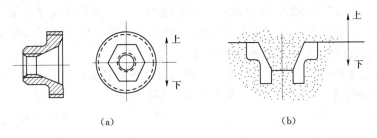

（a）　　　　　　　　　　　（b）

图 4.2　接头分型面的选择

3. 型芯

型芯主要用于形成铸件的内腔和尺寸较大的孔，最常用的造芯方法是用芯盒造芯，如图 4.3 所示。

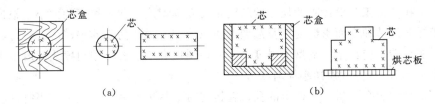

（a）　　　　　　　　　　　（b）

图 4.3　芯盒造芯
（a）分开式芯盒；（b）整体式芯盒

短而粗的圆柱形型芯宜采用分开式芯盒制作，如图 4.3（a）所示。形状简单且有一个较大平面的型芯宜采用整体式芯盒制作，如图 4.3（b）所示。无论哪种制芯方法，都要在型芯中放置芯骨，并将芯烘干，以增加型芯的强度。通常还在芯中扎出通气孔或埋入蜡线或松香线（烘干时，蜡线或松香线被烧掉）形成通气孔。在大批量生产中，采用机器制芯。

4. 主要工艺参数的确定

铸造工艺参数通常是指铸型工艺设计时需要确定的某些工艺数据，这些工艺参数一般都与模样及芯盒尺寸有关，即与铸件的精度有关，同时也与造型、造芯、下芯及合型的工艺过程有联系。工艺参数选择的正确合理不仅使铸件的尺寸、形状精确，而且造型、造芯、下芯、合型都大为方便，提高生产率，降低成本。

(1) 铸造收缩率。由于金属的线收缩，铸件冷却后的尺寸将比型腔尺寸略为减小，为保证铸件的应有尺寸，模样尺寸必须比铸件大一个金属的收缩量。

在铸件冷却过程中，其线收缩率除受到铸型和型芯的机械阻碍外，还受到铸件各部分之间的相互制约。因此，铸造收缩率除与合金的种类和成分有关外，还与铸件结构、大小、壁厚、砂型和砂芯的退让性、浇冒口系统的类型和开设位置、砂箱的结构等有关。

(2) 机械加工余量。机械加工余量是为了保证铸件加工面尺寸和零件精度，在铸件工艺设计时预先增加的而在机械加工时切去的金属层厚度。加工余量的代号用字母 RMA 表示。加工余量等级由精到粗共分为 A、B、C、D、E、F、G、H、J 和 K 十个等级，详见 GB/T 6414—1999《铸件尺寸公差与机械加工余量》。

铸件尺寸公差是指对铸件尺寸规定的允许变动量，其代号用字母 CT 表示，分为 1、2、3、…、16，共 16 个等级。铸件尺寸公差等级和加工余量等级通常依据实际生产条件和有关资料确定。当铸件尺寸公差等级和加工余量等级确定后，就可以按 GB/T 6414—1999 所提供数据表查出铸件的机械加工余量。

单件小批量生产时，铸件的尺寸公差等级与造型材料及铸件材料有关。采用干、湿型砂型铸造方法铸出的灰铸铁件的尺寸公差等级为 CT13～CT11，大批量生产时铸件的尺寸公差等级与铸造工艺方法、铸件材料有关，采用砂型手工造型方法铸出的灰铸铁件的尺寸公差等级为 CT13～CT11。

铸件的加工余量等级与铸件的尺寸公差等级应配套。单件小批量生产时，采用干、湿型砂型铸造铸出的灰铸铁件 CT 与 RMA 的配套关系是 CT13～CT15/H；大批量生产时，采用砂型手工造型方法铸出的灰铸铁件 CT 与 RMA 的配套关系是 CT11～CT13/H。

(3) 起模斜度。为了方便起模，在模样、芯盒的出模方向留有一定的斜度，以免损坏砂芯，这个在铸造工艺设计时所规定的斜度称为起模斜度。起模斜度的大小应根据模样的高度、模样的尺寸和表面粗糙度以及造型方法来确定，通常为 0.5°～3°，壁越高，起模斜度越小，机械造型应比手工造型的斜度小。起模斜度在工艺图上用角度或宽度表示，详见 JB/T 5105—1991《铸件模样起模斜度》。

(4) 最小铸出孔。机械零件上的孔，在铸造时应尽可能铸出，但是，当铸件上的孔尺寸太小，而铸件壁又较厚和金属液压力较高时，反而会使铸件产生黏砂，为了铸出孔，必须采取复杂而且难度较大的工艺措施，不如机械加工的方法更为方便和经济。有时由于孔距要求很精确，铸孔也很难保证质量。因此，在确定零件上的孔是否铸出时，必须考虑铸出这些孔的可能性、必要性和经济性。

最小铸出孔和铸件的生产批量、合金种类、铸件大小、孔的长度及孔的直径等有关。

(5) 型芯头。型芯头是指伸出铸件以外，不与金属液接触的砂芯，其功用是定位、支撑和排气。为了承受砂芯本身重力及浇注时液体金属对砂芯的浮力，芯头的尺寸应足够大才不致被破坏；浇注后，砂芯所产生的气体应能通过芯头排至铸型以外。在设计芯头时，除了要满足上面的要求外，还应做到下芯、合型方便，应留有适当斜度，芯头与芯座之间要留有间隙。

5. 铸造工艺图的确定

铸造工艺图是指表示铸型分型面、浇注位置、型芯结构、浇冒口系统、控制凝固措施等的图纸，是指导铸造生产的主要技术文件。

6. 绘制铸件图

铸件图是指反映铸件实际形状、尺寸和技术要求的图纸，是铸造生产、铸件检验与验收的主要依据，可根据铸造工艺图绘出。

4.1.3 铸造合金和熔炼

常用铸造合金见表 4.1。

表 4.1   **常用铸造合金**

合 金 类 别		性 能 特 点
铸铁	灰口铸铁（如 HT200）	熔点低，流动性好
	球墨铸铁（如 QT600－3）	
	可锻铸铁（如 KTZ450－06）	
	蠕墨铸铁（如 RuT340）	
	合金铸铁（耐磨铸铁、耐热铸铁、耐蚀铸铁）	
铸钢	铸造碳钢（如 ZG200－400）	熔点高、流动性低、收缩大
铸造铜合金	铸造黄铜（如 ZCuZn38）	熔点低、流动性好，收缩大、易形成集中缩孔
	铸铝黄铜（如 ZCuZn31Al2）	
	铸锰黄铜（如 ZCuZn40Mn2）	
	铸硅黄铜（如 ZCuZn16Si4）	
	铸造锡青铜（如 ZCuSn10Zn2）	
铸造铝合金	铝硅合金（如 ZAlSi12Cu2Mg1）	熔点低、流动性好，高温氧化和吸气强
	铝铜合金（如 ZAlCu4）	
	铝镁合金（如 ZAlMg5Si1）	
	铝锌合金（如 ZAlZn6Mn）	

1. 铸铁的熔炼

在铸件生产中，铸铁件产量占铸件产量的 $70\%\sim75\%$ 以上。为了得到高质量的铸件，必须要熔化出高质量的铁液，铸铁的熔化应满足下列要求：

（1）铁液温度高。

（2）铁液化学成分稳定在所要求的范围内。

（3）生产率高、成本低。铸铁的熔化设备有冲天炉、电弧炉和感应电炉等。目前应用较广的仍是冲天炉，其结构简单、操作方便、熔化率高、成本低，可连续生产，投资少。

2. 冲天炉的构造

冲天炉的构造如图 4.4 所示，它由以下部分组成。

（1）炉体。外形是一个直立的圆筒，包括烟囱、加料口、炉身、炉底和支撑等部分，

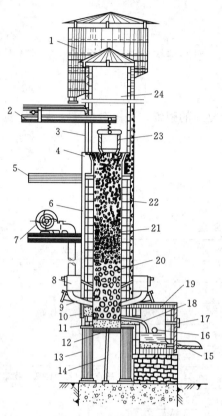

图 4.4　冲天炉的构造

1—火花罩；2—加料机；3—加料口；4—耐火砖；5—加料台；6—炉体；7—鼓风机；8—风带；9—风口；10—工作门；11—炉底；12—炉底门；13—炉脚；14—炉底支柱；15—出铁口；16—出渣口；17—窥视口；18—过桥；19—前炉；20—底焦；21—金属料；22—层焦；23—加料桶；24—烟囱

主要作用是完成炉料的预热和熔化铁液的过热。

自加料口向下沿至第一排风口中心线之间的炉体高度称为有效高度，炉身的高度是冲天炉的主要工作区域。炉身的内腔称为炉膛，自第一排风口的中心线至炉底称为炉缸，其作用是汇聚铁液。

（2）前炉。起储存铁液的作用，有过桥与炉缸连通，上面有出铁口、出渣口和窥视口。

（3）火花捕集器。又称火花罩，位于炉顶部分，其作用主要是除尘。废气中的烟灰和有害气体聚集于火花捕集器底部，由管道排出。

（4）加料系统。包括加料机和加料桶，其作用是把炉料按配比，依次、分批地从加料口送进炉膛内。

（5）送风系统。包括进风管、风带、风口及鼓风机的输出管道，其作用是将一定量空气送入炉内，供焦炭燃烧用。风带的作用是使空气均匀、平稳地进入各风口。

3. 冲天炉的工作原理

冲天炉是利用对流原理熔炼的，熔炼时热炉气自下而上运动，冷炉料自上而下移动，两股逆向流动的物与气之间进行着热量交换和冶金反应，最终将金属炉料熔化成符合要求的铁液。

4. 冲天炉熔炼用炉料

冲天炉熔炼用的炉料包括金属炉料、燃料和熔剂三部分。

（1）金属炉料。金属炉料包括新生铁、回炉料（浇口、冒口及废铸件）、废钢和铁合金（硅铁、锰铁等）等。新生铁主要是不同成分高炉生铁，回炉料可以降低铸件成本，废钢的作用是降低铁液的含碳量，各种金属合金的作用是调整铁液化学成分或配制合金铸铁，各种金属炉料的加入量是根据铸件化学成分的要求和熔炼时各元素的烧损量计算出来的。

（2）燃料。主要是焦炭，焦炭燃烧的程度直接影响到铁液的温度和成分。在熔炼过程中，为了保持底焦高度一定，每批炉料中都要加入一定的焦炭（层焦）来补偿底焦的烧损。熔化的金属炉料总重量与消耗的焦炭总重量之比称为总铁焦比，其数值一般为 10：1。

（3）熔剂。冲天炉常用的熔剂为石灰石（$CaCO_3$）和氟石（CaF_2）。熔剂的作用是降低炉渣的熔点，稀释炉渣，使熔渣与铁水分离，并从渣口排出。熔剂的加入量为焦炭加入量的 25%～30%，块度为 15～50mm。

5. 冲天炉的操作过程

冲天炉是间歇工作的，每次连续熔炼时间为 4～8h，具体操作过程如下。

（1）修炉与烘炉。冲天炉在每次熔化后，由于部分炉衬被熔蚀损坏，所以必须进行搪修。修炉包括清理、炉壁砌衬、修筑炉底，搪修后，在炉底和前炉装入木柴，引火烘炉。

（2）点火加底焦。炉子烘好后，加入木柴，引燃，敞开风口，以便通风燃烧。木柴烧旺后，装入 1/3 的底焦量，待这部分底焦烧着后，再加入 1/2 的底焦量，然后鼓小风吹几分钟，再补加剩余的底焦至规定的高度。

（3）装料。当底焦烧旺后，在底焦顶面上加入石灰石，然后封闭工作门，预热一段时间，并按下列顺序加料：废钢→新生铁→回炉铁→铁合金→层焦→熔剂（石灰石或莹石）。

炉料的质量及块度大小对熔化质量有很大影响，金属炉料的最大尺寸不要超过炉子内径的 1/3，否则容易产生"搭棚"故障。底焦块度取大一些（100～150mm），层焦的块度可小一些，熔剂和铁合金等块度约为 20～50mm。

（4）开风。炉料装好后，预热 1h 左右，即可开风。开风后，应继续敞开部分风口，以免 CO 积聚，发生爆炸。出铁口和出渣口也应敞开使高温炉气充分加热炉缸和前炉，以保证开炉初期的铁水有足够高的温度，待出铁槽中有大股铁水流出时，用泥塞堵住出铁口，约 0.5h 后再堵住出渣口。

（5）出渣出铁。在前炉储存一定量的铁水后，便可打开出渣口放出熔渣，然后再打开出铁口，使铁水流入浇包。出炉铁水温度通常控制在 1330～1400℃。

（6）停炉。在最后一批铁水出炉后，先打开风口，然后停风，并打开炉底门放出剩余炉料。

4.1.4 铸造的常见缺陷和防止措施

1. 铸造的常见缺陷

铸造的常见缺陷包括气孔、缩孔、粘砂、浇不足、冷隔、变形、开裂、白口等。

2. 防止措施

（1）选择合理的浇注系统。浇注系统包括形状、尺寸和位置，可以有效提高铸件质量，减少出现冲砂、夹砂、缩孔、气孔等缺陷的可能性。常用浇注系统如图 4.5 所示。

（2）合理设置冒口。冒口的主要作用是补缩，此外，还有出气和集渣的作用，是防止缩孔、缩松缺陷的有效措施。

（3）控制浇注温度。浇注温度过低时，铁水流动性差，易产生浇不足、冷隔、气孔等缺陷；浇注温度过高时，铁液的收缩量增加，易产生缩孔、裂纹及粘砂等缺陷。合适的浇注温度应根据合金种类、铸件的大小及形状等来确定。若金属液的出炉温度太高，那么生产中铁水常要在浇包内放一段时间，然后再进行浇注。对于铸

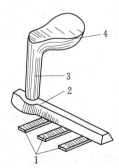

图 4.5　浇注系统
1—内浇道；2—横浇道；
3—直浇道；4—浇口盆

铁件，形状复杂、薄壁件浇注温度为 1350～1400℃，形状简单、厚壁件的浇注温度为 1260～1350℃。

（4）控制浇注速度。浇注速度太慢，使金属液的降温过多，易产生浇不足、冷隔和夹渣等缺陷。浇注速度太快，会使型腔中的气体来不及跑出而产生气孔；同时，由于金属液流速快，易产生冲砂、抬箱、跑火等缺陷。浇注速度依具体情况而定，一般用浇注时间来表示。

（5）控制开箱时间。过早开箱会使铸件产生内应力、变形和开裂，一般铸铁件在 450℃左右开箱。

4.1.5　特种铸造

特种铸造是指与砂型铸造方法不同的其他铸造方法，这里只介绍金属型铸造、压力铸造、熔模铸造、离心铸造和低压铸造。

1. 金属型铸造

金属型铸造是指用重力将熔融金属浇注入金属型腔获得铸件的方法，金属型是指金属材料制成的铸型。

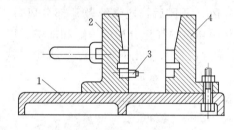

图 4.6　垂直分型式金属型
1—底座；2—活动半型；3—定位销；
4—固定半型

（1）金属型铸造过程。根据分型面的不同，可把金属型分为垂直分型式、水平分型式、复合分型式等。其中，垂直分型式的金属型易于设内浇道和取出铸件，且易于实现机械化，故应用较多，如图 4.6 所示。由固定半型和活动半型两个半型组成，分型面位于垂直位置。浇注时两个半型合紧，凝固后利用简单的机构使两半型分开，取出铸件。

（2）金属型铸造的特点及应用。金属型铸造实现了"一型多铸"，克服了砂型铸造"一型一铸"造型工作量大、占地面积大、生产率低等缺点。金属型灰铸铁件的精度可以达到 CT9～CT7 级，而砂型手工造型只能达到 CT13～CT11 级。金属型导热快，过冷度大，结晶后铸件组织细密，力学性能比砂型铸造提高 10%～20%。但是，熔融金属在金属型中的流动性差，容易产生浇不到、冷隔等缺陷。灰铸铁件还容易产生白口铁组织。

金属型铸造主要用于大批量生产中铸造有色金属件，如铝合金活塞、铝合金汽缸体、铜合金轴瓦等。一般不用于铸造形状复杂的铸件。

2. 压力铸造

压力铸造是指将熔融金属在高压下高速充型，并在压力下凝固的铸造方法。

（1）压力铸造过程。压力铸造是在压铸机上进行的，它所用的铸型称为压型。压铸机一般分为热压室压铸机和冷压室压铸机两大类。冷压室压铸机按其压室结构和布置方式分为卧式压铸机和立式压铸机两种，目前应用最多的是冷压室卧式压铸机。压力铸造使用的压铸型由定型、动型及金属芯组成。压力铸造过程是在压铸机上完成的，包括合型浇注、压射、开型顶出铸件等。

（2）压力铸造的特点及应用。压力铸造在金属型铸造的基础上，又增加了在压力下快速充型的特点。从根本上解决了金属的流动性问题，可以直接铸出各种孔、螺纹、齿形等。压铸铜合金铸件的尺寸公差等级达到 CT8~CT6 级，而砂型手工造型只能达到 CT13~CT11 级。但由于金属液的充型速度高，压铸型内的气体很难排除，常常在铸件的表皮之下形成许多皮下小孔。这些小气孔，加热时会因气体膨胀使铸件表面凸起或变形。因此，压铸件不能进行热处理。

压力铸造主要应用于铝、镁、锌、铜等有色金属材料。目前，压力铸造已在汽车、拖拉机、仪表、兵器行业得到了广泛应用。

3. 熔模铸造

熔模铸造是指用易熔材料（如蜡料）制成模样，在模样上包覆若干层耐火材料，制成型壳，模样熔化流出后经高温焙烧即可浇注的造型方法。因此，这种方法也称失蜡铸造。它是发展较快的一种精密铸造方法。

（1）熔模铸造过程。熔模铸造过程包括两次造型、两次浇注。第一次造型是根据母模造压铸型，第一次浇注是用压力铸造的方法铸出蜡模，第二次造型利用蜡模黏结耐火涂料造壳型，第二次浇注是向壳型中浇注熔融金属，结晶成较为精密的铸件。

（2）熔模铸造的特点及应用。熔模铸造使用的压型要经过精细加工。压力铸造的蜡模要经过逐个修整。使用壳型铸造无起模、分型、合型等操作。因此，熔模铸造的铸钢件，尺寸公差等级可达 CT7~CT5 级，而砂型手工造型只能达到 CT13~CT11 级。

熔模铸造的壳型由耐高温的石英粉等耐火材料制成。因此，各种合金材料都可以使用这种方法生产铸件。缺点是材料昂贵、工序多、生产周期长、不宜生产大件等。

熔模铸造广泛应用于电器仪表、刀具、航空等制造部门。如汽车、拖拉机上的小型零件等，已成为少或无切削加工中最重要的毛坯制作方法。

4. 离心铸造

离心铸造是指将熔融的金属浇入绕着水平倾斜或立轴旋转的铸型，在离心力的作用下凝固成型的铸造方法。其铸件轴线与旋转铸型轴线重合。这类铸件多是简单的圆筒形，铸造时不用芯就可形成圆筒内孔。

（1）离心铸造过程。离心铸造必须在离心铸机上进行。根据铸型旋转轴空间位置不同，可分为立式和卧式两大类。铸型绕垂直轴线旋转时，浇注入铸型中的熔融金属自由表面呈抛物线形状，定向凝固成中空铸件；铸型绕水平轴线旋转时，浇注入铸型。铸型中的熔融金属自由表面呈圆柱形，无论在长度或圆周方向均可获得均匀的壁厚，定向凝固成中空铸件。

（2）离心造型机的特点及应用。离心铸造在离心力的作用下充型并结晶，铸件内部组织致密，不易产生缩孔、气孔、夹杂物等缺陷。但铸件内表面尺寸不准确，质量也较差。

离心铸造主要用于铸造钢、铸铁、有色金属等材料的各种管状铸件。

5. 低压铸造

低压铸造是用较低压力将金属液由铸型底部注入型腔，并在压力下凝固，以获得铸件的方法。与压力铸造相比，所用压力较低，故称为低压铸造。

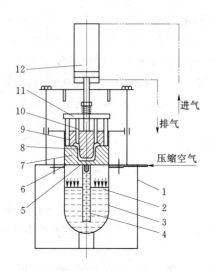

图 4.7　低压铸造
1—保温炉；2—金属液；3—坩埚；4—升液管；
5—浇口；6—密封盖；7—下型；8—型腔；
9—上型；10—顶杆；11—顶杆板；
12—气缸

（1）低压铸造过程。如图 4.7 所示，在密封的坩埚中通入干燥的压缩空气，金属液在气体压力的作用下沿升液管上升，通过浇口平稳地进入型腔中，并保持坩埚内液面上的气体压力，一直到铸件完全凝固为止。然后解除液面上的气体压力，使升液管中未凝固的金属液流回坩埚中，再由气缸开型，将铸件推出。

可见，金属液在压力推动下进入型腔，并在外力作用下结晶进行补缩，其充型过程既与重力铸造有区别，也与高压高速充型的压力铸造有区别。

（2）低压铸造的特点和应用。底注充型，平稳且易于控制，减少了金属液体注入型腔时的冲击、飞溅现象，铸件的气孔、夹渣等缺陷较少；金属液的上升速度和结晶压力可调整，适用于各种铸型（如砂型、金属型等）、各种合金铸件。由于省了补缩冒口，金属利用率提高到 90%～98%；与重力铸造相比，铸件的组织致密、轮廓清晰，力学性能高。此外，劳动条件有所改善，易于实现机械化和自动化。低压铸造目前主要用来生产要求高的铝、镁、合金铸件，如汽缸、缸盖、纺织机零件等。

4.2　砂型铸造技术

【任务】　手工整模造型

（1）目的：①初步掌握整模造型工艺过程；②了解手工造型操作方法和技术；③了解假箱造型、活块造型、三箱造型等其他手工造型方法；④完成一盘类零件的手工整模造型，初步掌握手工造型的基本操作方法。

（2）器材：型砂、砂箱、造型工具，盘类零件模型。

（3）任务设计：①指导教师现场讲解分模造型、挖砂造型等过程；②学生独立操作完成一盘类零件的手工整模造型，要求不漏工序，各工序的操作正确，舂砂松紧适度。

（4）报告要求：说明手工整模造型对造型材料性能有何要求，型砂与芯砂的区别；分析造型和造芯的工艺过程，常用的手工造型方法的特点及应用。

砂型铸造就是将熔化的金属浇入到砂型腔中，经冷却、凝固后获得铸件的方法。当从砂型中取出铸件时，砂型便被破坏，故又称一次性铸造，俗称翻砂。

砂型铸造的主要工序为：模样及型芯盒制作，配制型砂、芯砂，造型、造芯，合箱，合金熔化与浇注，落砂，清理与检验等，流程如图 4.8 所示。

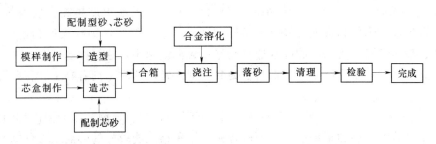

图 4.8   砂型铸造过程

4.2.1   造型材料的性能及组成

用来制造砂型和砂芯的材料统称为造型材料。用于制造砂型的材料称为型砂；用于制造型芯的材料称为芯砂。型（芯）砂的质量直接影响着铸件的质量，其质量不好会使铸件产生气孔、砂眼、粘砂和夹砂等缺陷。由于型（芯）砂的质量问题而造成的铸件废品约占铸件总废品的 50% 以上。

1. 对型砂、芯砂性能的要求

根据铸造工艺要求，型（芯）砂要具备以下的性能：

（1）具有一定的强度。型（芯）砂在造型后能承受外力而不致被破坏的能力称为强度。砂型及型芯在搬运、翻转、合型及浇注金属时，有足够的强度才会保证不破坏、不塌落和不胀大。若型（芯）砂的强度不足，铸件易产生砂眼、夹砂等缺陷。

（2）具有一定的透气性。型（芯）砂孔隙透过气体的能力称为透气性。在浇注过程中铸型与高温金属液接触，水分气化、有机物燃烧及液态金属冷却时析出的气体，必须通过铸型排出，否则将在铸件内产生气孔或使铸件浇不足。

（3）具有较高的耐火度。型（芯）砂经受高温热作用的能力称为耐火度。耐火度主要取决于砂中 SiO_2 的含量，若耐火度不够，就会在铸件表面或内腔形成一层粘砂层，不但清理困难、影响外观，而且为机械加工增加了困难。

（4）具有一定的退让性。铸件凝固和冷却过程中产生收缩时，型砂能被压缩、退让的性能称为退让性。若型（芯）砂退让性不足，会使铸件收缩时受到阻碍，产生内应力、变形和裂纹等缺陷。

（5）具有一定的可塑性。指型（芯）砂在外力作用下变形，去除外力后仍保持变形的能力。可塑性好的型（芯）砂柔软易变形，起模和修型时不易破碎和掉落。

除上述性能的要求外，还有溃散性、发气性、吸湿性等性能要求。型（芯）砂的诸多性能有时是相互矛盾的，如强度高、塑性好，透气性就可能下降。因此，应根据铸造合金的种类，铸件大小、批量、结构等来具体决定型（芯）砂的配比。

2. 型砂与芯砂的组成

型砂与芯砂相比，由于砂芯的表面被高温金属液所包围，受到的冲刷和烘烤较厉害，因而对芯砂的性能要求要比型砂的性能要求高。就其基本组成来说，都由四部分组成即原砂、黏结剂、水和附加物。

（1）原砂。主要成分为硅砂，根据来源可分为山砂、河砂和人工砂。硅砂的主要成分为 SiO₂，它的熔点高达 1700℃，砂中的 SiO_2 含量越高，其耐火度越高。根据铸件特点，对原砂的颗粒度、形状和含泥量等有着不同的要求。砂粒越粗，则耐火度和透气性越高；圆形硅砂、较多角形和尖角形的硅砂透气性好；含泥量越小，透气性越好等。

（2）黏结剂。用来黏结砂粒的材料称为黏结剂。常用的黏结剂有黏土和特殊黏结剂两大类。

1）黏土是配制型（芯）砂的主要黏结剂。用黏土作为黏结剂配制的型砂称为黏土砂。常用的黏土砂分湿型砂和干型砂，湿型砂普遍采用黏结性能较好的膨润土做黏结剂，而干型砂多用普通黏土做黏结剂。

2）特殊黏结剂。常用的特殊黏结剂包括桐油、水玻璃、树脂等。

3）附加物。为了改善型（芯）砂的某些性能而加入的材料称为附加物。如加入煤粉以降低铸件表面、内腔的表面粗糙度数值；加入木屑以提高型（芯）砂的退让性和透气性。

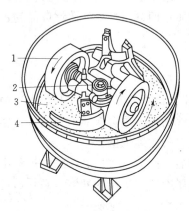

图 4.9　碾轮式混砂机
1—碾轮；2—中心轴；3—碾盘；
4—刮板

3. 型砂与芯砂的配制

铸造时，根据合金种类、铸件大小、形状等不同，选择不同的型（芯）砂配比。如铸钢件浇注温度高，要求高的耐火度，选用较粗的 SiO_2 含量较高的硅砂；而铸造铝合金、铜合金时，可以选用颗粒较细的普通原砂。对于芯砂，为了保证足够的强度和透气性，其黏土、新砂加入量要比型砂高。配制过程是在混砂机中进行的。常用的是碾轮式混砂机，其外形如图4.9所示。型（芯）砂的混制过程是：先加入新砂、旧砂、黏土等进行干混，约 2～3min 后，再加入水和液体黏结剂，湿混约 10min，即可打开出砂口出砂。

配好的型（芯）砂须经性能检验后方可使用。对于产量大的专业化铸造车间，常用型砂性能试验仪检验，最简单的检验方法是：用手抓一把型（芯）砂，捏成团后把手掌松开，如果砂团不松散也不粘手，手印清楚，掰断时断面不粉碎，则可认为砂中黏土与水分含量适宜。

4. 涂料及扑料

涂料及扑料不是配制型（芯）砂时加入的成分，而是涂（干砂型）或扑（湿砂型）在铸型表面，以降低铸件表面粗糙度数值，防止产生粘砂缺陷。铸铁件的干砂型用石墨粉和少量黏土配成的涂料；湿砂型撒石墨粉做扑料。铸钢件用硅粉做涂料。

4.2.2　模样与型芯盒

模样及型芯盒的尺寸、形状应根据铸件而定。模样、铸件、零件三者是不同的。在尺寸上，铸件等于零件尺寸再加上机械加工余量，模样等于铸件尺寸加收缩量（液态金属凝固时的收缩）；在形状上，铸件与模样必须有拔模斜度（便于起模）、铸造圆角（便于造型、避免崩砂）；当铸件上有孔时，模样上有型芯头，以便型芯的定位与固定。

砂型铸造的模样材料主要有木材和铝合金，其中木材因其加工容易，制模方法简单，在单件小批量生产中大量使用；在大批量生产中木制模样容易损坏，常用铝合金、塑料等材料制成模样和芯盒。

4.2.3 铸型制作

造型和造芯是砂型铸造中最基本的工序。按紧实型砂和拔模方法不同，造型方法有手工造型和机器造型两种。

手工造型操作灵活，工艺装备简单，但生产效率低，劳动强度大，仅适用于单件小批量生产。手工造型的方法很多，可根据铸件的形状、大小和批量选择。常用的造型方法介绍如下。

1. 手工造型

（1）整模造型。整模造型特点是模样为整体结构，最大截面在模样一端且是平面；分型面多为平面，操作造型简单，适用于形状简单的铸件，如盘、盖类。整模造型过程如图4.10 所示

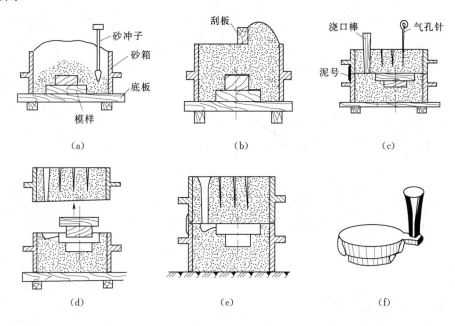

图 4.10　整模造型过程

（a）造下型、填砂、舂砂；（b）刮平、翻箱；（c）造上型、扎气孔、做泥号；

（d）起模、开浇道；（e）合型；（f）落砂后带浇道的铸件

（2）分模造型。分模造型特点是将模样沿外形的最大截面分成两半，并用定位销钉定位。其造型操作方法与整模基本相似，不同的是造上型时，必须在下箱的模样上靠定位销放正上半模样。图 4.11 为套筒的分模造型过程。分模造型适用于形状较复杂的铸件，特别是用于有孔的铸件，如套筒、阀体、管子等。

（3）活块模造型。活块模造型要求造型特别细心，操作技术水平高，生产率低，质量也难以保证。活块模造型过程如图 4.12 所示。

模样上可拆卸或活动的部分称为活块。为了起模方便，将模样上有碍起模的部分，如

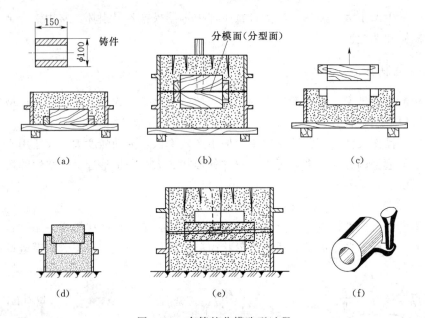

图 4.11　套筒的分模造型过程

（a）造下型；（b）造上型；（c）起模；（d）开浇道，下芯；（e）合型；（f）带浇道的铸件

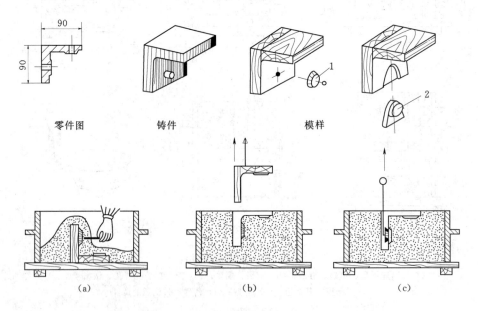

图 4.12　活块模造型过程

（a）造下型，拔出钉子；（b）取出模样主体；（c）取出活块

1—用钉子连接的活块；2—用燕尾榫连接的活块

图 4.12 的小凸台，做成活动的活块与模样用销子或燕尾连接。起模时，先将模样主体取出，再将留在铸型内的活块单独取出。

（4）挖砂造型。如果铸件的外形轮廓为曲面或阶梯面，其最大截面也是曲面，由于条件所限，模样不便分成两半时，常采用挖砂造型。图 4.13 为手轮的挖砂造型过程。挖砂

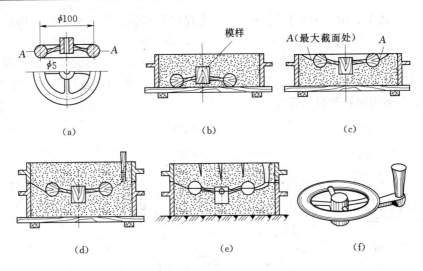

图 4.13 手轮的挖砂造型过程

(a) 零件图；(b) 造下型；(c) 翻下型，挖修分型面；(d) 造上型，开型，起模；(e) 合型；(f) 带浇道的铸件

造型时，每造一型需挖砂一次，操作麻烦，生产率低，要求操作技术水平高。挖砂时应注意，要挖到模样的最大截面的位置，否则就会在分型面产生毛刺，影响铸件的外形和尺寸精度。此方法仅用于形状较复杂铸件的单件生产。

（5）假箱造型。当挖砂造型生产的铸件有一定批量时，为了避免每型挖砂，可采用假箱造型，其过程如图 4.14 所示。先预制好一半型，其上承托模样，用其造下型，然后将此下型翻下再造上型。开始预制的半型不用来浇注，故称假箱。假箱一般是用强度较高的型砂制成，舂得比铸型硬。假箱造型可免去挖砂操作，提高造型效率。当数量较大时，可用木料制成成型底板代替假箱，如图 4.15 所示。

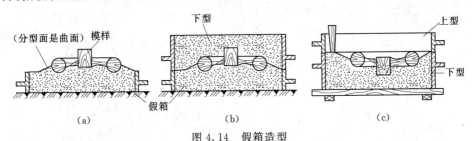

图 4.14 假箱造型

(a) 模样放在假箱上；(b) 造下型；(c) 翻下型造上型

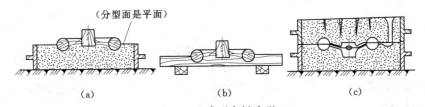

图 4.15 成型底板造型

(a) 假箱；(b) 成型底板；(c) 合型图

（6）三箱造型。用三个砂箱制造铸型的过程称为三箱造型。有些铸件两端截面大于中间截面，如图4.16所示的皮带轮，这时其最大截面为两个，造型时，为了方便起模，必须有两个分型面。如图4.17所示。其特点是：中型的上、下两面都是分型面，且中箱高度与中型的模样高度相近。此方法操作较复杂，生产率较低，适用于两头大中间小的、形状复杂且不能用两箱造型的铸件。

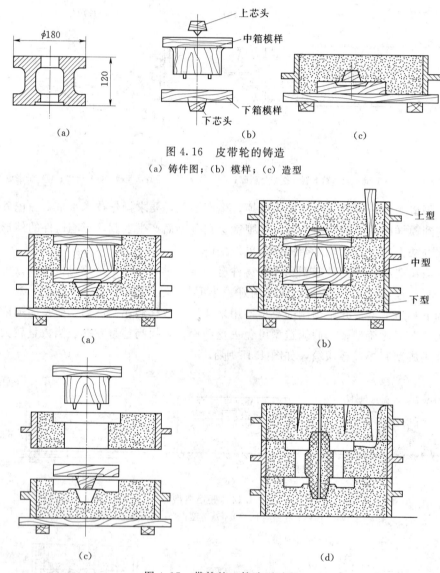

图4.16 皮带轮的铸造

（a）铸件图；（b）模样；（c）造型

图4.17 带轮的三箱造型过程

（a）翻箱，造中型；（b）造上型；（c）依次敞箱，起模；

（d）下芯，合型

（7）刮板造型。对有些旋转体或等截面形状的铸件，当产量小，属单件或小批量生产时，为了节省模样费用，缩短模样制造时间，可以采用刮板造型。刮板是一块和铸件截面形状相适应的木板。图4.18为带轮刮板造型过程。先将型砂填入下箱，然后将装在刮板上的旋转小轴插入下箱底面上事先装好的轴芯中，刮板上部的另一小轴，用同样方法插入刮板支架上，使刮板能绕小轴旋转。这样，旋转刮板即可将下型刮出；将刮板翻转180°，同样的方法可刮制上型。刮板造型模样简单，节省制模材料和工时，但操作复杂，生产率很低，仅用于大、中型旋转体铸件的单件、小批量生产。

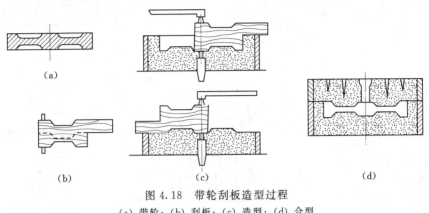

图4.18　带轮刮板造型过程
(a) 带轮；(b) 刮板；(c) 造型；(d) 合型

2. 机器造型

在铸件成批、大量生产时，应采用机器造型，将紧砂和起模过程机械化。与手工造型相比，机器造型生产效率高，铸件尺寸精度高，表面粗糙度 Ra 值小。但机器造型设备及工艺装备费用高，生产准备时间长。机器造型按紧实方式分为震压式造型、高压造型、空气冲击造型等。下面仅介绍常用的震压式造型机。图4.19所示为水管接头机器造型的示意图。图4.19 (c) 所示为压缩空气进入震击活塞3底部，举起工作台；图4.19 (d) 所示为震击活塞上升将排气口6打开，工作台下降，产生震击，反复多次。

机器造型的特点：

(1) 用模板造型。固定着模样、浇冒口的底板称为模板。模板上有定位销与专用砂箱的定位孔配合。模板用螺钉紧固在造型机工作台上，可随造型机上下震动。

(2) 只适用于两箱造型。这是因造型机无法造出中型，所以不能进行三箱造型。

3. 型芯制造

型芯的主要作用是形成铸件的内腔，有时也形成铸件局部外形。由于型芯的表面被高温金属液所包围，受到的冲刷及烘烤比砂型厉害，因此要求型芯要有更高的强度、透气性、耐火度和退让性等。为了满足以上性能，生产中常采用以下措施。

(1) 放芯骨。型芯中放入芯骨，以提高强度。小芯骨常用铁丝、铁钉，大、中型的芯骨则用铸铁浇注而成。为了型芯的搬运和吊装，芯骨上常做出吊环。

(2) 开排气道。型芯中必须做出贯通的排气道，以提高型芯的透气性。砂芯的排气道一定要与砂型的出气孔连通，以便将气体排出型外。较大的型芯，可在型芯里放置焦炭或炉渣，以提高型芯的透气性。

(3) 刷涂料。大部分的型芯表面要刷一层涂料，以提高耐高温性能，防止铸件粘砂。灰铸铁件多用石墨粉涂料，铸钢件多用硅粉涂料。

(4) 烘干。型芯烘干后强度和透气性均能提高。黏土型芯烘干温度为250～350℃，

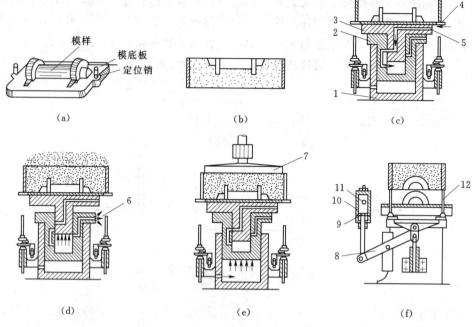

图 4.19　机器造型

(a) 水管的下模板；(b) 造好的下型；(c) 进气；(d) 震击；(e) 压实；(f) 起模

1—压实气缸；2—压实活塞；3—震击活塞；4—模底板；5—进气口；6—排气口；7—压头；

8—杠杆同步机构；9—起模活塞；10—起模气缸；11—缸体；12—起模顶杆

油砂芯烘干温度为为 $180\sim240℃$。

型芯可用手工和机器制造；可用芯盒制造，也可用刮板制造。其中手工型芯盒造芯是最常用的方法。根据芯盒结构，手工造芯方法可分为三种：①对开式芯盒造芯，多用于制造简单型芯，特别适用于圆形截面的型芯；②整体式芯盒造芯，它用于制造形状简单的中、小型芯；③形状复杂的型芯，往往用上述两种形式芯盒，则无法取芯，需将芯盒分成可拆的几块，造芯完毕后拆去相应部位，将型芯顺利取出。

对开式芯盒造芯过程如图 4.20 所示。

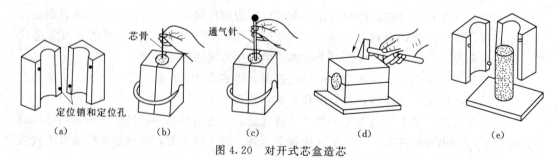

图 4.20　对开式芯盒造芯

(a) 准备芯盒；(b) 舂砂，放芯骨；(c) 刮平，扎气孔；(d) 敲打芯盒；(e) 打开芯盒（取芯）

4. 合型

将上型、下型、型芯、浇注系统等组合成一个完整铸型的操作过程称为合型，俗称合箱。合型是浇注前的最后一道工序，若合型操作不当，会使铸件产生错型、偏芯、跑火及夹砂等缺陷。合型工作包括以下几方面。

（1）铸型的检验。这里包括检验型腔、浇注系统及表面有无浮砂，排气道是否通畅。

（2）下芯。将型芯的芯头准确地放在砂型的芯座上。应注意芯头间隙、芯子排气孔及定位等。

（3）合上下型。合上下型时应注意使上型保持水平下降，并应对准合型线。上、下型的定位，对于批量生产，是靠砂箱上的销定位；对于单件、小批量生产，常采用划泥号定位。

5. 铸型的紧固

浇注时，金属液充满整个型腔，上型将受到金属液的浮力，芯头所受金属液浮力也作用到上型，这两个力使上型抬起，使铸件产生跑火缺陷。因此，合型后，浇注前要将铸型紧固，常见的砂型紧固方法有压铁紧固、卡子紧固、螺栓紧固。

4.2.4 铸件生产

铸件生产即铸铁生产工艺流程，如图4.8所示。熔化金属可用专用熔化炉，如灰口铸铁用冲天炉，有色金属用坩埚炉，铸钢用电炉。将液态金属浇入铸型的过程称为浇注。铸件冷却到一定温度后，即可开箱进行落砂清理。铸件经清理、检验后即可成为毛坯。

对铸件进行时效处理（人工时效处理或自然时效处理）后即可进行机加工。

4.3 锻造基本知识

【任务】 车刀刀柄的锻造

（1）目的：①了解自由锻、模锻、板料冲压的生产过程及应用实例；②了解锻造的设备和锻模、冲压模的作用；③学会锻造、冲压的基本方法。

（2）器材：加热炉、45号圆钢棒料、冲压模具、压力机、锻锤。

（3）任务设计：①教师现场讲解锻造、压力机设备，示范冲压、锻造加工的操作过程；②观看锻造生产过程的录像；③学生动手操作锻造车刀的刀柄和冲压一简易工件。

（4）报告要求：分析锻造、冲压过程金属塑性变形的过程及特点；说明锻造的种类及作用、冲压成型的过程、冲压工序的组成；分析锻造工艺及锻造方法、冲压的工艺特点。

4.3.1 锻造的概念及特点

锻造是指对坯料施加外力，使其产生塑性变形，改变尺寸、形状及改善性能，用以制造机械零件或毛坯的成型加工方法。锻压是锻造和冲压的总称。

锻压生产与其他加工方法相比较具有以下特点。

（1）锻压加工产品具有较高的综合力学性能。锻压加工可以细化晶粒，并可具有连贯的锻压流线（流纹），改善金属材料的力学性能，使锻件在（平行）流线方向塑性和韧性增加，而在（垂直）流线方向塑性和韧性降低；还可以消除零件或毛坯的内部缺陷，使其内部组织细密，从而使锻件具有良好的韧性、合理的纤维组织和优良的综合机械性能，这是其他任何加工方法都不可比拟的。因此，机械产品中，重要的机械零件都采用锻压的方式生产。

（2）锻压具有较高的材料利用率和生产率。锻压加工是靠材料发生塑性变形来获得基本尺寸的，可少加工或不加工就可达到零件所要求尺寸和形状，因此，材料的利用率和生产率较高。

（3）锻压生产设备投资大，工模具投资大，不能生产形状复杂的零件；锻件的尺寸精度还不够高。

（4）锻压生产周期长，生产成本高，这也是只有重要的零件才用锻压生产的主要原因之一。

4.3.1.1 金属的塑性变形

1. 金属塑性变形的种类

塑性是金属的重要特性，锻压就是利用金属的塑性变形特性来生产各种制品的。了解金属材料塑性变形的过程及机理，对选用金属材料加工工艺，提高产品质量和合理使用材料等方面都有重要的意义。

塑性变形的实质是在外力的作用下，金属内部的原子沿晶体一定晶面和晶向产生滑移。在外力的作用下，金属内部首行原子偏离原来的平衡位置，金属材料发生弹性变形，随后外力继续增大，晶粒内部的原子和晶粒间发生滑移；外力消失后，部分原子或晶粒不能恢复原位，改变了原有金属的形状，产生了塑性变形。

（1）单晶体的塑性变形。单晶体的变形过程如图 4.21 所示。图 4.21 （a）为原始状态；当晶体受外力作用时，首先产生晶格畸变如图 4.21 （b）所示，此为弹性变形阶段；当外力继续增加，超过一定限度后，晶格畸变程度超过了弹性变形阶段，晶体一部分相对另一部分发生滑移，如图 4.21 （c）所示；晶体发生滑移后，外力消失，晶体变形不能完全恢复，因而产生了塑性变形，如图 4.21 （d）所示。

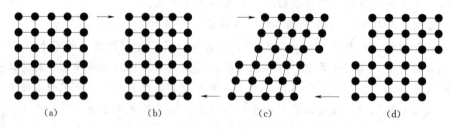

图 4.21 单晶体变形过程
(a) 未变形；(b) 弹性变形；(c) 弹塑性变形；(d) 塑性变形

（2）多晶体的塑性变形。实际使用的金属材料是由许多晶格位向不同的晶粒构成的，称为多晶体材料。多晶体塑性变形由于晶界的存在和各晶粒晶格位向的不同，其塑性变形过程比单晶体的塑性变形复杂得多。图 4.22 为多晶体塑性变形示意图。在外力作用下，多晶粒的塑性变形首先在方向有利于滑移的晶粒内开始，如图 4.22 所示的 B、C 晶粒。

由于多晶体中各晶粒的晶格位向不同，滑移方向不一致，各晶粒间势必相互牵制阻挠。为了协调相邻晶粒之间的变形，使滑移得以进行，便会出现晶粒间彼此相对移动和转动。因此，多晶体的塑性变形，除晶粒内部的滑移和转动外，晶粒与晶粒之间也存在滑移和转动。

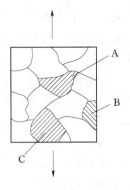

图 4.22　多晶体塑性
变形示意图

2. 加工硬化与再结晶

（1）加工硬化。金属发生塑性变形后，强度和硬度升高的现象称为加工硬化或者冷作硬化。加工硬化是由于晶格内部晶格畸变的原因而引起的。金属在塑性变形过程中，滑移面附近晶格处于强烈的歪曲状态，产生了较大的应力，滑移面上产生了很多晶格位向混乱的微小碎晶块，增加了继续产生滑移的阻力。加工硬化对于那些不能用热处理强化的金属和合金具有重要的意义，如纯金属、奥氏体不锈钢、形变铝合金等都可用冷轧、冷冲压等加工方法来提高其强度和硬度。但是，加工硬化会给金属和合金进一步变形加工带来一定的困难，所以常在变形工序之间安排中间退火，以消除加工硬化，恢复金属和合金的塑性。

（2）回复。金属加工硬化后，畸变的晶格中处于高位能的原子具有恢复到稳定平衡位置的倾向。由于在较低温度下原子的扩散能力小，这种不稳定状态能保持较长时间而不发生明显变化。当将其加热到一定温度时，原子运动加剧，有利于原子恢复到平衡位置。将金属加热到一定温度，原子获得一定的扩散能力，晶格畸变程度减轻，内应力下降，部分地消除加工硬化现象，即强度、硬度略有下降，而塑性略有升高，这一过程称为回复。使金属得到回复的温度称为回复温度。纯金属回复温度 $T_{回}=(0.25\sim0.3)T_{熔}$，$T_{回}$ 和 $T_{熔}$ 分别表示回复温度和熔点，单位为 K。实际生产中的低温去应力退火就是利用回复现象消除工件内应力，稳定组织，并保留冷变形强化性能的。

（3）再结晶。对塑性变形后的金属加热，金属原子就会获得足够高的能力，从而消除加工硬化现象，这一过程称为再结晶。纯金属的再结晶温度 $T_{再}\approx0.4T_{熔}$。纯铁的再结晶温度约为 450℃；铜的再结晶温度约为 200℃；铝的再结晶温度约为 100℃；铅和锡的再结晶温度低于室温。由于金属再结晶后的晶格畸变和加工硬化现象完全消除，所以强度、硬度显著下降，塑性、韧性明显上升，金属又恢复到变形前的性能。钢和其他一些金属在常温下进行压力加工时，常安排再结晶退火工序，以消除加工硬化现象。再结晶退火温度通常比再结晶温度高 100～200℃，即 $T_{再退}=T_{再}+(100\sim200)℃$。金属材料的塑性变形，通常以再结晶温度为界分为冷变形与热变形。再结晶温度以上的塑性变形为热变形；再结晶温度以下的塑性变形为冷变形。

4.3.1.2　金属的可锻性

可锻性是衡量金属材料经受压力加工时获得优质零件难易程度的一个工艺性能。金属的可锻性好，表明锻压容易进行；可锻性差，表明不宜锻压。金属的可锻性常用塑性和变形抗力来综合衡量。塑性越大，变形抗力越小，则可锻性越好；反之，可锻性越差。金属的塑性用断后伸长率、断面收缩率来表示，其值越大或镦粗时变形程度越大（不产生裂纹）的金属，其塑性也越大。变形抗力是指塑性变形时金属反作用于工具上的力。变形抗力越小，则变形消耗的能量也就越少。塑性和变形抗力是两个不同的独立概念。如奥氏体不锈钢在冷态时塑性虽然很好，但变形抗力却很大。金属的塑性和变形抗力与下列因素有关。

（1）化学成分。不同化学成分的金属塑性不同，可锻性也不同。纯铁的塑性就比碳钢好，变形抗力也小；低碳钢的可锻性比高碳钢好，当钢中有较多的碳化物形成元素 Cr、Mo、W、V 时，可锻性显著下降。

（2）金属组织。金属内部的组织结构不同，可锻性有很大差别。固溶体（如奥氏体）的可锻性好，碳化物（如渗碳体）的可锻性差。晶粒细小而又均匀的组织可锻性好，当铸造组织中存在柱状晶粒、枝晶偏析（结晶过程冷却速度较快，液体和固体成分来不及均匀，除晶粒细小外，固体中的成分会出现不均匀，树枝晶中成分也不均匀，产生晶内偏析，也称枝晶偏析）以及其他缺陷时，可锻性较差。

（3）变形温度。变形温度对塑性及变形抗力影响很大。提高金属变形时的温度，会使原子的动能增加，削弱原子之间的吸引力，减少滑移时所需要的力，因此塑性增大，变形抗力减小，改善金属的可锻性。当温度过高时，金属会产生过热、过烧等缺陷，使塑性显著下降，此时金属受力易脆裂。

（4）变形速度。变形速度即单位时间内的变形程度。它对塑性及变形抗力的影响是矛盾的。由于变形速度的增大，回复和再结晶不能及时克服加工硬化现象，金属表现出塑性下降，变形抗力增加，可锻性变坏，如图 4.23 所示；金属在变形过程中，消耗于塑性变形上的能量一部分转化为热能，使金属温度升高，产生所谓的热效应现象。变形速度越大，热效应现象越明显，使金属塑性上升，变形抗力下降，可锻性变好，如图 4.23 中 a 点以后。但除高速锤锻外在一般锻压加工中变形速度并不很快，因而，热效应现象对可锻性影响并不明显。

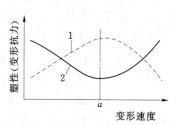

图 4.23 变形速度及变形抗力的关系示意图

1—变形抗力曲线；2—塑性变化曲线

（5）应力状态。不同的压力加工方法在材料内部产生的应力大小和性质（拉或压）是不同的，因而表现出不同的可锻性。如金属在挤压时呈三向压应力状态，表现出较高的塑性和较大的变形抗力；而金属在拉拔时呈两向压应力和一向拉应力状态，表现出较低的塑性和较小的变形抗力。

4.3.2 锻造基本工艺及锻造方法

锻造是指在加压设备及工（模）具的作用下，使坯料或铸锭产生局部或全部的塑性变形，以便获得一定几何尺寸、形状和质量的锻件的加工法。锻件是指金属材料经锻造变形而得到的工件或毛坯。锻造属于金属塑性加工，实质上是利用固态金属的流动性来实现成型的。

锻造的工艺过程主要有坯料准备、加热、锻压工序、后续处理工序和锻件质量检验等。

常用的锻造方法有自由锻、胎模锻造和模型锻造等。

1. 自由锻造

自由锻造是指用简单的通用工具，或在锻造设备的上、下砧铁之间，直接使坯料变形而获所需的几何形状及内部质量锻件的方法。锻造时，被锻金属能够向没有受到锻造工具工作表面限制的各个方向流动。自由锻造使用的工具主要是平砧铁、成型砧（V形砧）及其他形式的垫铁。自由锻造生产的锻件称为自由锻件。自由锻件的形状、尺寸主要由工人的操作技术控制，通过局部锻打逐步成型，需要的变形力较小。自由锻造主要由镦粗、拔长、切割、冲孔、弯曲、锻接及错移等基本工序组成。

（1）镦粗。镦粗是指使毛坯高度减小、横断面面积增大的锻造工序。镦粗常用来锻造圆盘类零件。镦粗时，由于坯料两个端面与上、下砧铁间产生的摩擦力具有阻止合金流动的作用，因此，圆柱形坯料经镦粗之后呈鼓形。当坯料高度 H 与直径 D 之比 $H/D>2.5$ 时，不仅难锻透，而且容易镦弯或出现双鼓形。

在坯料的一部分进行镦粗称为局部镦粗。

（2）拔长。拔长是指使毛坯横断面面积减小、长度增加的锻造工序。拔长常用于锻造轴坯料。

（3）切割。切割是指将坯料分成两部分的锻造工序。切割常用于拔长的辅助工序，以提高拔长效率，但局部切割会损伤锻造流线，影响锻件的力学性能。

（4）冲孔。冲孔是指在坯料上冲出通孔或不通孔的锻造工序。冲孔常用来锻造套类零件。冲通孔可以看成是沿封闭轮廓切割；冲不通孔可以看成是局部切割并镦粗。在薄坯料上使用冲头单面冲通孔；在厚坯料上则使用冲头双面冲通孔。孔径超过 400mm 时可用空心冲头冲孔。

（5）弯曲。弯曲是指采用一定的工（模）具将毛坯弯成所规定外形的锻造工序。弯曲常用于锻造角尺、弯板、吊钩一类轴线弯曲的零件。

（6）锻接。锻接是指将坯料在炉内加热至高温后用锤快击，使两者在固相状态结合的方法。锻接的方法有搭接、咬接和对接法等。锻接主要用于小锻件生产或修理工作，如船舶锚链的锻焊；刀具的夹钢和贴钢（它是将两种成分不同的钢料锻焊在一起）、夹铜也属于锻接的范畴。锻接后的接缝强度可达被连接材料强度的 $70\%\sim80\%$。

（7）错移。错移是指将坯料的一部分相对另一部分平移错开，但仍保持轴线平行的锻造工序。错移常用于锻造曲轴类零件。错移时，先对毛坯进行局部切割，然后在切口两侧分别加以大小相等、方向相反，且垂直于轴线的冲击力或挤压力，使坯料实现错移。

自由锻造方法灵活，能够锻出不同形状的锻件；自由锻造所需的变形力较小，是锻造大件的唯一方法。但是，自由锻造生产率较低；锻件精度也较低，多用于单件小批生产中锻造形状较简单、精度要求不高的锻件。

2. 胎模锻造

胎模锻造是指在自由锻造设备上使用可移动模具生产模锻件的一种锻造成型方法。胎模不固定在锤头或砧座上，只是在用时放上去。锻造时，通常先采用自由锻造方法使坯料初步成型后，放入胎模中，然后把胎模放在砧铁上被打击，使锻件在胎模中终锻成型。如图 4.24（a）所示，扣模类胎模由上、下扣组成，主要用于锻造非回转体锻件；也可以只有下扣，上扣以砧代替，如图 4.24（b）所示。使用扣模锻造时，锻件不翻转，只在成型后将锻件翻转 90°，用锤砧平整侧面。因此，锻件侧面应平直。套模类胎模一般由套筒及上、下模组成，如图 4.24（c）所示，主要用于锻造端面有凸台或凹坑的回转体锻件。套模的上模垫有时可以用上砧代替，如图 4.24（d）所示，成型后工件上端面为平面，并且形成横向小毛边。

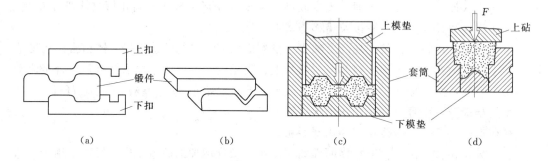

图 4.24　胎模
(a) 扣模；(b) 无上扣模；(c) 套模；(d) 无上模垫套模

胎模锻造和自由锻造相比，生产率高，锻件精度高，节约金属；与模锻相比，不需吨位较大的设备，工艺灵活，但胎模锻造的劳动强度大，模具寿命短，只适用于在没有模型锻造设备的中、小型工厂中生产批量不大的模锻件。

3. 模型锻造（简称模锻）

模锻是指利用模具使坯料变形而获得锻件的成型方法。用模锻生产的锻件称为模锻件。模锻件的形状尺寸主要由锻模控制，通过整体锻打成型，所需要的变形力较大。模锻通常按模间间隙方向、模具运动方向分为开式模锻和闭式模锻。

（1）开式模型锻造（简称开式模锻）。开式模锻是指两模间间隙的方向与模具运动方向相垂直，在模锻过程中，间隙不断减小的模锻。开式模锻的特点是固定模型与活动模型间隙可以变化。模锻开始时，部分金属流入间隙成为飞边。飞边堵住了模腔的出口把金属堵在模腔内。在变形的最后阶段，模腔内的多余金属仍然会被挤出模腔成为飞边。因此，开式模型锻造时坯料的质量应大于锻件的质量。锻件成型后，使用专用工具将锻件上的飞边切去。

（2）闭式模型锻造（简称闭式模锻）。闭式模锻是指两模间间隙的方向与模具运动的方向相平行，在模锻过程中，间隙的大小不变化的模型锻造。闭式模锻的特点是在坯料的变形过程中，模腔始终保持封闭状态。模锻时固定模与活动模间隙是固定的，而且间隙很小，不会形成飞边。因此，闭式模锻必须严格遵守锻件与坯料体积相等原则。否则若坯料不足，则模腔的边角处得不到填充；若坯料有余，则锻件的高度大于要求的尺寸。

闭式模锻最主要的优点是没有飞边，减少了金属的消耗，并且模锻流线分布与锻件轮廓相符合，具有较好的宏观组织。闭式模锻时，金属坯料处于三向不均匀压应力状态，产生各向不均匀压缩变形，提高了金属的变形能力，用于模锻低塑性合金。

模锻的生产率和锻件精度比自由锻造高得多。但每套锻模只能锻造一种规格的锻件，受模锻设备吨位的限制不能锻造较大的锻件。因此，模锻主要用于大批量生产锻造形状比较复杂、精度要求较高的中、小型锻件。

4．其他锻造方法简介

（1）精密锻造。精密锻造是指在一般模锻设备上锻造高精度锻件的方法。其主要特点是使用两套不同精度的锻模。锻造时，先使用粗锻模锻造，留有 0.1～0.2mm 的锻造余量；然后切下飞边并酸洗，重新加热到 700～900℃，再使用精锻模锻造。

提高锻件精度的另一条途径是采用中温或室温精密锻造，但只限于锻造小锻件及有色金属锻件。

（2）辊锻。辊锻是指用一对相向旋转的扇形模具使坯料产生塑性变形，从而获得所需锻件或锻坯工艺。辊锻实质上是把轧制工艺应用于制造锻件的方法。辊锻时，坯料被扇形模具挤压成型。辊锻常作为模锻前的制坯工序，也可直接制造锻件。

（3）挤压。挤压是指坯料在三向不均匀压应力作用下，从模具的孔口或缝隙挤出，使之横截面面积减小、长度增加，成为所需制品的加工方法。挤压的生产率很高，锻造流线分布合理，但变形抗力大，多用于锻造有色金属件。

4.3.3 板料冲压

板料冲压是利用冲压设备和冲模，使板料发生塑性变形或分离的加工方法。厚度小于 4 mm 的薄钢板通常是在常温下进行的，所以又叫冷冲压。由于冲压主要是对薄板进行冷变形，所以冲压制品重量较轻，强度、刚度较大，精度较高，具有较好的互换性。冲压工作也易于实现机械化、自动化，提高生产率。厚板则需要加热后再进行冲压。

冲压主要应用于加工金属材料如低碳钢，塑性好的合金钢、铜、铝、硬铝、镁合金等，也可用于加工非金属材料，如皮革、石棉、胶木、云母、纸板等。冲压应用非常广泛，在航空、汽车、拖拉机、电机、电器、精密仪器仪表工业中，占有极其重要的地位。

4.3.3.1 冲压设备

（1）剪床。剪床的用途是把板料切成一定宽度的条料，可以为冲压准备毛坯或做切断之用。剪床传动机构如图 4.25 所示，电动机带动带轮使轴转动，再通过齿轮传动及牙嵌式离合器使曲轴转动，带刀片的滑块便上下运动，进行剪切工作。

（2）冲床。除剪切外，板料冲压的基本工序都是在冲床上进行的。冲床分单柱式和双柱式两种。图 4.26 为双柱式冲床及其传动简图。电动机通过传动带动飞轮转动，当踩下踏板时，离合器使飞轮与曲轴连接，因而曲轴随飞轮一起转动，通过连杆带动滑块作上下运动，进行冲压工作。当松开踏板

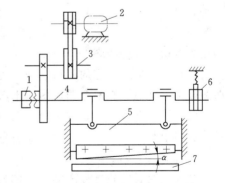

图 4.25　剪床传动机构示意图
1—离合器；2—电动机；3—传动轴；4—曲轴；
5—上刀片；6—支架；7—下刀片

时，离合器脱开，曲轴不随飞轮转动，同时制动器使曲轴停止转动，并使滑块留在上顶点位置。

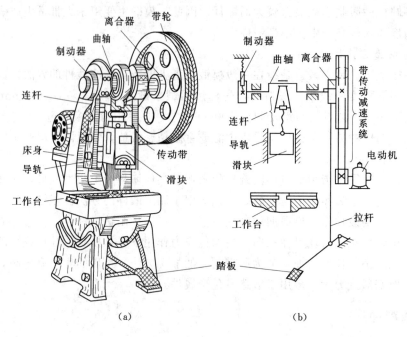

图 4.26 冲床
(a) 外形；(b) 传动示意图

4.3.3.2 冲压基本工序

各种形式的冲压件都经过一个或几个冲压工序。冲压可分为分离和变形两大基本工序。分离工序是使板料发生剪切破裂的冲压工序，如剪切、落料、冲孔等，在冲压工艺上常称为"冲裁"。变形工序是使板料产生塑性变形的冲压工序，如弯曲、拉伸、成型等。

1. 剪切

把板料切成一定宽度的条料称为剪切，通常用做备料工序。剪切所用剪床有如下三种。

(1) 平口剪床。它的刀口是相互平行的。平口剪床所需剪力较大，剪切后板料较平，多用于剪切较窄的板料。

(2) 斜口剪床。它的刀口是倾斜的，一般为 6°～8°。斜口剪床因金属接触面小，所需剪力较小，剪后板料易弯曲，多用于剪切较宽的板料。

(3) 圆盘剪床。它是利用两片反向转动的刀片而将板料剪开的剪床。圆盘剪床的特点是能剪切很长的带料，剪切后毛坯易弯曲。

2. 落料与冲孔

把板料沿封闭轮廓分离的工序称为落料或冲孔。落料与冲孔是同样变形过程的工序，所不同的是落料是为了在板料上冲裁出所需形状的工件，即冲下的部分是工件，带孔的周边为废料；而冲孔则是带孔的周边是工件，冲下的部分为废料。

3. 弯曲

用模具把金属板料弯成所需形状的工序称为弯曲。在弯曲时，钢料下层受拉，内层受压，因此外层易拉裂，内层易引起折皱，规定最小弯曲圆周半径 R 为 $(0.25～1)\delta$（其

中 δ 为材料厚度）。材料的塑性越好，允许的圆角半径 R_{min} 也越小。另外，弯曲时须使弯曲部分的压缩及拉伸顺纤维方向进行，否则易造成拉裂现象。弯曲后常带有弹性回跳现象，回跳角度为 $0°\sim10°$，在设计模具时应考虑。

4. 拉延

把平板料拉成中空开口工件的工序称为拉延。拉延所用毛坯通常用落料工序获得。从平板料变形到最后成品的形状，一般需经几次拉延工序，为避免拉裂，除冲头与凹模部分应做成圆角外，每一道工序拉延系数（即拉延前后板坯直径之比）一般取 $1.5\sim2.0$，对塑性较差的金属取小值。

对于壁厚不减薄的拉延，冲头与凹模间应有比板厚稍大的单边间隙，为预防拉延时板料边缘缩小而引起折皱，板料的边缘常用压板压住，再进行拉延。为了消除加工硬化现象，在拉延工序中常进行中间退火。

5. 成型

利用局部变形使毛坯或半成品改变形状的工序称成型。成型工序包括翻边、收口等。

4.3.3.3 冲模

1. 冲模种类

冲模按工序组合方式可分为简单冲模、连续冲模和组合冲模三种。

（1）简单冲模。冲床每次行程只完成一个工序的冲模。

（2）连续冲模。把两个（或更多个）简单冲模联在模板上而成。冲床每次行程可完成两个以上工序。

（3）组合冲模。冲床每次行程中，毛坯在冲模内只经过一次定位，可完成两个以上工序。

2. 冲模结构

典型的简单冲模的结构如图 4.27 所示。

冲模一般分上模和下模两部分。上模用模柄固定在冲床滑块上，下模用螺栓紧固在工作台上。冲模各部分作用如下。

（1）凸模与凹模。凸模又称冲头，它与凹模共同作用，使板料分离或变形完成冲压过程的零件，是冲模的主要工作部分。

（2）导板与定位销。用以保证凸模与凹模之间具有准确位置的装置，导板控制毛坯的进给方向，定位销控制进给量。

（3）卸料板。冲压后用来卸除套在凸模上的工件或废料。

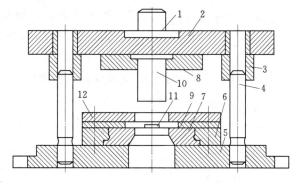

图 4.27 简单冲模

1—模柄；2—上模板；3—套筒；4—导柱；5—下模板；
6—压板；7—凹模；8—压板；9—导板；10—凸模；
11—定位销；12—卸料板

（4）模架。由上下模板、导柱和套筒组成。上模板用以固定凸模、模柄等；下模板则用以固定凹模、送料和卸料构件等。套筒和导柱分别固定在上下模板上，用以保证上下模对准。

4.4　焊接成型技术

【任务】　典型支架零件的焊接工艺方案制订

(1) 目的：①了解焊接生产过程及应用实例，焊接设备的性能及使用方法；②了解氧割工具的使用；③掌握焊接工艺流程和焊接技术。

(2) 器材：焊接用材料、焊条，氧焊机、氧割机等有关设备。

(3) 任务设计：①教师现场讲解设备的使用方法并示范操作；②学生动手操作氧焊机、氧割机；③小组分析焊接件和氧割工件存在的问题；④教师归纳总结。

(4) 报告要求：说明焊接的种类及作用、焊缝形成过程，分析气焊工艺和工艺参数的选择。

4.4.1　焊接基本知识

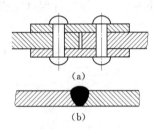

图 4.28　焊接与铆接
(a) 铆接；(b) 焊接

焊接是将两个分离的金属工件，通过局部加热、加压或两者并用（即加热、加压），使工件连接成为一个整体的工艺方法。在焊接被广泛应用以前，连接金属的结构件主要靠铆接，如图 4.28 (a) 所示。用焊接 [图 4.28 (b)] 代替铆接，一般可节省金属材料 15%～20%。而且焊接具有生产率高、致密性好、焊接过程便于实现机械化和自动化等优点。因此，在现代工业生产中，铆接的大部分已被焊接取代，成为制造金属结构和机器零件的一种基本工艺方法。焊接时，金属局部熔化，随后冷却凝固成为焊缝。被焊的工件材料称为母材（或称基本金属）。两工件连接处称为焊接接头，它包括焊缝与焊缝附近的一段受热影响区域，如图 4.29 所示。焊缝各部分的名称如图 4.30 所示。

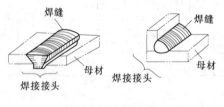

图 4.29　焊接接头

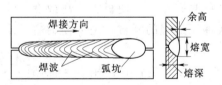

图 4.30　焊缝各部分名称

1. 焊接方法分类

焊接方法的种类很多，按焊接过程特点可分为以下三大类。

(1) 熔焊。熔焊的共同特点是把焊接局部连接处加热至熔化状态形成熔池，待其冷却结晶后形成焊缝，将两部分材料焊接成一个整体。因两部分材料均被熔化，故称熔焊。

（2）压焊。在焊接过程中需要对焊件施加压力（加热或不加热）的一类焊接方法，称为压焊。

（3）钎焊。利用熔点比金属低的填充金属（称为钎料）熔化后，填入接头间隙并与固态的母材通过扩散实现连接的一类焊接方法。

主要焊接方法分类如图 4.31 所示。

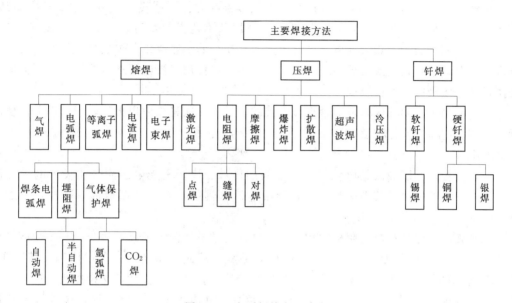

图 4.31　主要焊接方法分类

2. 焊接的应用

焊接主要用于制造金属构件，如锅炉、压力容器、船舶、桥梁、管道、车辆、起重机、海洋结构、冶金设备；生产机器零件（或毛坯），如重型机械和制造设备的机架、底座、箱体、轴、齿轮等；传统的毛坯是铸件或锻件，但在特定条件下，也可用钢材焊接而成。与铸造相比，不需要制造木模和砂型，不需要专门冶炼和浇注，生产周期短，节省材料，降低成本。如我国自行设计制造的 120MN 水压机的下横梁，若用铸钢件质量达470t，采用焊接结构质量仅 260t，减轻约 45%；对于一些单件生产的特大型零件（或毛坯），可通过焊件以小拼大，简化工艺；还可修补铸、锻件的缺陷和局部损坏的零件，这在生产中具有较大的经济意义。世界上主要工业国家年生产焊接结构占总产量的 45%。焊接正是有了连接性能好、省工省料、成本低、质量轻、可简化工艺等优点，才得以广泛应用。但同时也存在一些不足，如结构不可拆，更换修理不方便；焊接接头组织性能变坏；存在焊接应力，容易产生焊接变形；容易出现焊接缺陷等。有时焊接质量成为突出问题，焊接接头往往是锅炉压力容器等重要容器的薄弱环节，实际生产中应特别注意。随着我国经济的发展，先进的焊接工艺不断出现，已成功地焊制了万吨水压机横梁、立柱，12.5 万 kW 汽轮机转子，30 万 kW 电站锅炉，120t 大型水轮机工作轮，直径 15.7m 的球形容器、核反应堆、火箭、飞船等。

4.4.2　焊条电弧焊

利用电弧作为热源的熔焊方法，称为电弧焊。焊条电弧焊是指用手工操纵焊条进行焊接的电弧焊方法（也称手工电弧焊）。

1. 焊接电弧

焊接电弧是焊接电源供给的，具有一定电压的两电极间或电极与焊件间，在气体介质中产生强烈而持久的放电现象。焊接时，先使焊条与焊体瞬间接触，由于短路产生高热，使接触处金属很快熔化，并产生金属蒸气。当焊条迅速提起，离开焊件 2～4mm 时，焊条与焊件之间充满了高热的气体与气态的金属，质点的热碰撞以及焊接电压的作用使气体电离而导电，于是在焊条与焊件之间形成了电弧。当使用直流电源进行焊接时，焊接电弧由阴极区、阳极区、弧柱组成。

（1）阴极区。阴极区是电弧紧靠负电极的区域。该区是放射出大量电子的部分，要消耗一定的能量，产生热量较少，约占电弧总热量的 38%，阴极区（钢材）温度可达 2400K。

（2）阳极区。阴极区是电弧紧靠正电极的区域。该区是受电子撞击和吸入电子的部分，获得很大的能量，放出热量较高，约占电弧总热量的 42%，阳极区（钢材）温度可达 2600K。

（3）弧柱。弧柱是电弧阴极区和阳极区之间的部分。温度最高可达 5000～8000K，热量约占 20%。由于电弧发出的热量在两极有差异，因此，在极性上有正接和反接两种。正接是指焊件接电源正极、电极接电源负极的接线法，也称正极性，这种接法，热量大部分集中在焊件上，可加速焊件熔化，有较大熔深，其应用最多；反接是指焊件接电源负极、电极接电源正极的接线法，也称反极性，反接常用于薄板钢材、铸铁、不锈钢、非铁合金焊件，或用于低氢型焊条焊接的场合。当使用交流电源进行焊接时，由于电流方向交替变化，两极温度大致相等，不存在极性问题。

2. 焊缝形成过程

如图 4.32 所示，焊接时，焊条（用焊钳夹持）和工作台为两极与焊接电源相连接。电弧在焊芯与焊件之间燃烧。焊芯熔化后形成的熔滴滴入熔池中，焊条上的药皮熔化后形成保护气体及熔渣。保护气体充满在熔池周围，液态熔渣从熔池中浮起，覆盖在熔池表面上，共同起到隔绝空气、防止液态金属氧化的保护作用。焊条向右移动形成新的熔池，脱离电弧作用的熔池金属凝固成焊缝，液态熔渣冷却后在焊缝上面形成坚硬的熔渣壳。

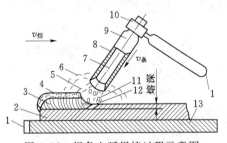

图 4.32　焊条电弧焊接过程示意图
1—电极；2—焊件；3—焊缝；4—熔渣壳；5—电弧；
6—保护气体；7—焊芯；8—药皮；9—焊条；
10—焊钳；11—熔滴；12—熔池；
13—工作台

3. 焊条的组成

焊条是涂有药皮的供手工电弧焊用的熔化电极。它由焊芯和药皮两部分组成。

（1）焊芯。焊芯是指焊条中被药皮包覆的金属芯。其作用：一是作为电极传导电流，产生电弧；二是作为填充金属，与被焊母材熔合在一起。焊芯的化学成分、杂质含量均直接影响焊缝质量。GB/T 5117—1995《碳钢焊条》规定，焊芯必须由专门冶炼的金属丝制成，并规定了它们的牌号和化学成分。焊芯用钢分为碳素钢、合金钢和不锈钢三类，其牌号冠以"焊"字，代号为"H"，随后的数字和符号意义与结构钢牌号相似。如 H08MnA 中，H 表示焊丝，08 表示含碳量 0.08%，Mn 小于 1.05%，A 表示高级优质。我国生产的电焊条，基本上以 H08A 钢做焊芯。

（2）药皮。药皮是压涂在焊芯表面上的涂料层。它由矿石、岩石、铁合金、化工物料等的粉末混合后黏结在焊芯上制成。药皮在焊接过程中的主要作用：①提高燃弧的稳定性（加入稳弧剂）；②防止空气对金属熔池的有害作用（加入造气剂、造渣剂）；③保证焊缝金属的脱氧，并加入或保护合金元素，使焊缝金属有合乎要求的化学成分和力学性能（加入脱氧剂、合金等）。

4. 焊条的分类、型号及牌号

（1）焊条的分类。焊条的品种很多，通常可以从焊条的药皮成分、熔渣的碱度来分类。

1）按焊条药皮成分的不同，焊条可分为氧化钛型、氧化钛钙型、钛铁矿型、氧化铁型、纤维素型、低氢型、石墨型、盐基型等。

2）按熔渣的碱度的不同，焊条分为酸性焊条和碱性焊条。酸性焊条药皮内含有多种酸性氧化物；碱性焊条药皮内含有多种碱性氧化物。酸性焊条电弧稳定性较好，可交、直流两用，价低，但焊缝中氧和氢的含量较多，影响焊缝金属的力学性能。碱性焊条焊缝中含氧和氢少，杂质少，有高的韧性、高的塑性，单电弧稳定性差，一般宜用直流电源施焊。

（2）焊条的型号和牌号。

1）焊条型号是反映焊条主要性能的编号方法。国标《碳钢焊条》（GB/T 5117—1985）规定，用一位字母 E 加四位数字（$EX_1X_2X_3X_4$）表示，各位数字含义：①前两位数字 X_1X_2——焊条系列，共有 43 系列和 50 系列两种，分别代表熔敷金属抗拉强度最小值为 $43kgf/mm^2$（420MPa）和 $50kgf/mm^2$（490MPa）；②第三位数字 X_3——焊条适用焊接位置，"0"和"1"表示适宜全位置焊（平、立、仰、横），"2"表示仅宜平焊及平角焊，"4"表示焊条适用于向下立焊；③第三位和第四位数字组合 X_3X_4——焊条药皮类型及电流种类，如 E4303 中"03"表示钛钙型、交、直流两用。

2）焊条牌号是对焊条产品的具体命名，是根据焊条主要用途及性能编制的，焊条牌号是符合型号的，一般一种焊条型号可以有多种焊条牌号，这有利于焊条的改进发展（实为同一型号焊条有多种药皮配方）。

目前，我国焊条牌号很多，且焊条牌号另有一套编制方法。碳钢焊条和低合金钢焊条合并在"结构钢"焊条一类中，其牌号一般用一个大写拼音字母和三位数字表示，字母"J"，表示结构钢焊条；"R"表示钼和铬耐热钢焊条；"B"表示不锈钢焊条；"D"表示堆焊条；"W"表示低温钢焊条；"Z"表示铸铁焊条；"N"表示镍及镍合金焊条；"T"表示铜及铜合金焊条；"L"表示铝及铝合金焊条等。如 J422 后面的三位数字中前二位"42"表示熔敷金属抗拉强度值为 420MPa，第三位数字代表两个含义：电流种类、药皮类型，该例中"2"表示允许交流或直流电源用，药皮为钛钙型（酸性）。又如 J507 表示结构钢焊条，焊缝金属 $\sigma_b \geqslant 500\mathrm{MPa}$，是低氢型（碱性）药皮，只适用于直流电源。

5. 焊条的选用

低碳钢、低合金钢焊件，一般要求母材与焊缝金属等强度，因此，可根据钢材等级选用相应焊条。但应注意，两者的定级强度不同；对要求焊后焊缝金属性好、抗裂能力强、低温性能好的，应选用碱性焊条；受力不复杂，母材质量好，选用酸性焊条，因酸性焊条价廉。对特种性能要求的钢种如耐热钢和不锈钢以及铸铁、非铁合金，应选用相应的专用焊条，以保证焊缝金属的主要成分与母材相同或相近。

4.4.3　气焊和气割

在生产中，还可利用气体火陷所释放出来的热量作为热源进行焊接或切割金属，这就是气焊与气割。气焊是利用氧气和可燃气体（一般是乙炔）混合燃烧时产生的大量热量，将焊件和焊丝局部熔化，再经冷却结晶后使焊件连接在一起的方法。当将上述气体燃烧时所释放出的热量用于切割金属时，则称为气割。

1. 气焊设备

气焊设备包括氧气瓶、减压器、乙炔发生器与乙炔气瓶、回火保险器等，它们之间相互连接，形成整套系统。

（1）氧气瓶。氧气常温和常压下是无色无味的气体，比空气稍重，它不能自燃，但能助燃。氧气瓶是储存和运输高压氧气的容器。氧气瓶容量一般为40L，额定工作压力为15MPa，储气量约 $6\mathrm{m}^3$。装盛着纯氧气（纯度不低于 98.5%）的氧气瓶有爆炸危险，使用时必须注意安全。搬运时禁止和乙炔及液化气瓶放在一起，禁止撞击氧气瓶和避免剧烈振动，氧气瓶离工作点或其他火源10m以上；夏天要防暴晒，冬天阀门冻结时严禁用火烤，应当用热水解冻。瓶中的氧气不允许全部用完，应至少留 $0.1\sim0.2\mathrm{MPa}$ 的剩气，以防止瓶内混入其他气体而引起爆炸。

（2）减压器。减压器是将高压气体降为低压气体的调节装置。减压器同时显示氧气瓶气体压力，并保持输出气体的压力和流量稳定不变。

（3）乙炔发生器与乙炔气瓶。乙炔发生器是使水与电石进行化学反应产生一定压力乙炔气体的装置。因现场使用危险较大，目前，工厂中广泛使用乙炔瓶。乙炔瓶是储存和运输乙炔的容器，其外形同氧气瓶相似，但构造复杂。瓶内装有能吸收丙酮的多孔性填料——活性炭、木屑、浮石以及硅藻土等合制而成。乙炔特易溶解于丙酮，使用时溶解在丙酮中的乙炔分解出来，而丙酮仍留在瓶内。瓶装乙炔的优点是：气体纯度高，不含杂质，压力高，能保持火焰稳定，设备轻便，比较安全，易于保持环境清洁。因此，瓶装乙炔的应用很广。乙炔瓶容积为40L，工作压力为 1.47MPa，一般乙炔瓶中能溶解 $6\sim7\mathrm{kg}$ 乙炔。乙炔瓶注意安全使用，严禁振动、撞击、泄漏，必须直立，瓶体温度不得超过40℃，瓶内气体不得全部用完，剩余气体压力不低于 $0.05\sim0.1\mathrm{MPa}$。

（4）回火保险器。在实施气焊或气割时，由于某种原因致使混合气体的喷射速度小于其燃烧速度，从而产生火焰向喷嘴内逆向燃烧——回火现象之一种。这种回火可能烧坏焊（割）炬、管路以及引起可燃气体储罐的爆炸，这种现象也称倒袭回火。回火保险器就是装在燃烧气体系统上的防止向燃气管路或气源回烧的保险装置。它一般有水封式和干式两种。使用水封式回火保险器时一定要先检查水位。

（5）焊炬（焊枪、焊把子）。焊炬是气焊时用于控制混合气体混合比、流量及火焰并进行焊接的工具。焊炬有射吸式和等压式两种，射吸式适用于中、低压乙炔，为我国广泛应用。焊炬配有不同孔径焊嘴5个，由待焊工件大小不同选择使用，号大孔大。

（6）橡皮管。《气体焊接设备焊接、切割和类似作业用橡胶软管》（GB/T 2550—2007）规定：氧气橡皮管应为蓝色（原标准规定为红色），内径8mm，工作压力为1.5MPa，试验压力3.0MPa；乙炔橡皮管为红色（原标准规定为黑色或绿色），内径为8～10mm，工作压力为0.3MPa。连接焊炬或割炬的橡皮管不能短于5m，一般以10～15m为宜，太长会增加气体流动阻力。

2. 焊接材料

（1）焊丝。气焊用的焊丝起填充金属作用，与熔化的母材一起组成焊缝金属。因此，应根据工件的化学成分选用成分类型相同的焊丝。

（2）焊剂。气焊焊剂是气焊时的助熔剂。其作用是除去氧化物，改善母材润湿性等。

3. 气焊工艺

（1）接头型式与坡口型式。气焊常用接头型式有对接、角接和卷边接头。搭接和T形接用得少。适宜用气焊的工件厚度不大，因此，气焊的坡口一般为I形和V形坡口。

焊件的接头形式有对接接头、盖板接头、搭接接头、T形接头、十字接头、角接接头和卷边接头，如图4.33所示。常用的有对接接头、搭接接头、角接接头和T形接头。对接接头承载能力强，焊接质量易保证，应用最广，但焊前准备和装配要求高，是首选的对接形式。搭接接头焊前准备简单，但承载能力不高，材料浪费较大，常用于受力不大、板厚较小或现场安装的结构中。角接接头和T形接头受力较复杂，易产生应力集中，承载能力较低，常用于桁架、立柱等焊接结构中。

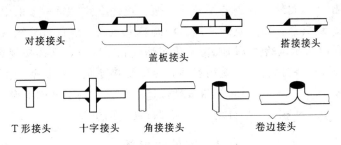

图4.33 焊件的接头型式

（2）火焰的种类。氧乙炔由于混合比不同，有三种火焰：中性焰、氧化焰、碳化焰。

1）中性焰是氧与乙炔混合比为1.1～1.2时燃烧所形成的火焰，在一次燃烧区内既无过量氧也无游离碳。其特征为亮白色的焰心，端部有淡白色火焰闪动，时隐时现。因有一定还原性，非中性，故有人称为正常焰。中性焰应用最广，气焊低、中碳钢、低合金钢、不锈钢、紫铜、锡青铜、铝及铝合金、铅、锡、镁合金和灰铸铁一般都用中性焰。

2）氧化焰是氧乙炔混合比大于1.2时的火焰。其特征是焰心端部无淡白火焰闪动，内、外焰分不清，焰中有过量氧，因此有氧化性。适合气焊黄铜、镀锌铁皮等。

3）碳化焰是氧乙炔混合比小于1.1时的火焰。其特征是内焰呈淡白色。这是因为内焰有多余的游离碳，碳化焰具有较强的还原作用，也具有一定渗碳作用。适合焊高碳钢、铸铁、高速钢、硬质合金等。

中性焰焰心外 2～4mm 处温度最高，达 3150℃左右。因此，气焊时焰心离开工件表面 2～4mm，此时热效率最高，保护效果最好。

（3）气焊方向。气焊方向有两种，即左向焊与右向焊。左向焊适用于焊薄板，右向焊适宜焊厚大件。

4. 气焊工艺参数

（1）火焰能率。火焰能率是由焊炬型号及焊嘴号的大小决定的，在实际生产中，可根据工件厚度选择焊炬型号，原则是被焊件厚大，则焊炬号大，焊嘴号亦然。

（2）焊丝直径。原则是根据工件厚度来选择焊丝直径。一般说，焊丝直径不超过焊件厚度。焊件厚大些，则选取的焊丝直径也应大些。

（3）焊嘴倾斜角度。焊嘴倾斜角度是指焊嘴与工件平面间的夹角小于 90°，倾角大，火焰热量散失小，工件加热快，温度高。焊嘴倾角大小可根据材质等因素确定。

5. 气割

（1）气割原理与应用。气割是利用火焰的热能将工件切割处预热到一定温度后，喷出高速切割氧流，使其燃烧并放出热量实现切割的方法。可以切割的金属应符合下述条件：①金属氧化物的熔点应低于金属熔点；②金属与氧气燃烧能放出大量的热，而且金属本身的导热性要低。

纯铁，低、中碳钢和低合金钢以及钛等符合上述条件，其他常用的金属如铸铁、不锈钢、铝和铜等，必须采用特殊的氧燃气切割方法（例如熔剂切割）或熔化方法，如电弧切割、等离子切割、激光切割等。

（2）气割设备。气割用的氧气瓶、氧气减压器、乙炔发生器（或乙炔气瓶）和回火保险器与气焊用的相同。此外，气割还用液化气瓶，液化石油气瓶一般采用 16Mn 及优质碳素钢等薄板材料制造。液化石油气经压缩成液态装入瓶内。液化石油气瓶的最大工作压力为 1.6MPa，出厂前水压试验为 3MPa。液化石油气瓶充罐时，必须按规定留出汽化空间，不能充罐过满。否则，液化石油气充满瓶体，瓶体受热膨胀，对瓶壁产生巨大压力，将会引起气瓶破裂，造成火灾。用于气割的设备还有手工割炬、半自动气割机和自动气割机等。

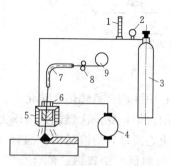

图 4.34　CO_2 气体保护焊
1—流量计；2—减压计；3—氧气瓶；4—电焊机；5—焊炬喷嘴；6—导电嘴；7—送丝软管；8—送丝机构；9—焊丝盘

4.4.4　其他焊接简介

1. CO_2 气体保护焊

这是利用外加的 CO_2 气体作为电弧介质并保护电弧和焊接区的电弧焊方法。CO_2 气体保护焊的焊接过程如图 4.34 所示，CO_2 气体经供气系统从焊枪喷出，当焊丝与焊件接触引起燃电弧后，连续送给的焊丝末端和熔液被 CO_2 气流所保护，防止空气对熔化金属的有害作用，从而保证获得高质量的焊缝。

CO_2 气体保护焊由于采用廉价的 CO_2 气体和焊丝代替

焊接剂和焊条，加上电能消耗又小，所以成本很低，一般仅为自动埋弧焊接的40%，为焊条电弧焊的37%～42%。同时，由于CO_2气体保护焊采用高硅高锰焊丝，它具有较强的脱氧还原和抗蚀能力，因此焊缝不易产生气孔，力学性能较好。

由于CO_2气体保护焊具有成本低、生产效率高、焊接质量好、抗蚀力强及操作方便等优点，已广泛用于汽车、机车、造船及航空等工业部门，用来焊接低碳钢、低合金结构钢和高合金钢。

2. 氩弧焊

氩弧焊是氩气保护焊的简称。氩气是惰性气体，在高温下不与金属起化学反应，也不溶于金属，可以保护电弧区的熔池、焊缝和电极不受空气的有害作用，是一种较理想的保护气体。氩气电离势高，引弧较困难，但一旦引燃就很稳定。氩气纯度要求达99.9%。

氩弧焊分钨极（不熔化极）氩弧焊和熔化极（金属极）氩弧焊两种。

钨极氩弧焊电极常用钍钨极和铈钨极两种。焊接时，电极不熔化，只起导电和产生电弧作用。钨极为阴极时，发热量小，钨极烧损小；钨极为阳极时，发热量大，钨极烧损严重，电弧不稳定，焊缝易产生夹钨。因此，一般钨极氩弧焊不采用直流反接。主要优点是：对易氧化金属的保护作用强、焊接质量高、工件变形小、操作简便以及容易实现机械化和自动化。因此，氩弧焊广泛用于造船、航空、化工、机械以及电子等工业部门，进行高强度合金钢、高合金钢、铝、镁、铜及其合金和稀有金属等材料的焊接。

3. 埋弧自动焊

由于电弧在焊剂层下燃烧，能防止空气对焊接熔池的不良影响；焊丝连续送进，焊缝连续性好；由于焊接的覆盖，减少了金属烧损和飞溅，可节省焊接材料。埋弧焊与手工电弧焊相比，具有生产率高、节约金属、提高焊缝质量和性能、改善劳动条件等优点，在造船、锅炉、车辆等工业部门广泛应用。

4. 电渣焊

电渣焊是利用电流通过液体熔渣所产生的电阻热进行焊接的方法。

电渣焊的主要特点是大厚度工件可以不开坡口一次焊成，成本低，生产率高，技术比较简单，工艺方法易掌握，焊缝质量良好。电渣焊主要用于厚壁压力容器纵缝的焊接。在大型机械制造中（如水轮机组、水压机、汽轮机、轧钢机、高压锅炉等）得到广泛应用。

5. 电阻焊

电阻焊是工件组合后通过电极施加压力，利用电流通过接头的接触面及邻近区域产生的电阻热进行焊接的方法。这种焊接不要外加填充金属和焊剂。根据焊接接头型式可分为对焊、点焊、缝焊三种。

电阻焊生产率很高，易实现机械化和自动化，适宜于成批、大量生产。但是它所允许采用的接头型式有限制，主要是棒、管的对接接头和薄板的搭接接头。一般应用于汽车、飞机制造，刀具制造，仪表，建筑等工业部门。

6. 钎焊

采用比母材熔点低的金属材料做钎料，将焊件和钎料加热到钎料熔点，低于母材熔化温度，利用液态钎料润湿母材，填充接头间隙并与母材互相扩散实现连接焊件的方法。

钎焊特点（同熔化焊比）：焊件加热温度低，组织和力学性能变化小；变形较小，焊件尺寸精度高；可以焊接薄壁小件和其他难焊接的高级材料；可一次焊多工件多接头；生产率高；可以焊接异种材料。

根据钎料熔点的不同，钎焊可分为硬钎焊和软钎焊两类。

（1）硬钎焊。钎料熔点在 450℃ 以上，接头强度高，可达 500MPa，适用于焊接受力较大或工作温度较高的焊件，属于这类钎料的有铜基、银基、铝基等。

（2）软钎焊。钎料熔点低于 450℃，接头强度低，主要用于钎焊受力不大或工作强度较低的焊件，常用的为锡、铅钎料。

钎料的种类很多，有 100 多种。只要选择合适的钎料就可以焊接几乎所有的金属和大量的陶瓷。如果焊接方法得当，还可以得到高强度的焊缝。

钎焊时一般需要使用钎剂。钎剂的作用是：清除液体钎料和工件待焊表面的氧化物，并保护钎料和钎件不被氧化。常用的钎剂有松香、硼砂等。

钎焊加热方法很多，有烙铁加热、火焰加热、感应加热、电阻加热等。

钎焊是一种既古老又新颖的焊接技术，从日常生活物品（如眼镜、项链、假牙等）到现代尖端技术，都广泛采用。在喷气式发动机、火箭发动机、飞机发动机、原子反应堆构件制造及电器仪表的装配中是必不可少的一种焊接技术。

7. 摩擦焊

摩擦焊焊接过程是把两工件同心地安装在焊机夹紧装置中，回转夹具件高速旋转，非回转类工件轴向移动，使两工件端面相互接触，并施加一定轴向压力，依靠接触面强烈摩擦产生的热量把金属表面迅速加热到塑性状态，当达到要求的变形量后，利用刹车装置使焊件停止旋转，同时对接头施加较大的轴向压力进行顶锻，使两焊件产生塑性变形而焊接起来。摩擦焊接头一般是等截面的，也可以是不等截面的，但需要有一个焊件为圆形或筒形。摩擦焊广泛用于圆形工件、棒料及管子的对接，可焊实心焊件的直径从 2～100mm 以上，管子外径可达数百毫米。

小　　结

本模块主要介绍了铸造的优缺点及砂型铸造的工艺过程，浇注系统的确定、型芯的形成，简单介绍了手工造型、机器造型、造型生产线、常用铸造方法、特种铸造和铸造工艺；常用压力加工的方法及其应用，金属的塑性变形，金属的加工硬化与再结晶，金属的可锻性，自由锻造、胎膜锻和模锻的原理、基本工序和应用，板材冲压的设备、基本工序和冲模；焊接的各种方法及其应用，常用电弧焊的种类。手工电弧焊的主要特点，焊条的型号、牌号及其选择，常用材料的焊接性能。

重点掌握浇注位置和分型面的选择，手工电弧焊的主要特点，焊条的型号、牌号及其选择，常用材料的焊接性。

练 习 与 思 考 题

1. 判断题（正确的打√，错误的打×）

（1）一般流动性好的金属，其充型能力差。（　　）

（2）实际生产中，金属的充型能力还受到浇注温度、铸型结构与压力因素的影响。
（　　）

（3）收缩使铸件产生许多缺陷，如缩孔、缩松、热裂、应力、变形和冷裂等。（　　）

（4）砂型铸造是指用型砂紧实成型的铸造方法，是目前最基本的、应用最广泛的铸造方法。（　　）

（5）手工造型适应性强，工艺设备简单，生产准备时间短、成本低。（　　）

（6）金属发生塑性变形后，强度和硬度升高的现象称加工硬化或者冷作硬化。（　　）

（7）对塑性变形后的金属加热，金属原子就会获得足够高的能力，但是消除不了加工硬化的现象，这一过程称为再结晶。（　　）

（8）胎模锻是指在自由锻设备上使用固定模具生产模锻件的一种锻造成型方法。（　　）

（9）低碳钢、低合金铜焊件，一般要求母材与焊缝金属等塑性，因此可根据钢材等级选用相应焊条。（　　）

（10）CO_2 气体保护焊是利用外加的 CO_2 气体作为电弧介质并保护电弧和焊接区的电弧焊方法。（　　）

2. 单向选择题

（1）砂型铸造根据完成造型工序方法不同，分为（　　）两大类。

A. 手工造型和机器造型　　　　　　B. 手工造型和两箱造型

C. 机器造型和两箱造型　　　　　　D. 两箱造型和三箱造型

（2）分型面是指相互接触的（　　）表面。

A. 两个半铸型　　B. 两个半铸件　　C. 铸件与铸型　　D. 前面三个都对

（3）拔模斜度的大小应根据模样的高度，模样的尺寸和表面粗糙度以及造型方法来确定，通常为（　　）。

A. $0.5°\sim3°$　　　　B. $1°\sim5°$　　　　C. $2°\sim3°$　　　　D. $10°\sim20°$

（4）常用的锻造方法有（　　）。

A. 自由锻造、胎模锻造和模型锻造　　　B. 自由锻造、闭式模锻造和模型锻造

C. 开式模锻造、胎模锻造和模型锻造　　D. 自由锻造、胎模锻造和开式模锻造

（5）冲压基本工序可分为（　　）两大基本工序。

A. 分离和变形　　　　　　　　　　B. 分离和落料

C. 剪切和变形　　　　　　　　　　D. 弯曲和拉延

（6）焊接方法很多，按焊接过程特点可分为（　　）三大类。

A. 气焊、压力焊和钎焊　　　　B. 熔化焊、电渣焊和钎焊

C. 熔化焊、压力焊和电阻焊　　C. 熔化焊、电弧焊和钎焊

（7）按熔渣的碱度可将焊条分为（　　）两类。

A. 酸性焊条和碱性焊条　　　　B. 酸性焊条和中性焊条

C. 中性焊条和碱性焊条　　　　C. 阴性焊条和阳性焊条

3. 简答题

（1）铸造的优缺点？

（2）试述砂型铸造的工艺过程。

（3）何谓金属的流动性？影响金属流动性的因素主要有哪些？

（4）说明铸件产生缩孔、缩松的影响因素及防止措施。

（5）铸造工艺参数主要包括哪些？

（6）何谓金属型铸造？说明其工艺特点及应用范围。

（7）确定分型面的原则是什么？

（8）何谓金属的可锻性？影响金属可锻性的因素有哪些？

（9）何谓胎膜锻造？它与自由锻造相比有何特点？

（10）冲压成型的主要特点是什么？

（11）常用的焊接方法有哪些？常见电弧焊的种类有哪些？

（12）下列焊条型号的含义是什么？E5015、E4303、EZCQ、ECuSn-A。

（13）低碳钢焊接有何特点？

（14）焊接时为什么要保护？说明各电弧焊方法中的保护方式及保护效果。

（15）焊芯的作用是什么？化学成分有何特点？焊条药皮有哪些作用？

模块5 机械拆装技术

【教学目标要求】

　　能力目标：掌握典型部件的装配方法和装配工艺，能够正确合理的装配中等复杂程度的部件，并保证其正常运转。

　　知识目标：了解装配工作的基本内容和装配方法，熟悉典型工具的使用方法；通过对减速器的拆装，掌握典型部件的装配流程。

5.1 机械装置拆卸基本知识

【任务】 减速器的拆卸

　　（1）目的：通过对减速器中轴系部件的拆卸与分析，了解轴上零件的定位方式、轴系与箱体的定位方式、轴承及其间隙调整方法、密封装置等。

　　（2）器材：拆装用单级直齿圆柱齿轮减速器、两级直齿圆柱齿轮减速器、锥齿轮减速器、蜗杆减速器；扳手、手锤、铜棒、轴承拆卸器、煤油、油盆等。

　　（3）任务设计：①现场讲解减速器的类型与结构，示范减速器零部件的拆卸及拆卸工具的使用；分析了解零件之间的装配关系，各种零部件的结构、功能、类型，使学生了解部件拆卸的基本方法；②学生动手操作，拆卸减速器，教师归纳总结。

　　（4）报告要求：说明拆卸的基本原则、常用的拆卸工具及其使用方法，分析拆卸中存在的问题及注意事项。

5.1.1 机械装置拆卸的原则及常用工具

　　任何一台机器都可以分解为若干零件、组件和部件。零件是最小的制造单元，组件由若干零件连接组合而成，可实现某个动作，如由轴、齿轮、轴承等零件组成的传动轴；部件由若干零件、组件连接组合而成，具有独立功能，如车床床头箱、进给箱等。拆卸是机修工作中的一个重要环节，拆卸的目的是为了检查、修理或更换损坏的零件，如果拆卸不当，不仅会损坏零部件，而且还会破坏已磨合的配合表面，使设备精度降低。因此，在拆卸时，必须遵循正确的拆卸原则、采取合理的拆卸方法、选择适用的拆卸工具。

5.1.1.1 拆卸原则

　　（1）采用合理的拆卸顺序。拆卸的顺序一般是"由表及里，由上到下，先总后分"，把整机依次拆成部件、组件、零件。拆卸前必须研究相关的图纸和资料，熟悉设备的构造原理，了解零部件的作用和相互关系，以便有效地进行拆卸和再装配工作。

（2）掌握合适的拆卸程度。由于拆卸易产生磨损或拉伤使配合间隙增大，所以，对于有较高精度的配合或过盈配合，经过周密的整体检查和分析，在确保使用质量的前提下，尽量少拆或不拆。

（3）合理使用拆卸工具。使用适合的拆卸工具可减少零件的损伤，提高拆卸效率；用击卸法冲击零件时，为了防止损坏零件表面，严禁用硬手锤直接在零件工作表面上敲击，应该垫好软衬垫后再用软材料做的锤子或冲棒打击，冲击方向要正确，落点要得当。拆卸时要避免猛打猛敲造成零件损伤或变形。

（4）保护主要的零件，不使其发生损坏。对于相配合的两零件，在不得已必须破坏其中一个时，应保存价值较高、制造困难或质量较好的零件。

（5）拆卸时要为装配做好准备。对于位置、方向有明确要求的零件，应做好装配记号，便于装配时能迅速准确地调整到原来的相对位置。拆下的零件应分门别类，有秩序地存放起来，不可堆积在一起，以免碰撞、划伤和变形。细长零件必须将其吊起防止弯曲、变形或碰伤；精密的、贵重的零件，要仔细存放。

5.1.1.2　常用的拆卸工具

1. 螺丝刀

螺丝刀又称起子、改锥等，它是一种拧紧或旋松螺钉的工具，头部形状有一字形和十字形两种。一字形又称平口起，用来拧紧或旋松一字槽的螺钉；十字形又称梅花起，用来拧紧或旋松十字槽的螺钉。螺丝刀的规格和种类很多，还发展了多用组合式螺丝刀、电动螺丝刀、气动螺丝刀、可调扭力螺丝刀等，可以满足不同的需要。

在选用螺丝刀时，首先要保证选用的螺丝刀刀口与螺钉的槽口相吻合，刀口在螺钉头的凹槽中不会产生松动。如刀口太薄易折断，太厚则不能完全嵌入槽内，易使刀口或螺钉头的凹槽损坏。如图 5.1 所示，使用螺丝刀拧紧螺钉的方法是以右手握持螺丝刀握柄，手心抵住柄端，让螺丝刀刀口与螺钉头的凹槽处于垂直吻合状态，施加扭力的同时施加适当的轴向力。使用小螺丝刀时，可用大拇指和中指夹住握柄，用食指顶住握柄的末端捻旋，螺丝刀最好带有磁性，这样可以吸住小螺钉。

2. 扳手

扳手是拆装带有棱角的螺母或螺栓的工具，有活扳手、呆扳手、整体扳手、套筒扳手、内六角扳手等多种。

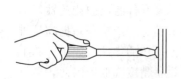

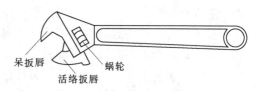

呆扳唇　　蜗轮

活络扳唇

图 5.1　螺丝刀的使用方法　　　　　　　　图 5.2　活扳手

（1）活扳手。如图 5.2 所示，活扳手由头部和柄部组成，头部又由呆扳唇、活络扳唇和蜗轮等构成，旋动蜗轮可调节扳口的大小。如图 5.3 所示，扳动大螺母时，需要较大的力矩，手应握在柄部尾处，扳动小螺母时，手应握在接近头部的地方，方便用大拇指随时调节蜗轮，收紧活络扳唇。

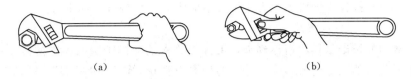

图 5.3 活扳手的使用方法
(a) 扳大螺母；(b) 扳小螺母

（2）呆扳手。呆扳手如图 5.4 所示，开口的中心平面和本体中心平面成 15°角，这样既能适应人手的操作方向，又可降低对操作空间的要求。它的特点是每头只能旋拧一种尺寸的螺栓头或螺母；使用时要注意选择合适的规格，使扳手与被旋拧件配合好后再用力，以防滑脱伤手。

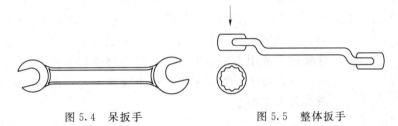

图 5.4 呆扳手　　　　　　　图 5.5 整体扳手

（3）整体扳手。整体扳手如图 5.5 所示，环状的内孔有正方形、六角形、十二角形等几种。十二角形扳手又称为梅花扳手，是应用最广泛的一种整体扳手，环的内孔由两个正六边形互相同心错转 30°而成，能将螺母或螺栓的六角部分全部围住，工作时不易滑脱，安全可靠。使用时，只要转过 30°即可取下换位再套，以改变扳动方向，所以，当螺母或螺栓头的周围空间狭小不能容纳普通扳手或位于稍凹处时，采用整体扳手特别方便。

（4）套筒扳手。套筒扳手如图 5.6 所示，主要由弓形手柄和一套尺寸不等的筒头组成，使用时将弓形手柄的方头插入梅花套筒的方孔内，可连续转动弓形手柄，工作效率较高。主要用来拧紧和旋松有沉孔的螺栓或螺母，或在由于位置限制，普通扳手不能工作的场合使用。套筒的大小应配合螺母规格选用。

（5）内六角扳手。内六角扳手如图 5.7 所示，用来拆装内六角螺栓。

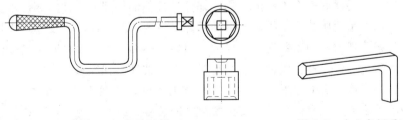

图 5.6 套筒扳手　　　　　　　图 5.7 内六角扳手

使用扳手应注意：选用时一般优先选用套筒扳手，其次为整体扳手，再次为呆扳手，最后选活扳手；使用时，最好是拉动扳手，若必须推动时，也只能用手掌来推，并且手指要伸开，以防螺栓或螺母突然松动而碰伤手指；扳手的开口尺寸必须与螺栓或螺母六角头的尺寸相符合,以免打滑、破坏螺钉头或螺母六角头棱角,并且容易滑脱,造成伤害事故;不可用加力杆接长手柄以加大力矩,也不应将扳手当锤击工具使用。

3. 手锤

手锤是常用的敲击工具,俗称榔头,由锤头、木柄和楔子组成。木柄装在锤头孔中,再打入楔子可防松动脱落造成事故。手锤的种类一般分为硬头手锤和软头手锤两种,硬头手锤的锤头用碳钢制成,软头手锤的锤头是铅、铜、硬木、牛皮或橡胶制成。

使用手锤时,一般为右手握锤,采用五个手指满握的方法,大拇指轻轻压在食指上,虎口对准锤头方向,锤柄尾露出约 15～30mm。挥锤的方法有手腕挥、小臂挥和大臂挥三种,手腕挥锤只有手腕动,锤击力小,但准、快、省力,大臂挥是大臂和小臂一起运动,锤击力最大。

使用手锤时要注意仔细检查锤头和柄是否楔塞牢固,防止工作时锤头脱落;应将手上、锤柄上、锤头上的汗水和油污擦干净,拿手柄的手不准戴手套;在工作时应注意前后左右是否有人或其他东西,以防发生意外;严禁用硬头手锤直接对零件的工作表面敲击,以免造成零件的损伤或变形;使用锤子时,手要握住锤柄后端,握柄时手的用力要松紧适当。锤击时要靠手腕的运动,眼睛要注视工件,锤头工作面和工件锤击面应平行,这样才能保证锤头平整地打在工件上。

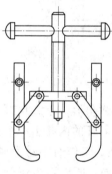

图 5.8 拉具

4. 钳子

钳子的种类很多,钢丝钳、尖嘴钳、斜嘴钳、平嘴钳、鲤鱼钳、管钳。钳子利用杠杆原理可产生很大的夹紧力,有些钳子还具有切断功能。

5. 拉具

如图 5.8 所示,拉具又称拉马或拉盘,分双爪和三爪两种,用来拆卸轴承、带轮、齿轮等零件。

5.1.2 机械装置零件、部件拆卸

1. 部件拆卸

部件要具有一定的功能,必须自身定位准确、牢固可靠,并与其他部件密切联系。因此,拆卸部件时,要做好三个方面的工作:部件与其他部件间的拆卸、部件本身的紧固与定位的拆卸、部件吊运中的安全措施。拆卸部件时还要注意螺纹的正反扣,连接处有无锈死、损坏、滑扣等现象,锁紧装置有无异常或损坏;拆卸较重的部件时,最上面的螺钉应最后拧松,以防止部件突然松脱摔坏;吊运时应充分估计吊挂绳索、吊挂处的强度;吊挂点必须是使部件保持稳定的位置,应尽可能地靠近箱壁、法兰等处,这些地方的刚性强;吊车应使用点动启动,观察部件是否完全脱离紧固装置,或被其他零部件挂住;吊运移动过程中应保持部件接近地面行走,不允许从人或其他设备上空越过;吊放时,要注意较弱的尖角、边缘和凹凸部分,防止碰伤或压溃。

2. 零件拆卸

零件的拆卸方式可以分为击卸、拉卸、压卸、加热拆卸。

（1）击卸。击卸是利用工具的冲击力拆卸零部件的方法，优点是工具简单、操作方便，但若操作不当，易损伤零部件，适用于结构简单、坚实、不重要的场合。敲击时应使用铜棒、木棒等保护被击零件的敲击部位；手锤大小、用力轻重要合适，如果用小手锤敲击重、配合紧的零件，不易击动反易将零件打毛以致损坏；正式击卸前应试敲，以确定结合的牢靠程度，试探零件的走向是否正确，有无漏拆的紧固件等，如果听到坚实的声音，要立即停止击打，确认无误后方可正式击卸。

（2）拉卸。通过拉卸工具产生静拉力，使配合零部件产生相对移动的拆卸方法称为拉卸，其优点是零部件不受冲击力，加力均匀，不易破坏零件，适用于拆卸精度高、不允许敲击、无法敲击及过盈量较小的配合件。

（3）压卸。通过工具或设备使零部件间产生静压力拆卸零件的方法称为压卸，优点是利用各种压力机械实现较大的拆卸力，零部件不受冲击力，适用于较大过盈量的零部件的拆卸。

（4）加热拆卸。加热拆卸利用金属的热胀性拆卸零件，优点是不会损伤零件的配合表面。适用于过盈量大、尺寸大、无法拉卸或压卸的场合。

在实际应用中，要根据零部件的配合情况选择合理的拆卸方法，过渡配合可选用击卸法，过盈配合可选择压卸、拉卸或加热拆卸的方法。

5.2 机械装置装配的基本知识

【任务】 减速器的装配

（1）目的：①了解装配的一般过程；②通过对减速器的拆装，掌握典型部件的装配方法和装配工艺，能够正确合理的装配机器，并保证机器达到正常的工作状态。

（2）器材：减速器、装配用工具、减速器技术说明书、减速器装配图等。

（3）任务设计：①现场讲解减速器的结构与装配特点，示范减速器零部件的装配过程、装配工具的使用；②学生动手操作，装配减速器。

（4）报告要求：说明机械装配的工艺过程，分析螺纹连接、键连接、销连接、过盈连接、轴承、联轴器等装配方法及注意事项，分析装配中存在的问题。

装配就是按照一定的精度标准和技术要求，将若干合格的零件通过各种形式组合成组件、部件、机器，并经过调整、试验等使机器符合性能要求的工艺过程。

装配是机器制造或机器修理的最后一道工序，即使有高质量的零件，如果装配不良，轻则造成机器精度低、性能差、寿命短，重则造成报废或事故。因此，装配是保证机器良好运行，延长使用寿命的重要工艺过程，应严格按照装配的技术要求进行工作。

5.2.1 装配的工艺过程

产品的装配工艺过程一般由装配前的准备、装配、调试、喷漆涂油及装箱四个部分组成。

1. 准备

在装配之前，需要研究装配图及有关的技术资料，了解机器的结构、零件的作用及相互连接关系，熟悉各项技术要求，确定装配的方法和顺序，准备所需的工具、量具，清理残留的铸造型砂、毛刺、飞边、锈斑、切屑，清洗残留油污、脏物等，然后用压缩空气吹干，对高速旋转零件要按要求进行平衡试验，合格后方能装配，以免在高速旋转时因重心与旋转中心不一致而产生很大的离心力，引起机械振动；进行必要的气压或液压试验检查密封性，对要求修配的零件，要进行修配。

2. 装配

装配过程一般可分为组件装配、部件装配和总装配。组件装配就是将两个以上的零件连接组合成为组件的过程，部件装配就是将若干组件、零件连接组合成为独立部件的过程，总装配就是将若干部件、组件和零件连接组合成为整台机器的过程。在装配中应遵循从里到外、从下到上，以不影响下道装配工序为原则的顺序进行装配，先组件装配，再部件装配，最后进行总装配。

3. 调试

机械产品装配完成后，首先，应根据有关技术标准和规定，调节零件或机构的相互位置、配合的松紧程度等，使机器工作协调；然后，进行试车，包括空载运转试验，负荷运转试验。空载运转试验可以使摩擦面磨合，并检查机器的运转情况，如轴承的温升、密封情况，运转的灵活性和平稳性，启动停车换向的准确性，有无异常噪音等。处理发现的问题后，逐步加载至所定条件进行负荷运转试验，检查机器的各项使用性能，对不合要求的指标，必须调整以达到质量要求。

4. 喷漆涂油及装箱

试车合格后应清除试验用的油、水、气，后进行喷漆、涂油及装箱。喷漆是为了防止外露的非加工面锈蚀和使机器外表美观，涂油是防止外露的已加工表面生锈。装箱是为了方便运输。

5.2.2 装配的基本要求

（1）装配环境必须清洁无尘，温度、湿度、照明等必须符合有关规定。

（2）清洗过的零件要码放整齐并覆盖，不得落地、划伤、落入灰尘，对零件的涂漆表面应注意保护。

（3）装配时，应对与装配有关的零件形状和尺寸精度进行复检或抽检，并注意零件的标号和装配记号的核对工作，保证零件之间正确的相互位置和运动关系。

（4）装配中必须使用适当工具、工装，所有可拆件的结合面、配合面必须涂润滑油，以便于提高装配效率和装配质量，不准用硬手锤直接打击零件造成损伤或变形（如需要敲打或撬拨时，必须用软质金属垫上）。

（5）试车前，必须保证各部件连接的可靠、运动的灵活，无卡滞现象；确保各种管道畅通、密封部位不得有渗漏现象，动配合件的接触表面有足够的润滑以免产生干摩擦。试车时，从低速到高速、从空载到满载逐步进行。

5.2.3 螺纹连接的装拆

1. 螺纹连接的装拆方法

螺纹连接中双头螺柱旋入端要有足够的紧固性，故双头螺柱的连接比较难拆卸，下面介绍有效地拆卸方法。

（1）用双螺母装拆双头螺柱。装配时，先将两个螺母旋在双头螺柱上，用两个扳手卡住将双螺母锁紧，如图 5.9（a）所示；用扳手按顺时针方向扳动上螺母，将双头螺柱旋入机体螺孔内，如图 5.9（b）所示；用两个扳手旋松、卸下上螺母，如图 5.9（c）所示；旋松、卸下下螺母即可，如图 5.9（d）所示。拆卸时，先将双螺母锁紧在双头螺柱上，如图 5.9（e）所示；用扳手卡住下螺母，将双头螺柱从机体中旋出，如图 5.9（f）所示；用两个扳手旋松、卸下上螺母，如图 5.9（g）所示，再旋松、卸下下螺母即可。

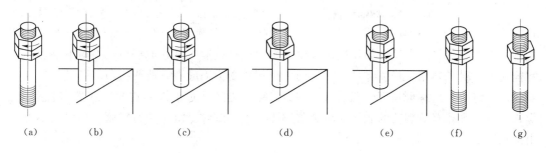

（a）　　　（b）　　　（c）　　　（d）　　　（e）　　　（f）　　　（g）

图 5.9　用双螺母装拆双头螺柱

（2）用长螺母装拆双头螺柱。安装时将一专用的长六角螺母的 1/2 旋在双头螺柱上，如图 5.10（a）所示；在长螺母顶端再旋入一个止动螺钉，并锁紧，如图 5.10（b）所示；用扳手扳动长螺母，将双头螺柱拧紧在机体上，如图 5.10（c）所示；旋松、卸下止动螺钉，如图 5.10（d）所示；旋松、卸下长螺母即可，如图 5.10（e）所示。拆卸时，先将长螺母、止动螺钉锁紧在双头螺柱上，如图 5.10（f）所示；用扳手扳动长螺母，将双头螺柱从机体中旋出，如图 5.10（g）所示；旋松、卸下止动螺钉，如图 5.10（h）所示；再旋松、卸下长螺母即可。

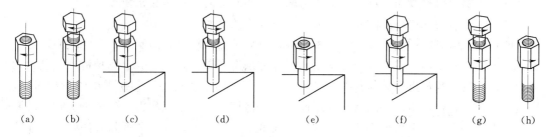

（a）　（b）　（c）　　　（d）　　　（e）　　　（f）　　　（g）　（h）

图 5.10　用长螺母装拆双头螺柱

2. 装拆螺纹连接的注意事项

（1）螺纹连接件和被连接件的接触表面应清理干净，被连接件与螺栓头或螺母的贴合表面应平整且垂直于螺杆轴线，或采用球面垫圈、斜垫圈，避免螺杆受到附加弯曲的作用。

（2）装配时，对螺纹连接件需作认真检查。螺纹配合质量要好，做到用手能自由旋入。过紧会咬坏螺纹，过松则受力后螺纹易断裂。

（3）应使用合适的旋具和扳手。拧紧力应适合，以免把螺钉拧断或造成滑牙；严禁在扳手上套加力棒增加力矩或锤击扳手。

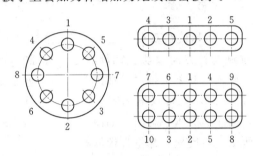

图 5.11　拧动成组螺母或螺钉的顺序

（4）在拧紧成组的螺纹连接时，应按先内后外、交错、对称、多轮重复的原则旋动螺母或螺钉。为使被连接件贴合良好、受力均匀，防止因零件变形破坏相关零件的精度，多轮重复地旋动螺母或螺钉，轮换数次才全部拧紧，如图 5.11 所示。同理，拆卸时，对每一螺母或螺钉松动半圈至一圈后再轮换另一螺母或螺钉，反复数次，直到所有螺纹连接不再存在锁紧力以后，才可逐个拆卸。处在难拆部位的螺钉或螺栓，如靠近定位销的螺钉或螺栓要先拧松或拆下。在拆下最后一个螺栓或螺母时，要用手托住零件，避免因单个螺栓受力而导致弯曲或折断。

（5）螺栓伸出螺母长度一般在 1.5～3 倍螺距之间。对于螺纹盲孔，在螺钉拧紧后，螺钉端部距螺孔有效螺纹的底部应余 2 倍螺距以上的螺纹。沉头螺钉拧紧后，钉头不得高出沉孔端面。

3. 生锈和断裂螺钉的拆除

机械拆卸中经常会碰到部分螺母、螺钉、螺栓因生锈腐蚀而变形，或者螺钉断裂，使拆卸困难。

（1）锈蚀螺栓的拆卸。对于锈蚀不严重的螺栓，适当敲击螺母或螺栓六角头棱边使锈层松脱，然后慢慢上紧约 1/4 圈，再反旋松开，反复拧紧拧松，一般可逐渐拧出；若无效，可先沿螺栓、螺母缝隙滴入少许机油、煤油或喷除锈剂，减少锈蚀程度，半小时后，再轻击螺母或螺栓，逐步扩大松动，然后拧松。对于锈蚀严重的螺钉，可采用火攻进行加热。用气焊火焰使螺栓、螺母充分受热膨胀，挤压螺栓与螺母间的铁锈，然后向烧红的螺栓滴油，趁螺栓遇冷收缩，进一步加大与螺母间的间隙时，迅速轻松地拧松螺母。附近有塑料件的螺栓慎用此法，同时烧过的螺栓、螺母不宜再用。

（2）断头螺钉的拆卸方法。拆卸断头螺钉时可根据螺钉是否高于安装零件表面进行有效拆除。如果断面高于零件表面，常用的拆除方法有：①在露出端放上孔径稍小一点的六角螺母，然后在螺母里将其与断裂螺杆点焊在一起，用扳手旋出；②在露出端焊接直棒，用钢丝钳夹紧直棒旋出；③用钢锯在断面上锯出深槽，用一字螺丝刀旋出；④在露出端锉出两对称侧平面，然后用扳手旋出。如果断面低于零件表面，常用的拆除方法有：①在断面找出一个着力点冲击一个 V 形槽，沿螺纹旋出的方向冲击，将螺钉冲松后，进行拆卸；②用小于螺栓直径约 0.5mm 左右的钻头钻掉全部螺杆，然后用相同尺寸的丝锥把剩余的部分铰除，若损伤了螺纹孔，则需要加大直径重新攻丝。

使用镀锌、不锈钢、高强度螺栓，或给螺栓外部佩戴防护帽、刷防锈漆进行防护，或定期检查可以减少锈蚀或断头螺栓的出现。

5.2.4 销、键连接的装拆

1. 销连接的安装与拆卸

（1）销的安装。销孔尺寸、形状、表面粗糙度要求较高，所以销孔在装配前需铰削。若装定位销，应将两个连接件的位置经过精确调整并固定后，同时配钻、铰两销孔。

装配圆柱销时，为防止过盈配合表面拉伤，销的表面应涂上机械油。如图 5.12 所示，在销的端面垫上铜棒后锤入，敲击力应适当，防止销的变形。对于装配精度要求高的定位销，应用 C 形夹头把销压入孔中，这样，能避免销变形或工件位置的相互移动。

装配圆锥销时，需先钻成孔径递增的台阶孔后，再用锥度 1∶50 的铰刀铰成锥孔。用试装法控制孔径，即清除孔内的切屑后，用手将圆锥销自由地插入全长的 80%，进行涂色检查时接触斑点应分布均匀。在保证规定的精度和接触面积的情况下，在销表面上加机油，将圆锥销推入圆锥孔中，再用手锤通过铜棒轻轻敲入。不能靠用力敲紧来保证配合，否则，拆卸后再次装配时将丧失原有精度。

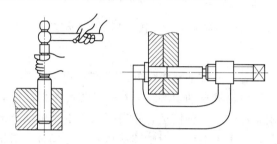

图 5.12　圆柱销的装配方法

在盲孔装销时，则必须使用带内螺纹或螺尾的销，并应开设通气小孔。圆柱销装配后露出部分不超过销钉的倒棱值。圆锥销的大端与零件表面基本平齐，小端允许突出 0.3 倍直径的长度。开尾圆锥销装入后，销尾需分开，其扩角为 60°～ 90°。

（2）销连接的拆卸。销孔为通孔时，可用一个直径略小于销孔的金属棒将销的底部顶住，用锤子敲击即可将销冲出。不能直接锤击销钉，这样容易把销头部打成翻帽，造成销报废或销孔拉毛。销上带有内螺纹或螺尾的可利用专用拆卸工具将销拔出，如图 5.13 所示。配合很紧的圆柱销也可用稍小于其直径的钻头钻除。

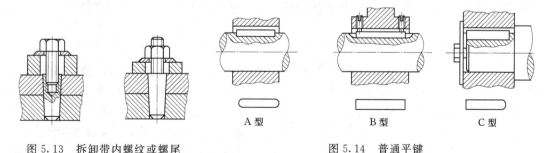

图 5.13　拆卸带内螺纹或螺尾　　　　图 5.14　普通平键
　　　　　销的方法

2. 键连接的安装与拆卸

键用于连接轴和轴上零件，进行周向固定以传递转矩，如齿轮、带轮、联轴器与轴的连接，键连接可以分为松键连接、紧键连接两大类。

（1）松键连接。松键连接所用的键有普通平键（图 5.14）、半圆键（图 5.15）、导向平键（图 5.16）及滑键（图 5.17）等，靠键和键槽的侧面挤压传递转矩，如图 5.18 所示。松键连接能保证轴和轮毂有较高的同轴度，应用广泛。

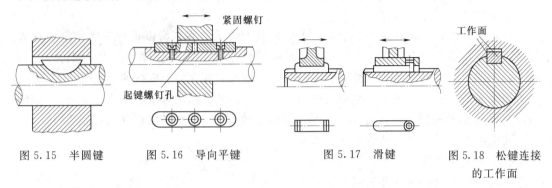

| 图 5.15 半圆键 | 图 5.16 导向平键 | 图 5.17 滑键 | 图 5.18 松键连接的工作面 |

普通平键的对中性好，半圆键可以在半圆形的轴槽中摆动，自动适应轮毂键槽的斜度，使轮毂自动定心，但对轴的强度削弱较大，多用于锥形轴、孔连接。导向平键用螺钉固定在轴上的键槽里，轮毂可以沿键做轴向移动，为了拆卸方便，键的中部设有起键螺钉孔，适用于轮毂相对轴移动量不大的场合。滑键固定在轮毂的键槽里，轮毂带动键沿轴的键槽做轴向移动，适用于轮毂相对轴移动量较大的场合。

松键连接的装配要点为：装配前必须清理键与键槽毛刺；重要场合在装配前应检查键的直线度、键槽对轴心线的对称度和平行度，保证键与键槽能均匀接触；装配普通平键、半圆键时，应在配合面上加机油，将键放正后用铜棒轻敲，使键紧密地嵌入轴的键槽内，使之与槽底良好接触，然后再装入轮毂；滑键、导向键分别紧密无松动地固定在轮毂、轴的键槽里，与滑动件配合的键槽必须符合设计规定的间隙和保证正常滑动。若配合过紧不易安装时，可以把键的侧棱角倒得稍大些，但不能将键宽尺寸磨小。装配后，键的顶面与轮毂键槽底面不能接触。

拆卸松键连接时，通常将轮毂打出或压出后键仍留在轴上键槽内。若需将键拆下，可用钳类工具夹出，夹持时最好在键的两侧垫以铜皮，使其不受损伤。禁止用螺丝刀硬撬，损坏键和键槽。导向键上有专供拆卸用的螺纹孔，拆卸时将螺钉拧入即可将键顶出。

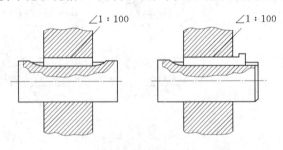

图 5.19 楔键连接

（2）紧键连接。紧键连接有楔键连接（图 5.19）和切向键连接（图 5.20）两种，紧键连接中键侧面与键槽侧面有一定的间隙，依靠键的上下工作表面与轴槽、轮槽的底部的楔紧作用传递转矩，如图 5.21 所示，承载能力大，但装配后轮毂与轴产生偏心，仅适用于传动精度要求不高、载荷平稳、低速的场合。

楔键的上、下表面都是工作面，上表面及与其相接触的轮毂槽底面均有 1:100 的斜度，有普通楔键和钩头楔键两种。切向键是由一对具有斜度 1:100 的楔键组成。切向键的上下两个相互平行的窄面为工作面，其中一个面在通过轴线的平面内，工作面的压力沿轴的切线方向作用，能传递较大的单向转矩，若要传递双向转矩时，应在圆周上相隔120°～135°布置两个切向键。

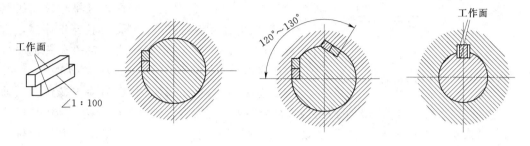

图 5.20　切向键连接　　　　　　　　　5.21　紧键连接的工作面

装配紧键连接时，首先同样要清理键及键槽上的毛刺，装配前要用涂色法检查键上下表面与轴槽、轮毂槽的接触状况，一般要求接触面积应不小于工作面积的 70％，且不接触面不得集中在一段。若配合不良，可用锉削或刮削修整键槽，接触合格后，将轴与轮毂装配到准确位置，使轴和轮毂的键槽对正，用软锤将锲键轻敲入键槽，打击时可借助击键器施力。必须注意键的斜面与轮毂键槽底的斜向必须一致。钩头锲键装配时，外露部分应为斜面的 10％～15％，使钩头与轮毂端面有一定距离以利装卸。

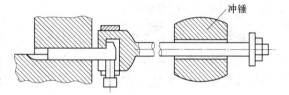

图 5.22　用冲击拉具拆卸钩头楔键

拆卸紧键连接需先拆键，后拆轴上轮毂。拆键时可用击键器辅助，将其击出，必须注意方向；对钩头楔键还可用冲击拉具的冲锤产生的冲击拉力拆卸。如图 5.22 所示。

3. 花键连接的装配

花键按键齿形状的不同可分为矩形花键、渐开线花键和三角形花键，如图 5.23 所示。花键工作时依靠键齿侧面的挤压传递转矩。与平键相比，花键齿较多、承载能力较强、导向性好，主要用于定心精度要求高、载荷大或轮毂经常滑移的场合。

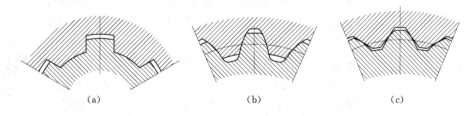

(a)　　　　　　　　　(b)　　　　　　　　　(c)

图 5.23　花键连接
(a) 矩形花键；(b) 渐开线花键；(c) 三角形花键

按工作方式花键连接可分为固定连接与滑动连接两种。固定连接花键副的花键孔和花键轴组成过盈配合。滑动连接花键副的花键孔和花键轴组成精确的间隙配合，保证轮毂移动的导向精度及灵活性。

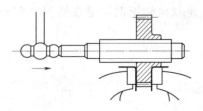

图 5.24 固定连接花键副的安装

安装固定连接花键副时，如果过盈量较小，可用软锤将花键轴轻轻打入花键孔，如图 5.24 所示；如果过盈量较大，为防止拉伤配合表面，可将轮毂加热至 80～120℃后再进行装配。安装滑动连接花键副时，需将花键轴用手轻轻推入，严禁锤击；轮毂在其轴向行程范围内应滑动自如无阻滞、无明显的抖动现象。

花键连接的装配要点为：装配前检查花键孔、轴的尺寸误差、形位误差和表面粗糙度是否符合要求。花键孔、轴端部应倒棱，清除切屑等杂物，以防安装后出现拉伤或咬死现象。装配时，用着色法检查配合情况，应使同时接触的齿数不少于 2/3，接触率在键齿的长度和高度方向不得低于 50%；如有阻滞现象或接触不均，可以用油石或细锉修整花键的两侧或尖角处，使花键轴达到要求为止。注意花键的定心面不得修整。装配后的花键副应检查花键轴与被连接零件的同轴度和垂直度。

5.2.5　过盈连接的装拆

过盈连接是依靠包容件和被包容件的过盈配合达到连接的目的。装配后，由于材料的弹性变形，使包容件和被包容件的配合面间产生压力，工作时，依靠此压力所产生的摩擦力来传递转矩或轴向力。这种连接又称紧配合连接。过盈连接常用于轴与轮毂连接，轮圈与轮芯的连接以及滚动轴承与轴连接。过盈连接的优点是结构简单、定心性好、承载能力高、不削弱轴的强度，缺点是对配合尺寸精度要求较高、装拆需要很大的外力、拆卸时易损坏配合表面，适用于精度要求高不常拆卸的场合。

1. 圆柱面过盈连接的装配

圆柱面过盈连接常用的装配方法有锤击法、压入法和温差法。锤击法用手锤通过垫块施力，经常用来装配过盈量较小或配合长度较短的配合件。压入法用压力机通过垫块施力。与锤击法相比较，它的导向性好，配合件受力均匀，能装配尺寸较大和过盈量较大的配合件。锤击法、压入法装配过程易擦伤或压平配合表面微观不平度的尖峰，因而降低了连接的稳定性。温差法是利用金属材料的热胀冷缩的特性，加热包容件或冷却被包容件，使孔径增大、轴径缩小，将过盈装配转换成间隙装配温度恢复后实现过盈配合的装配方法。当其他条件相同时，用温差法能获得较高的摩擦力或力矩，一般用于大型零件、过盈量大或特别精密的零件。

锤击法、压入法装配过盈连接的注意事项：零件的压入端应设一定的斜度；配合件的孔口及轴端应进行倒角；装配时连接表面应涂上机械油；实心轴压入盲孔时，应开设排气槽；孔、轴的中心线应一致，不允许存在倾斜现象；锤击时，应在工件锤击部位垫上软金属，锤击力方向不可偏斜，四周用力要均匀；压入速度要保持平稳，不允许有间断，否则配合表面因停留而产生压痕；压装薄壁零件时，可以加装心轴后压入，以防变形和倾斜。

热胀装配时，一般中、小型零件可在燃气炉或电炉中加热，也可浸在油中加热，其加热温度一般在 80～120℃。对于大型零件可采用感应加热器加热。热胀装配所用设备简单，应用广泛。冷缩装配时，对过盈量较小的小型连接件和薄壁衬套等，可采用固体二氧化碳即干冰冷缩，冷却温度可达−70℃以下；放入工业冰箱冷却，冷却温度可达−50℃；

过盈量较大的连接件采用液氮冷缩可冷至－190℃。与热胀法相比，冷缩法不易产生杂质和化合物，但收缩变形量较小，装配成本高，所以应用很少。过盈量较大时，可将套类零件加热，同时将轴类零件冷却进行装配。

温差法装配过盈连接的注意事项：热装后零件应自然冷却，不允许快速冷却；零件热装后应必须施加轴向力使轮毂紧靠定位面，零件冷却后应立即装入包容件，否则，温度将快速回升并在配合表面生成一层厚霜，影响装配，甚至出现装配中途"抱住"的危险。

2. 圆锥面过盈配合的装配

圆锥面过盈配合是利用轴、孔产生相对轴向位移相互压紧而实现过盈的连接方法。装配方法主要有用螺母压紧装配和液压装配两种。如图 5.25 (a) 所示，用螺母压紧装配时，拧紧螺母使锥轴右移，锥轴、孔结合面相互压紧而传递转矩，适用于过盈量较小的场合。如图 5.25 (b) 所示，液

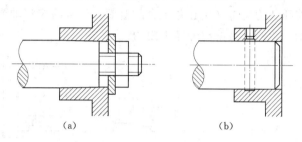

图 5.25　圆锥面过盈配合的装配
(a) 用螺母压紧装配；(b) 液压装配

压装配时，用高压油经油孔和油槽压入配合面，使孔胀大，轴缩小，在一定的轴向力作用下，孔、轴互相压紧到预定的位置后，排除高压油即可形成过盈配合，适用于大型零件、过盈量大、需要多次装拆的场合。

装配圆锥面过盈配合时需准确控制压入行程。

5.2.6　滚动轴承的装配

滚动轴承一般由滚动体、保持架、内圈和外圈组成，滚动体在内、外圈上的滚道里滚动，形成滚动摩擦，具有摩擦小、效率高、精度高、装拆方便的特点。滚动轴承支承轴系组件，轴承安装的好与坏将影响到轴承的精度、寿命和性能。

5.2.6.1　滚动轴承的安装

1. 装配前的准备工作

（1）清洗、检查轴承。清洗时，先用刷子、铁钩或小勺清除旧润滑脂、黏着物，大致干净后，把轴承浸入温度 90～100℃的 10 号机油或变压器油（油温不得超过 100℃）中，将轴承在油中一边缓慢转动，一边仔细的清洗。清洗后，将轴承缝隙里剩余的油刮出，用拇指、食指来回仔细搓研，若没有感觉到污物，取出冷却后再用煤油将轴承内部的残余旧油、机油冲净，最后用汽油冲洗一遍，干燥后添加润滑剂，放在装配台上，以待装配。对两面带防尘盖或密封圈的轴承，以及涂有防锈、润滑两用油脂的轴承，因在制造时就已注入了润滑脂，故安装前不要清洗。

（2）检验轴承装配表面。轴颈、轴承座壳体孔的配合表面不得有毛刺、碰痕或凹凸不平现象，如有应先用细锉处理，再用细砂布打磨抛光。

（3）备好安装工具。

2. 圆柱孔轴承的安装方法

轴承的安装方法应根据轴承结构、尺寸大小、配合性质、条件而异。在过盈量较小的

情况下，可在常温下用手锤敲打套筒施力压装，如果大批量安装时，可采用液压机。当过盈量较大时，可采用温差法来安装。

不论何种方法安装轴承，其总的原则是：安装压力应直接加在紧配合的套圈端面上，不允许通过滚动体间接地传递安装力。施力应沿轴线防止安装倾斜。不允许用硬质工具直接敲击轴承端面。

（1）压装法。如图 5.26 所示，压力机通过垫一软金属材料做的装配套管（铜或软钢）将压入力均等作用在紧配合的套圈。压装前应将轴颈和轴承内圈的配合表面涂上一层润滑油，以减小装配时的摩擦阻力。

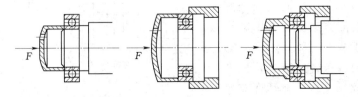

图 5.26　滚动轴承的压装

若轴承内圈与轴是紧配合，外圈与轴承座孔是较松配合，可用压力机将轴承先压装在轴上，然后将轴连同轴承一起装入轴承座孔内。装配套管的内径应比轴颈直径略大，外径应比轴承内圈挡边略小，以免压在保持架上。若轴承外圈与轴承座孔紧配合，内圈与轴为较松配合，可将轴承先压入轴承座孔内，这时装配套管的外径应略小于座孔的直径。若轴承套圈与轴及座孔都是紧配合，安装时内圈和外圈要同时压入轴和座孔，装配套管的结构应能同时压紧轴承内圈和外圈的端面。

（2）击装法。在缺少压力机的地方或箱体尺寸较大的情况下，也可以用手锤击打装配套管安装轴承。没有装配套管时，也可用手锤通过铜棒敲击轴承套圈安装轴承，但要均匀地、对称地、逐渐地打入。不允许用木头做垫块，以防木屑落到轴承内。

（3）温差法。温差法适用于大过盈、大尺寸轴承的安装。软金属材料的轴承座孔与外圈是紧配合时，座孔的表面易被划伤、拉毛，也应采用温差装配法。

热胀装配时，一般中、小型轴承可用电热板、电炉、电灯加热，也可浸在油中加热，对于大型轴承可采用感应加热器加热。油槽加热法是应用较广的传统加热方法，油槽距底部 50～70mm 处设金属网，轴承置于网上，或者用钩子吊着轴承，使机油淹没轴承，均匀加热 80～100℃，取出擦净，趁热安装。轴承不宜直接放于槽底，以防局部受热过高，或槽底沉淀的污物进入轴承。油箱中必须有温度计，严格控制油温不得超过 100℃，以防止发生回火效应，使套圈的硬度降低，运行中轴承就易磨损、剥落，甚至开裂，同时还要考虑加热要均匀。热胀装配操作要求熟练、迅速和准确，轴承对中后应略微旋动轴承，以防安装倾斜或卡死，同时应将轴承迅速安装到位，以免冷却后安装困难。轴承冷却后在宽度方向也有收缩，因此始终要施加一定的轴向压力将轴承向肩部压紧。

冷缩装配时，若采用固体液态氮做冷缩介质应严格控制冷却温度，温度过低会引起金属冷脆，冷却最低温度不得低于−50℃。一般情况下采用二氧化碳即干冰做冷缩介质或用工业冰箱将轴冷却到一定的温度，迅速取出，插入轴承内套圈中即可。

3. 圆锥孔轴承的安装方法

当过盈量较小时，可以直接压装在有锥度的轴颈、紧定套、退卸套上。当过盈量较大，同时需要经常装拆时，采用液压装配法。

轴承的安装是否正确，影响机器精度、寿命、性能。安装时可用灯光法检验轴承与轴肩的靠紧程度，即将灯光对准轴承和轴肩处，看漏光情况判断。如果不漏光，说明安装正确；如果沿轴肩周围均匀漏光，说明轴承未与轴肩靠紧；如果有部分漏光，说明轴承安装倾斜。轴承安装后应旋转轴承进行惯性运转检查，看旋转是否顺利，一般说来，轴承旋转持续时间长，停止缓慢，旋转灵活性就好，否则，可能因异物、压痕、安装不良而造成运转不畅。旋转时，声音清澈则为正常，当发生尖锐的金属音或不规则音时，则表示有异常。滚动轴承装入轴承座时，为便于察看轴承代号，不致安错，应将轴承套圈的打字面朝外摆放和安装。

对于油脂润滑的轴承，装配后一般应注入约占空腔 1/2 的润滑脂。

5.2.6.2 滚动轴承游隙的调整

滚动轴承游隙是指将轴承的一个套圈固定，另一个套圈沿径向或轴向的最大活动量。滚动轴承游隙的功用是保证滚动体的正常运转和润滑以及补偿轴受热伸长。若游隙过小，则易发热和磨损，也会降低轴承的寿命。但是，若滚动轴承的游隙过大，将造成同时承受负荷的滚动体减少，轴承寿命降低，还将降低轴承的旋转精度，引起振动和噪声。一般高速运转的轴承采用较大的游隙，低速、重载的轴承采用较小的游隙。

对于游隙可调整的轴承，如角接触球轴承、圆锥滚子轴承，因其轴向游隙和径向游隙之间有正比的关系，所以，安装时只要调整好轴向游隙就可获得所需的径向游隙。

游隙不可调整的滚动轴承，如深沟球轴承、调心球轴承、圆柱滚子轴承、调心滚子轴承，在制造时按不同组别留有规定范围的游隙，根据不同的使用条件适当选用，安装时不再调整，但应在轴承和轴承端盖间留出轴向间隙以补偿轴的热伸长。

（1）调整垫片法。如图 5.27（a）所示，在端面 A 和 B 用油脂粘一圈铅丝，拧紧端盖螺钉后再卸去螺钉，测量端面 A 铅丝的厚度 S_1，端面 B 铅丝的厚度 S_2，若 $S=S_1-S_2>0$，安装轴承时需在端面 B 处放垫片，垫片的厚度为 S 加上轴承在正常工作时所需要的轴向间隙 C；若 $S=S_1-S_2<0$，需在端面 A 处放垫片，垫片的厚度为 S 减去 C（轴向间隙），或将端盖的端面 B 车去同等的厚度。

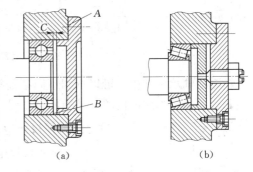

图 5.27 轴承游隙的调整
（a）调整垫片法；（b）调整螺钉法

（2）调整螺钉法。如图 5.27（b）所示，先拧紧螺钉推动压盖移动至轴转动发紧，使轴承调整到无间隙状态，然后反转螺钉得到所规定的间隙值。其反转圈数 N 按下式计算：

$$N=\frac{C}{S}$$

式中 C——轴承规定的轴向间隙值，mm；

S——调整螺钉的导程。

然后对螺钉进行防松锁紧即可。

5.2.6.3　滚动轴承的预紧

轴承预紧就是在安装时预先给轴承套圈产生并保持一轴向力，以消除轴承游隙，并在滚动体和内、外圈接触处产生初变形。预紧后的轴承受到工作载荷时，内外圈的相对移动量要比未预紧的轴承大大减少，提高轴承的旋转精度，增加轴承装置的刚性，减小机器工作时轴的振动。轴承预紧有径向预紧和轴向预紧。

径向预紧可利用锥孔轴承在配合锥面上的轴向位移使轴承内圈胀大，从而实现预紧。常用的预紧装置有：①夹紧一对圆锥滚子轴承的外圈预紧，如图 5.28（a）所示，此法操作简便；②用弹簧预紧，可以得到稳定的预紧力，如图 5.28（b）所示；③在一对轴承中间装入长度不等的套筒预紧，预紧力可由两套筒的长度差控制，如图 5.28（c）所示；④成对轴承正装时可磨窄外圈并夹紧，如图 5.28（d）所示，反装时可磨窄内圈并夹紧实现预紧，外圈宽、窄边相对安装也可实现预紧。

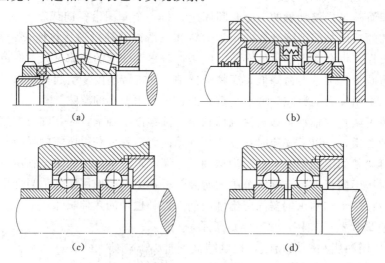

(a)　　　　　　　　　　(b)

(c)　　　　　　　　　　(d)

图 5.28　滚动轴承的预紧

在滚动轴承标准中，可以查到不同型号的成对安装角接触球轴承的轻、中、重三个系列预紧载荷值及相应的内圈或外圈的磨窄量。

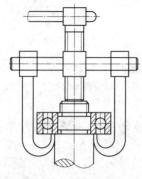

图 5.29　拉卸轴承

5.2.6.4　滚动轴承的拆卸

滚动轴承常用的拆卸方法有击卸法、拉卸法、压卸法、热拆法、高压油拆卸法。

（1）击卸法。拆卸小过盈套圈时，常通过冲子敲击轴承内圈，此法简单易行，但容易损伤轴承。打击力切不可太大；且每打击一次，应将冲子移到对面打击一次，使套圈四周均等受力，否则，轴承会发生偏斜、卡牢甚至损坏轴承、轴颈。

（2）拉卸法和压卸法。拉卸常使用拉具（拉马），如图5.29所示，拆卸时，只要使丝杆对准轴的中心孔，旋转手柄，

194

轴承就会被慢慢拉出来。拆卸轴承外圈时，卡爪应向外张开，钩住轴承外圈端面；拆卸轴承内圈时，卡爪应向内，钩住轴承内圈端面。拉卸时应注意防止卡爪滑脱。对可分离轴承外圈，事先在外壳的圆周上设置几处螺孔，按拧紧方向拧入螺钉，即可拆卸外圈。压卸需用压力机或利用千斤顶的施压工具施力，注意应在轴线上着力。拉卸法和压卸法的优点是施力均匀，力的大小容易控制，能拆卸尺寸较大或过盈量较大的滚动轴承。

（3）热拆法。从轴上拆卸轴承时，先将拉具安装在待拆的轴承上，并施加一定拉力，将 100℃ 左右的机油浇在待拆的轴承上，待轴承圈受热膨胀后，即可用拉具将轴承拉出。加热前，须用石棉绳或薄铁板将轴包扎好，防止轴受热胀大。从轴承箱壳孔内拆卸轴承时，也只能加热轴承箱壳孔，不能加热轴承。热拆法用于拆卸紧配合的轴承。操作者应戴石棉手套，以防烫伤。

（4）高压油拆卸法。大型轴承的拆卸采用油压法，从油道将高压油压入，配合变松，使拆卸容易。

5.2.7 联轴器的拆装

联轴器由两半部分组成，分别与主动轴和从动轴连接使两轴共同旋转，传递运动和转矩。联轴器在回转过程中不能分离，必须停车拆卸才能使两轴分离。一般原动力机大都借助于联轴器与工作机相连接。

1. 联轴器的分类

联轴器的类型很多，根据其是否包含弹性元件，可以分为刚性联轴器和弹性联轴器。刚性联轴器根据正常工作时是否允许两半联轴器轴线产生相对位移，又可分为固定式刚性联轴器和可移式刚性联轴器。固定式刚性联轴器不能补偿两轴的相对位移，可移式刚性联轴器能补偿两轴的相对位移。弹性联轴器包含有弹性元件，不仅具有吸振缓冲的能力，而且能够通过弹性元件的变形来补偿两轴的相对位移。

2. 常见的联轴器

（1）固定式刚性联轴器。固定式刚性联轴器常见的有套筒联轴器（图 5.30）和凸缘式联轴器（图 5.31）。套筒联轴器结构简单，径向尺寸小，适用于两轴轴线能严格对中、传动平稳、转速不高的场合。凸缘式联轴器可以通过普通螺栓连接两半联轴器、利用凸槽和凹槽的相互嵌合来对中、靠接合面的摩擦力传递转矩，也可以通过铰制孔用螺栓连接对中，靠螺栓与孔的挤压传递转矩，尺寸相同时后者可以传递更大的转矩。

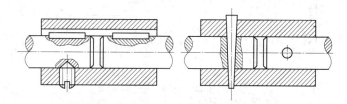

图 5.30　套筒联轴器

（2）可移式刚性联轴器。可移式刚性联轴器常见的有十字滑块联轴器、万向联轴器、齿式联轴器。适用于低转速，两轴同心度误差较大的场合。

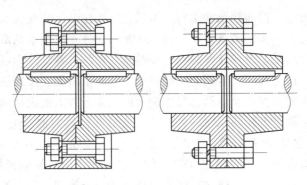

图 5.31　凸缘式联轴器

1) 十字滑块联轴器 (图 5.32) 由两个端面开有径向凹槽的半联轴器,以及一个两端制有互相垂直的凸榫的十字滑块所组成。当轴转动时,十字滑块可在半联轴器的凹槽中滑动,来弥补两轴的偏移,但不耐冲击,适用于轴的刚性较大、低速、无冲击的场合。

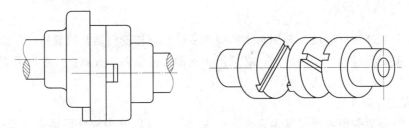

图 5.32　十字滑块联轴器

2) 万向联轴器 (图 5.33) 以十字轴为中间件,在十字轴的四端用铰链分别与两轴上的叉形接头相连接,当一轴的位置固定后,另一轴可以在任意方向偏斜 α 角 [图 5.33 (b)],角位移 α 可达 $40°\sim45°$。单个万向联轴器两轴的瞬时角速度并不是时时相等的,即当主动轴以等角速度回转时,从动轴作变角速度转动,从而引起动载荷,对使用不利。实际应用中,常成对使用万向联轴器,如图 5.33 (c) 所示,当主、从动轴与中间件的夹角相等,且中间件两端的叉面位于同一平面内时,主、从动轴的角速度相等。显然,中间件本身的转速是不均匀的,但其惯性小,产生的动载荷、振动等一般不致引起显著危害。

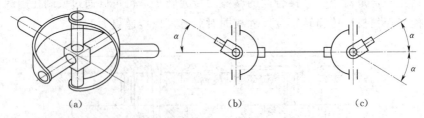

(a)　　　　　　　(b)　　　　　　　(c)

图 5.33　万向联轴器

3) 齿式联轴器 (图 5.34) 由两个带有外齿的内套筒和两个有内齿及凸缘的外套筒组成。由于外套筒上外齿的齿顶制成球面,且与外套筒的内齿啮合后具有适当的顶隙和侧隙,可以补偿两轴的偏移。齿式联轴器承载能力大,但制造困难,适用于高速重载的场合。

（3）弹性联轴器。常见的弹性联轴器有弹性套柱销联轴器、弹性柱销联轴器、轮胎式联轴器。适用于启动频繁、经常正反转、需补偿两轴偏移的场合。

如图 5.35（a）所示，弹性套柱销联轴器的弹性套易磨损，适用于载荷平稳、小转矩的场合；如图 5.35（b）所示，弹性柱销联轴器也称尼龙柱销联轴器，与弹性套柱销联轴器相比，承载能力更大，缺点是尼龙柱销对温度较敏感，适用于有冲击振动、两轴间有较大的相对位移、转速较高的场

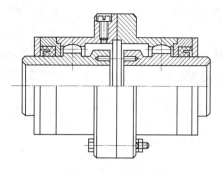

图 5.34　齿式联轴器

合；如图 5.35（c）所示轮胎式联轴器弹性大、寿命长，但径向尺寸大，适用于有冲击振动、两轴间有较大的相对位移、环境潮湿多尘的场合。

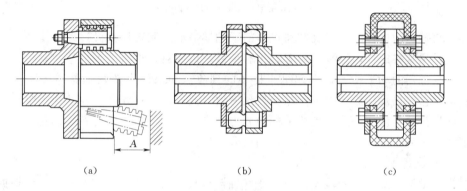

| (a) | (b) | (c) |

图 5.35　弹性联轴器
（a）弹性套柱销联轴器；（b）弹性柱销联轴器；（c）轮胎式联轴器

3. 联轴器的装配

联轴器装配的原则是严格按照图纸要求进行装配。其中，联轴盘在轴上的装配、联轴盘对中、联轴盘的连接是联轴器安装的主要环节。

联轴器安装前先把零部件清洗干净，清洗后的零部件，需把沾在上面的洗油擦干。在短时间内准备运行的联轴器，擦干后可在零部件表面涂些透平油或机油，防止生锈。对于需要过较长时间才使用的联轴器，应涂以防锈油保养。

（1）联轴盘在轴上的装配方法。联轴盘的轴孔分为圆柱形轴孔与锥形轴孔两种形式，大多为过盈配合，装配方法有静力压入法、动力压入法、温差装配法及液压装配法等。

（2）轴心线的找正。联轴器装配时常见的三种偏差形式有两轴轴心线径向偏移、两轴轴心线扭斜、两轴轴心线同时具有偏移和扭斜。过大的偏差将使联轴器、传动轴、轴承产生附加负荷，引起发热，加速磨损，加大振动，降低运转精度和使用寿命。联轴器的找正使主动轴和从动轴中心线在同一直线上，找正越精确，机器的运转情况越好，使用寿命越长。

找正时，将两联轴盘分别装在两轴上，先固定较笨重的轴组为基准，校正另一联轴盘的轴心线，使两联轴盘轴心重合。根据偏移情况进行调整时，通常先调整轴向间隙，使联

轴盘的接合面平行，然后调整径向间隙，使两联轴盘同轴。可采用如下两种方法之一来实现：①如图 5.36（a）所示，用千分表分别对联轴器安装盘的端面和外圆测取跳动值，此种方法可认为最准确的方法，但稍麻烦；②如图 5.36（b）所示，用直尺和内卡钳测量距离差值，适用于要求不高，精度较低的场合。

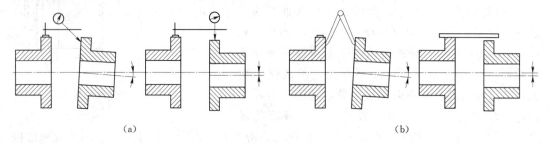

图 5.36　联轴器轴心线的找正

（a）用千分表；（b）用直尺和内卡钳

（3）联轴盘的连接。用于高转速机器的联轴器一般在制造厂都做过动平衡试验，在装配连接件时须观察螺栓、螺母、衬套是否有编号，以便对好相对位置标记，紧固件对号入座，以防联轴器的动平衡不好引起机组振动的现象。如果要更换联轴器连接螺栓的某一个，必须使它的质量与原有的连接螺栓质量一致。此外，在拧紧联轴器的连接螺栓时，应对称、逐步拧紧，使每一连接螺栓上的锁紧力基本一致，不至于因为各螺栓受力不均而使联轴器在装配后产生歪斜现象，有条件的可采用力矩扳手。

4. 联轴器的拆卸

拆卸联轴器一般是由于设备的故障或联轴器自身需要维修，拆卸的程度一般根据检修要求而定。联轴器的种类很多，结构各不相同，联轴器的拆卸过程也不一样，拆卸前应熟悉联轴器的结构。

拆卸联轴器时一般先拆连接螺栓。由于螺纹表面沉积一层油垢、腐蚀的产物及其他沉积物，使螺栓不易拆卸，应采用适合的工具和适当的方法，对称、逐步拧松。对于键连接的轮毂，一般用拉马进行拆卸。选用的拉马应该与轮毂的外形尺寸相配，拉马各卡爪与轮毂后侧面的结合要合适，在用力时不会产生滑脱现象，这种方法仅用于过盈比较小的轮毂的拆卸，对于过盈比较大的轮毂，经常采用加热法，或者同时配合液压千斤顶进行拆卸。

5.2.8　齿轮的装配

齿轮传动依靠轮齿间的啮合来传递运动，是机械中常用的传动装置，其特点是能保证准确的传动比、传递功率和速度范围广、效率高、使用寿命长、结构紧凑，但中心距不能太大，高速时平稳性较差、制造复杂、成本较高。齿轮传动的基本技术要求是工作平稳、无冲击振动和噪音、换向无冲击、承载能力强以及使用寿命长等，为了达到上述要求，除齿轮和箱体、轴等必须分别达到规定的尺寸和技术要求外，还必须保证装配质量。

5.2.8.1　圆柱齿轮的装配

1. 齿轮与轴的装配

齿轮孔与轴配合要符合技术要求。若装配时，如果孔或轴上有毛刺，或者由于齿轮孔与轴配合较紧,压装时不清洁,润滑不足产生了拉伤表面等现象,这会使齿轮与轴不同心而加大齿圈的径向跳动,在运转中产生噪音、影响运动精度。

在轴上空转或滑移的齿轮,与轴为间隙配合,装配后的精度主要取决于零件本身的加工精度,这类齿轮的装配比较方便。装配后,齿轮在轴上不应有晃动,滑移齿轮的轴向移动不应有阻滞。在轴上固定的齿轮通常与轴有少量过盈,装配时需要加一定外力。压装时,要避免齿轮歪斜和产生变形。若配合的过盈量不大,可用手工工具敲击压装,过盈量较大的,可用压力机压装;也可将齿轮在油中加热,进行热套。精度要求高的齿轮传动,安装后,需要检验其径向跳动和端面跳动误差。高转速的大齿轮,装配在轴上后,还应做平衡试验,以避免运转时产生过大的振动。

测量跳动时,如图 5.37 所示,将齿轮轴支撑在两顶尖或 V 形架上,使轴与测量台面平行,在齿间放入圆柱规,将百分表的触针抵在圆柱规上,从百分表上得出一个读数;然后转动齿轮,每隔 3~4 个轮齿重复检测一次,百分表的最大读数与最小读数之差,就是齿轮分度圆上的径向跳动误差。在检测端面跳动时,将百分表的触针抵在齿轮端面上,转动轴就可以测出齿轮的端面跳动量。

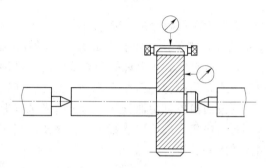

图 5.37　测量齿轮径向跳动和端面跳动

2. 轴系装入箱体内

装配前应检验箱体的主要部位,箱体的加工精度必须得到保证。将轴系组件装入箱体内的方式,应根据各种类型的箱体及轴在箱体内的结构特点而定。

3. 装配质量的检验与调整

轴系组件装入箱体后,必须检验其装配质量,保证齿轮有适当的齿侧间隙、齿面接触情况良好。侧隙可以补偿齿轮的制造和装配误差,补偿热膨胀及形成油膜。若侧隙过小,齿轮转动不灵活,甚至卡齿,会加剧齿面的磨损;若侧隙过大,则换向空程大,产生冲击。齿面要有正确的接触部位和足够的接触面积,以避免发生过大的载荷集中现象,从而保证齿轮的承载能力,达到减少磨损和延长使用寿命的目的。

(1) 侧隙的检验。用压铅丝的方法检验侧隙。在齿面沿齿宽两端平行用油脂粘放两条铅丝,转动齿轮将铅丝压扁后,测量其最薄处的厚度即是侧隙。铅丝直径为顶隙的 1.25~1.5 倍,跨两齿以上测量时(防铅丝掉入箱体内不好取出),单齿压过的铅丝两侧之和为侧隙,可用千分尺或游标卡尺测出,也可用百分表测量的方法。将百分表测头与一齿面接触,另一个齿轮固定,将接触百分表测头的齿轮从一侧啮合转到另一侧啮合,百分表上的读数差值即为侧隙。圆柱齿轮的侧隙与齿轮的公法线长度偏差、箱体孔的中心距偏差有关,可通过调整中心距来改变侧隙。

(2) 接触精度的检验。接触精度可用涂色法进行检验,仔细擦净每一个齿轮,将红铅油均匀而薄地涂在主动轮的工作齿面上,用手转动输入轴,另一手轻握输出轴,微加以制动,运转 2~3 转后,从动齿轮轮齿面上将印出接触斑痕,如图 5.38 所示。正常的接触痕

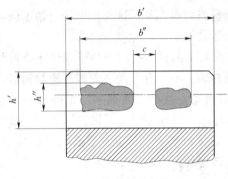

图 5.38 接触精度的检验

迹应在分度圆附近和齿长中部。在沿齿宽方向上的接触面积应不少于 $40\%\sim70\%$，在沿齿高度方向应不少于 $30\%\sim50\%$（随精度而定）。

沿齿宽方向：接触痕迹的长度 b''（扣除超过模数值的断开部分 c）与工作长度 b' 之比，即 $\dfrac{b''-c}{b'}\times100\%$。

沿齿高方向：接触痕迹的平均高度 h'' 与工作高度 h' 之比，即 $\dfrac{h''-h'}{h'}\times100\%$。

选择检验接触斑痕百分数最小的轮齿来判断齿轮传动的接触精度是否符合要求。如图 5.39 所示，如果接触印痕不正确，出现偏接触，多数原因是两轴线歪斜或中心距大小不合适，应该在中心距允许的误差范围内通过刮削轴瓦或调整轴承座来消除。同时，齿面上的毛刺或碰伤凸起会引起不规则的接触印痕，注意去除。当接触斑点正确但接触面积小时，硬齿面齿轮可用油石条、角上磨光机（上软砂轮）修研齿，一般齿面可用锉刀、刮刀等进行粗修研，最后用油石条光整修研。当误差不大时，可在齿面间加入含有磨料的润滑剂进行磨合。

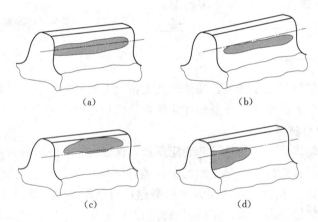

图 5.39 齿面接触斑点
（a）正确；（b）中心距太小；（c）中心距太大；（d）轴线偏斜

5.2.8.2 齿轮的拆卸

齿轮一般使用拉具进行拆卸，也可以采用击卸法。

用拉具进行拆卸即利用通用或专用工具与齿轮零件相互作用，产生的静拉力或不大的冲击力拆卸零部件的方法。这种方法不会损坏零件，适用于拆卸精度比较高的零件。

击卸法拆卸是利用手锤的敲击作用拆卸齿轮零件的方法。由于击卸法使用的工具简单、操作方便，因此被广泛使用。用手锤击卸时应注意下列事项：

（1）选用重量适当的手锤。要根据被拆卸件的尺寸、重量和配合松紧度，选用重量适当的手锤。要使手锤重量和敲击力大小相适应。

（2）必须对受击部位采取保护措施。对一般零部件常用铜锤、胶木棒、木板等保护受击部位。对精密重要的零件、部件需要制作专用工具加以保护。

（3）选择合适的锤击点，以防被击零件的变形或破坏。

（4）对配合面因严重锈蚀而拆卸困难时，可加煤油浸润锈面。待略有松动时，再拆卸。

5.2.9 减速器拆装

1. 减速器的功用

减速器是作为原动机与工作机之间独立的闭式传动装置。由于相啮合的主动齿轮的齿数少于从动齿轮的齿数，当动力源（如原动机）或其他传动机构（如带传动）的高速运动通过输入轴传到输出轴后，降低转速，增加扭矩，适应工作机的需要。

2. 减速器的类型

减速器种类很多，一般按传动件可分为圆柱齿轮减速器、圆锥齿轮减速器、蜗杆蜗轮减速器和行星齿轮减速器等；按传动的级数不同，可分为单级、双级和多级减速器；按轴在空间的相对位置不同，可分为卧式和立式减速器。

3. 减速器的结构

减速器的结构随其类型和要求的不同而异，一般由轴系零件、箱体和附件等组成。下面以图 5.40 为例介绍减速器的箱体、附件、轴系零件。

（1）箱体。箱体是减速器的主要零件，它用来支承和固定轴系零件以及在其上装设其他附件，保证传动零件齿轮的正确啮合，使传动零件具有良好的润滑和密封。箱体通常用灰铸铁（HT150 或 HT200）铸成，对于受冲击载荷的重型减速器的箱体也可采用铸钢材料。单件生产时为了简化工艺，降低成本可采用钢板焊接箱体。箱体结构型式有剖分式和整体式。整体式箱体刚性好，但拆装、调整不方便；剖分式箱体便于制造和安装，剖分面通过齿轮轴线平面分箱盖和箱座，箱盖和箱座用一组螺栓连接。装配时，剖分面上允许涂覆密封胶或水玻璃，不允许用垫片，否则将不能保证轴承孔的圆度误差，影响轴承座孔与轴承的配合精度。箱座与基座用地脚螺栓连接。如图 5.40 所示的单级圆柱齿轮减速器采用剖分式箱体。

轴承座是箱体支承轴和轴承的部位。一般先将箱盖与箱座合拢后用定位销定位，并以螺栓连接好，再加工轴承孔。对支承同一轴的轴承孔应一次镗出。为保证轴承座的连接刚度，除适当的增加壁厚、设置加强筋外，轴承座孔两侧连接螺栓尽量靠近轴承座孔。安装螺栓处做出凸台，以保证扳手活动空间、增强轴承座刚度。

箱体凸缘的宽度保证箱盖和箱座的连接螺栓的扳手活动空间。为提高连接刚度，连接凸缘应适当加厚。为减少加工面，螺栓孔都制有凸台或凹坑。

为保证润滑和散热的需要，箱内应有足够的润滑油量和深度。为避免搅油时沉渣泛起，一般大齿轮齿顶距油池底面的距离不得小于 30～35mm。

当滚动轴承采用油润滑时，在箱体的剖分面上制出油槽，使飞溅的润滑油经油槽进入轴承；当滚动轴承采用脂润滑时，在箱体的剖分面上制出回油沟，使飞溅的润滑油能经回油沟流回油池。油槽、油沟均提高了箱体的密封性。

箱体结构应具有良好的工艺性。箱体壁厚应尽量均匀，壁厚变化处应有过渡斜度，应

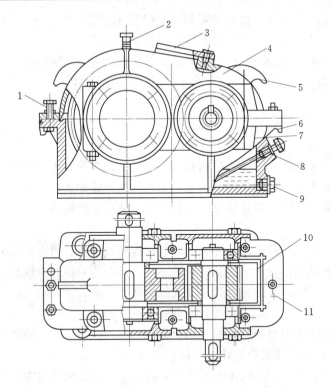

图 5.40 单级圆柱齿轮减速器结构图

1—起盖螺钉；2—通气器；3—视孔盖；4—箱盖；5—吊耳；6—吊钩；

7—箱座；8—油标尺；9—油塞；10—油沟；11—定位销

有拔模斜度和铸造圆角。箱体的轴承座外端面、窥视孔、通气塞、吊环螺钉、油标和放油塞等结合处有一定技术要求，均应设置凸台或凹坑，以减少加工面。

（2）减速器的附件及其结构。窥视孔是为了观察齿轮传动的啮合情况、润滑状态而设置的，也可由此注入润滑油。一般将窥视孔开在箱盖顶部（为减少油中杂质可在孔口装一滤油网）。窥视孔平时用窥视孔盖盖住，并垫有纸质封油垫，以防漏油。窥视孔盖常用钢板或铸件制成，用一组螺钉与箱盖连接。

通气器用来沟通箱体内、外的气流。由于工作时产生热量使箱体内温度升高，压力增大，所以必须采用通气器平衡内外气压，否则箱体内的压力过高会增加运动阻力，同时易造成润滑油的泄漏。通气器内一般制成轴向和径向垂直贯通的孔，既保证内外通气，又不致使灰尘进入箱内。通气器多装在箱盖顶部或观察孔盖上，使膨胀气体自由溢出。

吊耳或吊环螺钉是方便拆卸的起吊结构，为搬运整台减速器，在箱座上铸出的或设置的结构。

油标用来指示油面高度，及时补充润滑油。油面过高会增大大齿轮运转的阻力从而降低效率。油面过低则造成润滑不良，甚至不能润滑，加速磨损。应在便于检查及油面较稳定之处设置油标。

为将箱内的废油排净和清洗箱体内腔，在箱座内底面的最低处设置有排油孔，且箱座的内底面向排油孔方向倾斜，使废油能排除彻底。平时排油孔用油塞加密封垫拧紧封住。

为保证密封性，油塞一般采用细牙螺纹。

定位销用来保证箱盖和箱座的装配精度，同时也保证轴承座孔的镗孔精度和装配精度。定位销应设在箱体纵向两侧连接凸缘上，且不宜对称布置，以加强定位效果。加工定位销孔应先将箱盖与箱座的剖分面加工平整并合拢，用螺栓连接后才配钻的。

起盖螺钉用来开启箱盖。在箱盖和箱座的结合面处须涂上水玻璃或密封胶，以增强密封效果，但同时使开启箱盖困难。为此，在箱盖侧边的凸缘上开设螺纹孔，拧入起盖螺钉即可顶起箱盖。

连接螺栓用来连接上下箱体，螺栓应有足够长度，螺栓位应留有足够的扳手活动空间。

（3）轴系零件。主动齿轮、从动齿轮通过键与轴连接，若主动齿轮径向尺寸较小，为便于加工制造，可将其与主动轴制成一体。为了轴上零件的定位准确、固定可靠、装拆方便，轴设为多段，呈台阶式中间大两头小，轴上设有倒角、圆角、轴肩、退刀槽、键槽等结构。滚动轴承安装在轴承座孔中支撑轴上回转零件。挡油环设在轴承内侧，避免油池中的润滑油被溅至滚动轴承内稀释润滑脂，降低润滑效果。定位套筒常用作零件间的定位和固定。轴承端盖固定轴系组件的轴向位置，透盖常用毡圈（浸油后装入）密封，以防灰尘侵入磨损轴承。滚动轴承的轴向间隙可通过调整垫片或调整调整环来实现。

5.2.9.1 拆卸步骤

（1）观察、分析减速器外观结构，了解减速器附件的用途、结构和安装位置的要求。

（2）拆卸上箱体，观察、分析减速器内部结构，了解传动原理、轴承间隙调整、润滑与密封，绘制装配示意图。

拆卸凸缘式轴承端盖上的螺栓、轴承端盖和垫片，拆除定位销，卸下箱盖与箱座的连接螺栓，将螺钉、螺栓、垫圈、螺母和销钉等放在塑料盘中，以免丢失。然后拧动启盖螺钉卸下箱盖。

（3）将轴系零件随轴取出，观察轴的结构。按合理的顺序拆卸轴上零件，把各零件编号并分类放置。了解轴、轴上零件的定位固定方法。绘制该轴系的装配草图。

（4）装配减速器，测量齿轮接触精度、齿侧间隙和轴承轴向间隙。将每个零件进行必要的清洗，按先内部后外部的合理顺序将减速器装配好。将各传动轴部件装入箱体内；将嵌入式端盖装入轴承座内，并用垫片调整好轴承的工作间隙。测量齿轮接触精度、齿侧间隙和轴承轴向间隙；将箱内各零件，用棉纱擦净，并涂上机油防锈、退回启盖螺钉、安装好定位销钉，分多次均匀拧紧箱盖、箱座之间的连接螺栓。装好所有附件。用棉纱擦净减速器外部，放回原处。清点好工具，摆放整齐。

调整两齿轮的轴向位置，可先分别找出两齿轮齿宽中心面的位置，留下标记，调整时使两者对齐、或测量小齿轮齿宽超出大齿轮齿宽两端的余量，调整使其两端余量相等。

5.2.9.2 注意事项

（1）拆卸前要初步了解有关减速器装配图，考虑好合理的拆装顺序。

（2）拆卸中要认真研究每个零件的名称、功用以及它在部件中的位置和装配、连接关系。

（3）要合理选用拆卸工具和拆卸方法，严防乱敲乱打，禁止用铁器直接打击加工表面和配合表面。

（4）无论是拆卸还是装配轴承，均不得将力施加于外圈再通过滚动体带动内圈。

（5）仔细查点复核零件种类和数量并记录，避免零件丢失、混乱。

（6）注意安全，做到轻拿轻放，防止从台面掉下出现砸伤现象。

小　结

通过本模块的学习，了解装配过程和方法。装配是制造过程的最后阶段，也是关键阶段，装配质量的好坏对产品质量影响极大，装配工作的基本内容包括准备、装配、调试、喷漆涂油装箱。正确使用工具、合理安排装配工序、选择合适的装配方法是保证装配精度和质量的重要手段。学会减速器的拆装，对掌握机械装配技术非常重要。通过做、学、教结合，巩固了专业知识，培养了实际操作技能。

重点掌握拆装工艺和拆装工具的使用。

练 习 与 思 考 题

1. 判断题（正确的打√，错误的打×）

（1）组件是在一个基准零件上，装上若干部件及零件而构成的。（　　　）

（2）部件是在一个基准零件上，装上若干组件、套件和零件构成的。（　　　）

（3）轴承内圈的拆卸可用拉马。（　　　）

（4）精度要求高的齿轮传动，安装后需要检验其径向跳动和端面跳动误差。（　　　）

（5）装拆螺纹连接件时，使用的扳手大小不用考究。（　　　）

（6）套件在机器装配过程中不可拆卸。（　　　）

（7）过盈连接属于不可拆卸连接。（　　　）

（8）在安排产品的装配时，应该先安排容易装的，后安排难装的。（　　　）

2. 单项选择题

（1）拆装螺纹零件应优先使用（　　　）。

A. 棘轮扳手　　　　B. 活动扳手　　　　C. 开口扳手　　　　D. 梅花扳手

（2）（　　　）扳手用于扭转管子、圆棒等难以用扳手夹持、扭转的光滑或不规则的工件。

A. 活动　　　　　B. 扭力　　　　　C. 套筒　　　　　D. 管子

（3）零件的清理、清洗是（　　　）的工作要点。

A. 装配工作　　B. 装配工艺过程　　C. 装配前准备工作　　D. 部件装配工作

（4）装配紧键时，用涂色法检查键下、上表面与（　　　）接触情况。

A. 轴　　　　　B. 毂槽　　　　　C. 轴和毂槽　　　　D. 槽底

3. 简答题

（1）装配工作的基本内容有哪些？在装配中起什么作用？

（2）常用的可拆卸连接有哪些？不可拆卸连接有哪些？

（3）成组螺纹连接时，拧紧顺序对连接质量有何影响？举例说明连接时的拧紧顺序。

（4）滚动轴承装配的主要技术要求是什么？

（5）装配滚动轴承时，装配力的作用点应放在哪里？如果内圈与轴颈配合的过盈量较大，应采取什么措施？

（6）安装轴承时为什么要预紧？预紧的方法有哪些？

（7）联轴器的种类有哪些？分析其应用场合。

（8）装配之前有哪些准备工作？试述产品的装配方法。

（9）拆装有哪些原则和方法？拆装时有哪些注意事项？

模块 6　现 代 制 造 技 术

【教学目标要求】

　　能力目标：熟悉电火花线切割机床的应用，掌握数控车床、数控铣床的基本操作，并能实际应用。

　　知识目标：了解机械制造技术的发展趋势、数控机床的基本知识、特种加工技术的基本原理。

6.1　数 控 技 术 基 本 知 识

【任务】　数控机床的认识实训

　　(1) 目的：①了解数控机床的基本结构与组成；②掌握数控车削、数控铣削零件的加工工艺及操作方法。

　　(2) 器材：数控车床、数控铣床、零件图等 。

　　(3) 任务设计：①现场讲解数控车床、数控铣床的结构组成及其作用，示范其基本操作过程，通过加工轴类零件使学生了解其加工特点和基本操作要领；②学生动手操作，完成一简易零件的加工。

　　(4) 报告要求：说明数控机床的基本组成及其工作过程，数控机床与普通机床的区别；分析数控机床的加工原理和应用范围；测量零件精度，分析加工中存在的问题。

6.1.1　数控机床基本原理

1. 数控机床的组成

数控机床一般由数控系统、伺服系统、反馈装置、控制面板、机床本体等部分组成。

(1) 数控系统。计算机数控 (Computer Number Contorl，CNC) 系统由输入输出设备、CNC 装置、可编程控制器、主轴驱动装置和进给驱动装置等组成。数控系统是数控机床的核心，负责接收输入介质的信息，并将其代码加以识别、译码、储存、运算，输出相应的脉冲信号以驱动伺服系统，进而控制机床动作，使刀具、工作台实现相对运动，完成零件的加工。

(2) 伺服系统。伺服系统的作用是把来自数控装置的脉冲信号转换为机床移动部件的运动，使工作台 (或溜板) 精确定位或按规定的轨迹做严格的相对运动，最后加工出符合图纸要求的零件。

在数控机床的伺服系统中，常用的伺服驱动元件有步进电动机、电液脉冲电动机、直流伺服电动机和交流伺服电动机等。

（3）反馈装置。测量反馈装置主要是用于检测位移和速度，并将信息反馈给控制系统，构成闭环控制或半闭环控制系统，无测量反馈装置的系统称为开环系统。测量反馈装置是由检测元件和相应的电路组成，常用的测量元件有脉冲编码器、旋转变压器、感应同步器、光栅、磁尺及激光位移检测系统等。

（4）控制面板。控制面板是操作人员与数控机床进行信息交换的工具，操作人员通过它可以对数控机床（系统）进行操作、编程、调试，或对数控机床参数进行设计和修改，也可以通过它了解或查询数控机床的运行状态。

（5）机床本体。数控机床中主要的基础件，设计要求比通用机床更严格，制造要求更精密。在数控机床设计时，采用了许多新的加强刚性、减小热变形、提高精度等方面的措施，使得数控机床的外部造型、整体布局、传动系统以及刀具系统等方面与普通机床相比都已发生了很大变化。

2. 数控机床的工作原理

数控机床的工作过程如图 6.1 所示。首先根据零件加工图样进行工艺分析，确定加工方案、工艺参数及相关数据；采用人工或计算机自动编程软件，按规定的格式及指令代码编写零件加工程序，并将这些指令代码输入机床数字控制装置；经过程序调试、机床调整、加工准备后运行程序，完成零件的加工。

图 6.1　数控机床加工过程

3. 数控编程的方法

数控加工程序的编制方法有手工编程和自动编程两种。

（1）手工编程。手工编程是指数控编程过程中图纸的工艺处理、数据计算、编写程序等各个阶段的工作主要由人工来完成。一般对于简单零件的加工或点位加工，数据计算较为简单，编程工作量不大，手工编程比较合适；形状复杂或轮廓不是由简单的直线、圆弧组成的零件，或者是空间曲面零件，即使由简单几何元素组成，但程序量很大，因而计算相当繁琐，手工编程困难，易出错，则必须采用自动编程。

（2）自动编程。自动编程是指在编程过程，除分析零件图纸和制订工艺方案由人工进行外，其余工作均由计算机辅助完成。采用计算机自动编程时，数据计算、编写程序、程序检验等工作都是计算机自动完成的，编程人员只要根据零件图纸和工艺要求用规定的语言编写一个源程序或者将图形信息直接输入到计算机中，由计算机自动地进行处理，计算出刀具中心的轨迹，编写出加工程序，并自动制成所需控制介质，方便地对编程错误及时修正，以获得正确的数控加工程序。另外，计算机自动编程代替编程人员完成繁琐的数值计算，可提高编程效率几十倍乃至上百倍，因此，自动编程的工作效率高，可解决形状复杂的零件编程难题。

4. 数控加工的特点

（1）加工精度高、加工质量稳定。数控机床是高度综合的机电一体化产品，是由精密机械和自动控制系统组成的，其本身具有很高的定位精度和重复定位精度，机床的传动系统与机床的结构具有很高的刚度及热稳定性，在设计传动结构时采取了减少误差的措施，并由数控系统自动进行补偿。所以，数控机床有较高的加工精度，尤其提高了同批零件加工的一致性，使产品质量稳定，合格率高，这一点是普通机床无法与之相比的。

（2）可以加工复杂的零件。一些由复杂曲线、曲面形成的机械零件，用常规工艺方法和手工操作难以加工，甚至无法完成，而由数控机床采用多坐标轴联动即可轻松实现。

（3）有较强的适应性。数控机床按照被加工零件的数控程序来进行自动化加工，当加工对象改变时，只要改变数控程序，不必用靠模、样板等专用工艺装备，这有利于缩短生产准备周期，促进产品的更新换代。

（4）生产效率高，减轻劳动强度。数控机床可以采用较大的切削用量，有效地节省了加工时间。数控机床或加工中心还有自动换速、自动换刀和其他自动化操作功能，使辅助时间大大缩短，且一旦形成稳定加工过程，无须进行工序间的检验与测量。所以，采用数控加工比普通机床的生产率高 3～4 倍，甚至更多。

（5）有较高的经济效益。数控机床（特别是加工中心）大多采用工序集中，一机多用，在一次装夹的情况下，可以完成零件的大部分工序的加工，一台数控机床或加工中心可以代替数台普通机床。这样既可以减少装夹误差，节约工序间的运输、测量、装夹等辅助时间，又可以减少机床种类，节省机床占地面积，带来较高的经济效益。

（6）初期投入大，使用与维修复杂。数控机床价格昂贵，初期投资大，维修费用高，维修复杂，数控机床及数控加工技术对操作人员和管理人员的素质要求也较高，只有合理选择和使用数控机床，才能降低生产成本、提高经济效益和增强企业的市场竞争力。

5. 数控加工工艺设计的主要内容

（1）选择并确定零件的数控加工内容。对于一个零件来说，并非全部加工工艺过程都适合在数控机床上完成，而往往只是其中的一部分工艺内容适合数控加工。这就需要对零件结构进行仔细的分析，选择适合和需要进行数控加工的内容和工序。在选择内容时，应结合本企业设备的实际，立足于解决难题、攻克关键问题和提高生产效率，充分发挥数控加工的优势。选择适于数控加工的内容时，一般可按下列顺序考虑：①通用机床无法加工的内容应作为优先选择内容；②通用机床难加工，质量也难以保证的内容应作为重点选择内容；③通用机床加工效率低、工人手工操作劳动强度大的内容，可在数控机床尚存在富裕加工能力时选择。

此外，在选择和决定加工内容时，也要考虑生产批量、生产周期、工序间周转情况等。

总之，要尽量做到合理，达到多、快、好、省的目的，要防止把数控机床降格为通用机床使用。

（2）对零件图纸进行数控加工工艺性分析。

1）尺寸标注应符合数控加工的特点。在数控编程中，所有点、线、面的尺寸和位置都是以编程原点为基准的。因此，零件图纸上最好直接给出坐标尺寸，或尽量以同一基准标注尺寸。

2）零件图的完整性与正确性分析。在程序编制中，编程人员必须充分掌握构成零件轮廓的几何要素、参数及各几何要素间的关系。因为，在自动编程时要对零件轮廓的所有几何元素进行定义，手工编程时要计算出每个节点的坐标，无论哪一点不明确或不确定，编程都无法进行。

3）零件技术要求分析。零件的技术要求主要指尺寸精度、形状精度、位置精度、表面粗糙度及热处理等，这些要求在保证零件使用性能的前提下，应经济合理。

4）零件材料分析。在满足零件功能的前提下，应选用廉价、切削性能好的材料；而且，材料选择应立足国内，不要轻易选择贵重或紧缺的材料。

5）定位基准选择。在数控加工中，加工工序往往较集中，以同一基准定位十分重要，有时需要设置辅助基准，特别是正、反两面都采用数控加工的零件，其工艺基准的统一是十分必要的。

（3）数控加工工艺路线的设计。数控加工工艺路线设计与通用机床加工工艺路线设计的主要区别在于它往往不是指从毛坯到成品的整个工艺过程，而仅是几道数控加工工序工艺过程的具体描述。因此，在工艺路线设计中一定要注意到，由于数控加工工序一般穿插于零件加工的整个工艺过程中，因而要与其他加工工艺衔接好。

（4）数控加工的工序设计。在选择数控加工工艺内容和确定零件加工路线后，即可进行数控加工工序的设计，进一步把本工序的加工内容、切削用量、工艺装备、定位夹紧方式及刀具运动轨迹确定下来，为编制加工程序做好准备。

（5）数控加工专用技术文件的编写。填写数控加工专用技术文件是数控加工工艺设计的内容之一，这些技术文件既是数控加工、产品验收的依据，也是操作者遵守、执行的规程。技术文件是对数控加工的具体说明，目的是让操作者更明确加工程序的内容、装夹方式、各个加工部位所选用的刀具及其他技术问题。

6. 数控加工的一般操作过程

（1）将被加工零件的几何信息和工艺信息数字化，按规定的代码和格式编成加工程序。

（2）回机床参考点。回机床参考点目的是建立机床坐标系。数控机床坐标系用来描述刀具运动，数控机床开机后，刀具位置是随机的，数控系统不知道刀具的位置，无法建立机床坐标系。所以，开机后首先必须执行"机床返回参考点"操作，使刀具定位在参考点，数控系统得以确认刀具位置，建立起机床坐标系。返回参考点可以手动操作，也可以用返回参考点指令将编程轴自动返回到参考点。机床参考点的位置是厂家设定的，在机床说明书中会注明。

（3）找正、安装夹具。夹具和工件在机床上安装完毕，应测量工件原点到机床原点的距离，作为原点偏移量输入到数控系统。

（4）将刀具装入刀库并检查刀号。通过对刀操作设定刀补值，将刀补值、原点偏置等参数输入数控系统。

（5）将程序输入数控系统。检查加工程序的语法是否有错误，空运行加工程序，检查刀具的运动轨迹。

（6）试切削。程序空运行无法确定加工后工件的加工精度，而通过试切削，可以检查加工工艺和有关切削参数是否合理，调整工作是否满足加工精度要求，加工精度是否能达到零件的设计要求。

（7）数控系统运算、处理、发出控制命令，各坐标轴、主轴以及辅助动作相互协调，自动完成零件的加工。

6.1.2　数控车床及其零件加工

数控车床即装备了数控系统的车床。由数控系统通过伺服驱动系统去控制各运动部件的动作，主要用于轴类和盘类回转体零件的多工序加工，具有高精度、高效率、高柔性化等综合特点，适合中小批量、形状复杂零件的多品种、多规格生产。数控车床与普通车床相似，其主要结构仍然是由床身、主轴箱、刀架、进给传动系统、液压、冷却、润滑系统等部分组成，另外还有数控机床的一些特殊组成部分。

1. 数控车床的结构

数控车床品种繁多，结构各异，但在许多方面仍有共同之处。这里以 CK7815 型数控车床为例作简单介绍。

（1）数控车床的分类。随着数控车床制造技术的不断发展，为了满足不同的加工需要，数控车床的品种和数量越来越多，形成了产品繁多、规格不一的局面。对数控车床的分类可以采用不同的方法。

1）按数控系统的功能分类。

a. 全功能型数控车床，如配有日本 FANUC—OTE、德国 SIEMENS—810T 系统的数控车床都是全功能型的。

b. 经济型数控车床，是在普通车床基础上改造而来的，一般采用步进电动机驱动的开环控制系统，其控制部分通常采用单片机来实现。

c. 数控车削中心，是在普通数控车床基础上发展起来的一种复合加工机床。除具有一般二轴联动数控车床的各种车削功能外，车削中心的转塔刀架上有能使刀具旋转的动力刀座，主轴具有按轮廓成形要求连续（不等速回转）运动和进行连续精确分度的 C 轴功能，并能与 X 轴或 Z 轴联动，控制轴除 X、Z、C 轴之外，还可具有 Y 轴。可进行端面和圆周上任意部位的钻削、铣削和攻螺纹等加工，在具有插补功能的条件下，还可以实现各种曲面铣削加工。

2）按主轴的配置形式分类。

a. 卧式数控车床，主轴轴线处于水平位置的数控车床。

b. 立式数控车床，主轴轴线处于垂直位置的数控车床；还有具有两根主轴的车床，称为双轴卧式数控车床或双轴立式数控车床。

3）按数控系统控制的轴数分类。

a. 两轴控制的数控车床，机床上只有一个回转刀架，可实现两坐标轴控制。

b. 四轴控制的数控车床，机床上有两个独立的回转刀架，可实现四轴控制。对于车削中心或柔性制造单元，还要增加其他的附加坐标轴来满足机床的功能要求。目前，我国使用较多的是中小规格的两轴控制的数控车床。

（2）数控车床的组成。如图 6.2 所示，CK7815 型数控车床为两坐标、连续控制 CNC 车床。该车床能切削直线，斜线，圆弧、米制、英制螺纹，圆柱螺纹，锥螺纹及多头螺纹，能对盘形零件进行钻、扩、铰和镗孔加工。因有刀尖半径补偿等多种功能，故适合于形状复杂、精度高的盘形零件和轴类零件。其主要部件有床身、数控柜、主轴、转塔刀架、纵向滑板（Z轴）、横向滑板（X轴）、尾座和电气控制系统。

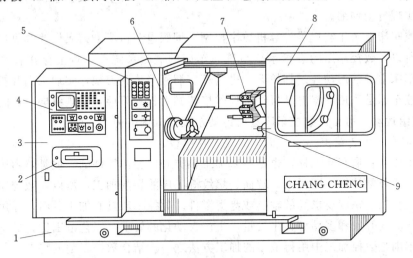

图 6.2　CK7815 型数控车床

1—床身；2—通信接口；3—数控柜；4—数控面板；5—机械操作面板；
6—主轴；7—转位刀架；8—防护门；9—尾座

数控车床的主轴、尾座等部件相对床身的布局形式与普通车床基本一致。因为，刀架和导轨的布局形式直接影响数控车床的使用性能及机床的结构和外观，所以，刀架和导轨的布局形式发生了根本的变化。另外，数控车床上都设有封闭的防护装置，有些还安装了自动排屑装置。

（3）数控车床的传动系统。传动系统如图 6.3 所示，主传动系统由交流变频调速电动机驱动，具有无级调速和恒线速度切削性能，电动机的运动经两级宝塔带轮直接传至主轴。

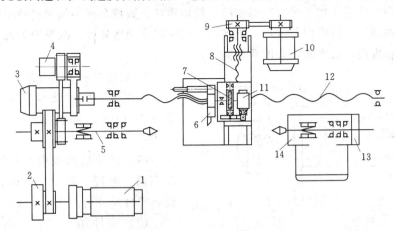

图 6.3　数控车床传动系统

1—主轴电机；2—宝塔带轮；3—Z 向伺服电机；4—脉冲编码器；5—主轴；6—转位刀盘；7—蜗轮副；8—横向丝杠；
9—齿形带；10—X 向伺服电机；11—刀盘转位电机；12—纵向丝杠；13—液压缸；14—尾座

纵向 Z 轴进给是由直流伺服电动机直接带动滚珠丝杠，实现纵向滑板的进给。横向 X 轴进给由直流伺服电动机驱动，通过同步齿形带传给滚珠丝杠，实现横向滑板的进给。

刀盘转位是由电动机驱动，经齿轮副、蜗杆副实现，可手动或自动换刀；尾座由液压系统控制实现自动伸缩。

在数控车床上由于实现了计算机数字控制，伺服电动机驱动刀具做连续纵向和横向进给运动，所以，数控车床的进给系统与普通车床的进给系统在结构上存在着本质上的差别。普通车床主轴的运动经过挂轮架、进给箱、溜板箱传到刀架，实现纵向和横向进给运动，而数控车床是采用伺服电动机经滚珠丝杠传到滑板和刀架，实现纵向（Z 向）和横向（X 向）进给运动。可见，数控车床进给传动系统的机械结构大为简化。

2. 数控车削工艺范围

数控车床与普通车床一样，也是用来加工轴类和回转体零件的。但是，由于数控车床是自动完成内外圆柱面、圆弧面、端面、螺纹等工序的切削加工，所以，数控车床特别适合加工形状复杂、精度要求高的轴类或盘类零件。数控车床具有加工灵活，通用性强，能够满足新产品的开发和多品种、小批量、生产自动化的要求，工艺范围比普通车床宽，因此，数控车削是数控加工中用得最多的加工方法之一。结合数控车削的特点，与普通车床相比，数控车床适合于车削具有以下要求和特点的回转体零件。

（1）数控车床适于加工精度要求高的回转零件。数控车床刚性好，制造精度和对刀精度高，能方便、精确地进行加工补偿，一次装夹可以加工多个表面，有利于保证加工面间的位置精度要求，所以数控车床的加工精度高，一般可达 IT5～IT6。

（2）数控车床适于加工表面质量要求高的回转体零件。数控车床的恒线速切削功能，为提高加工表面质量创造了条件，一般 $Ra<1.6\mu m$。在工件材料、切削余量以及刀具一定的条件下，被加工面的表面粗糙度取决于进给量和切削速度。

（3）数控车床适于加工形状复杂的回转体零件。数控车床的直线插补和圆弧插补功能，使得数控车床可以加工任意直线和曲线组成的形状复杂的回转体零件。

（4）数控车床适于加工带特殊螺纹的回转体零件。数控车床不但和普通车床一样可以车削等导程的圆柱、圆锥面公（英）制螺纹，还可以车削增导程、减导程等螺纹。数控车床车削螺纹精度高，效率高，表面质量高。

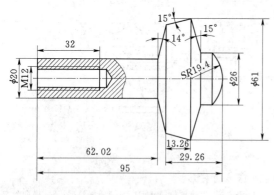

图 6.4　轴类零件图（单位：mm）

3. 数控车削加工实例

如图 6.4 所示轴类零件，确定用数控车床加工。材料 45 钢，生产数量 50 件。

（1）零件技术要求。零件加工包括车端面、外圆、倒角、锥面、圆弧、螺纹；零件尺寸公差为 0.02mm。

（2）零件加工工艺。小批量生产，选用 45 热轧圆钢，毛坯下料尺寸为 $\phi65\times100$；此工件需要分两次调头装夹才能完成加工，故设置两个工件坐标系，坐标系的原点选定在工件的两端面；换刀点选定为（200，220）。

（3）确定走刀路线、装夹方法和加工过程。见表 6.1，工序简图如图 6.5 所示。

表 6.1　　　　　　　　　　　　　加 工 过 程

工序号	工序名称	工 序 内 容	设备
1	下料	$\phi 65 \times 100$	C4025
2	车	用三爪卡盘夹工件左端，加工 $\phi 64 \times 38$ 圆柱面	CK7815
		调头用三爪卡盘夹紧 $\phi 64 \times 38$ 圆柱面，在工件左端打中心孔；用顶针顶中心孔，加工 $\phi 24 \times 62$ 圆柱面	
3	钻	钻螺纹底孔，加工螺纹端面，攻螺纹	CK7815
4	车	精车 $\phi 20 \times 62.02$ 圆柱面、加工 14°锥面	CK7815
		调头，加工 $SR19.4$ 圆弧面、$\phi 26$ 圆柱面、15°锥面	
5	车	用循环指令精车 $SR19.4$ 圆弧面、$\phi 26$ 圆柱面、15°锥面	CK7815
6	检查	检验零件尺寸	游标卡尺 0.05/125

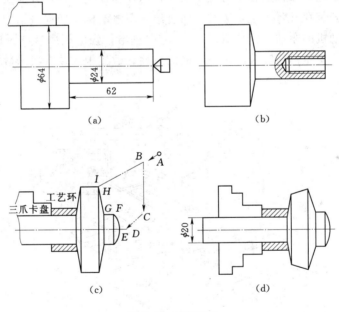

图 6.5　工序简图
（a）～（d）工序 2～工序 5

6.1.3　数控铣床及其零件加工

1. 数控铣床的结构

（1）数控铣床的分类。

1）数控仿形铣床。通过数控装置将靠模移动量数字化后，可得到高的加工精度，可进行较高速度的仿形加工。

2）数控摇臂铣床。摇臂铣床采用数控装置可提高效率和加工精度，可以加工手动铣床难以加工的零件。

3 数控万能工具铣床。采用数控装置的万能工具铣床有手动指令简易数控型、直线点位系统数控型和曲线轨迹系统数控型。操作方便，便于调试和维修。这类机床基本都具有钻、镗加工的能力。

4）数控龙门铣床。工作台宽度在 630mm 以上的数控铣床多采用龙门式布局。其功能向加工中心靠近，用于大工件、大平面的加工。此外，若按照主轴放置方式有卧式数控铣床和立式数控铣床之分，数控立式铣床是数控铣床中数量最多的一种，应用范围也最广泛。

（2）数控铣床的组成。数控铣床除具有铣床床身、铣头、工作台、主轴、床鞍、升降台等基础部件外，还具有作为数控机床的特征部件 X、Y、Z 各进给轴驱动用伺服电机、行程开关、数控操作面板及其控制台等。数控铣床可根据自动化程度、可靠性要求和特殊功能需要，选用各类破损监控、铣床与工件精度检测、补偿装置和附件等。

如图 6.6 所示，XK5032 型立式数控铣床的外形结构图，床身固定在底座上，用于安装与支承机床各部件；操作面板上有显示器、机床操作按钮和各种开关及指示灯；纵向工作台、横向溜板安装在升降台上，通过纵向进给伺服电动机、横向进给伺服电动机和垂直升降进给伺服电动机的驱动，完成 X、Y、Z 方向进给；强电柜中装有机床电气部分的接触器、继电器等；变压器箱安装在床身立柱的后面；数控柜内装有机床数控系统；行程开关可控制纵向行程硬限位。

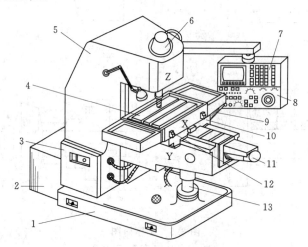

图 6.6　XK5032 型立式数控铣床

1—底座；2—变压器箱；3—强电箱；4—纵向工作台；5—床身；6—Z 轴伺服电机；7—数控操作面板；
8—机械操作面板；9—纵向进给伺服电机；10—横向溜板；11—横向进给伺服电机；
12—行程开关；13—工作台支承

（3）数控铣床的工作原理。如图 6.7 所示。在数控铣床上，把被加工零件的工艺过程（如加工顺序、加工类别）、工艺参数（主轴转速、进给速度、刀具尺寸）以及刀具与工件的相对位移，用数控语言编写成加工程序，然后将程序输入到数控装置，数控装置便根据数控指令控制机床的运动和刀具与工件的相对位移，当零件加工程序结束时，机床自动停止。

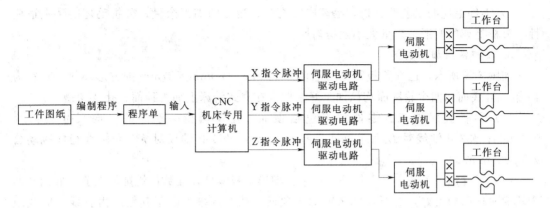

图 6.7 数控铣床工作原理

2. 数控铣削工艺范围

（1）数控铣削的主要加工对象。数控铣床加工适应范围很广，其加工对象包括平面类零件、变斜角类零件、曲面类（立体类）零件。

（2）适合进行数控铣削加工的对象。工件上的曲线轮廓表面、给出数学模型的空间曲面或通过测量数据建立的空间曲面，形状复杂、尺寸繁多、画线与检测困难的部位，用通用铣床加工时难以观察、测量和控制进给的内、外凹槽等采用数控铣削，能成倍提高生产率，大大减轻体力劳动。

（3）不适合采用数控铣削加工的对象。需要进行长时间占机人工调整的粗加工内容、毛坯上的加工余量不太充分或不太稳定的部位、简单的粗加工面、必须用细长铣刀加工的部位，狭长深槽或高肋板小转接圆弧部位等均不适合数控铣削。

（4）数控铣削加工工艺性分析的内容。

1）零件图形分析。检查零件图的完整性和正确性，各图形几何要素间的相互关系（如同轴、相切、相交、垂直和平行等）应明确，各种几何要素的条件要充分，应无引起矛盾的多余尺寸或影响工序安排的封闭尺寸等。

2）零件结构工艺性分析及处理。零件图纸上的尺寸标注应使编程方便，保证获得要求的加工精度。

3）零件尺寸分析。尽量统一零件轮廓内圆弧的有关尺寸，以减少换刀、对刀次数，提高生产效率。另外，轮廓内圆弧半径限制刀具的直径，铣削面的槽底面圆角或底板与肋板相交处的圆角半径越大，

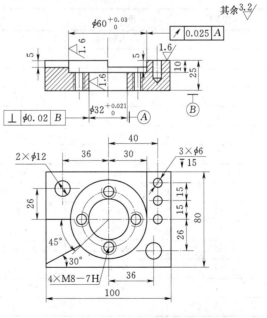

图 6.8 盖板零件图

铣刀端刃铣削平面的能力越差，效率也较低。

4）零件毛坯的工艺性分析。毛坯应有充分、稳定的加工余量，分析毛坯的装夹适应性，分析毛坯的变形、余量大小及均匀性。

3. 数控铣削加工实例

如图 6.8 所示，已知盖板零件的毛坯为 100mm×80mm×27mm 的方形坯料，材料为 45 钢，且底面和四个轮廓面均已加工好，要求在立式铣床上加工顶面、孔及沟槽。

（1）零件技术要求。零件加工包括顶面、孔及沟槽；零件的径向尺寸公差为 0.03mm；$\phi32$ 孔轴线对 B 面垂直度公差 0.02mm，$\phi60$ 孔轴线对 $\phi32$ 孔轴线径向跳动公差 0.025mm。

（2）零件加工工艺。该零件是一种平面槽形平板零件，在数控铣削加工前，底面和四个轮廓面均已加工好，需要在铣床上加工顶面、孔及沟槽。由于其轮廓由直线、曲线组成，需要两轴联动的数控铣床。

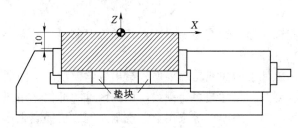

图 6.9　平口虎钳装夹工件

孔、槽等几何元素之间的关系清楚，条件充分，编程时所需基点坐标很容易求得。只要提高装夹精度，使 B 面与铣刀轴线垂直，$\phi32$ 孔轴线对 B 面有垂直度要求即可保证；以 $\phi32$ 孔为定位基准加工 $\phi60$ 孔，装夹平稳可靠可保证径向跳动要求。因主要加工面为顶面、中心孔，装夹时，选择平口虎钳夹紧，如图 6.9 所示。

（3）确定走刀路线和加工过程，见表 6.2。

表 6.2　　　　　　　　加 工 过 程

工步号	程序段号	工步内容	刀具
1	N10	粗铣顶面	端面铣刀（$\phi125$）
2	N20	钻 $\phi32$，$\phi12$ 孔中心孔	中心钻（$\phi2$）
3	N30	钻 $\phi32$，$\phi12$ 孔至 $\phi11.5$	麻花钻（$\phi11.5$）
4	N40	扩 $\phi32$ 孔至 $\phi30$	麻花钻（$\phi30$）
5	N50	钻 3—$\phi6$ 孔至尺寸	麻花钻（$\phi6$）
6	N60	粗铣 $\phi60$ 沉孔及沟槽	立铣刀（$\phi18$，2 刃）
7	N70	钻 4—M8 底孔至 $\phi6.8$	麻花钻（$\phi6.8$）
8	N80	镗 $\phi32$ 孔至 $\phi31.7$	镗刀（$\phi31.7$）
9	N90	精铣顶面	端面铣刀（$\phi125$）
10	N100	铰 $\phi12$ 孔至尺寸	铰刀（$\phi12$）
11	N110	精镗 $\phi32$ 孔至尺寸	微调精镗刀（$\phi32$）
12	N120	精铣 $\phi60$ 沉孔及沟槽至尺寸	立铣刀（$\phi18$，4 刃）
13	N130	$\phi12$ 孔口倒角	倒角刀（$\phi20$）
14	N140	3—$\phi6$，M8 孔口倒角	麻花钻（$\phi11.5$）
15	N150	攻 4—M8 螺纹	丝锥（M8）

6.2 特种加工基本知识

【任务】 特种加工设备的认识实训

(1) 目的：①了解电火花机、电火花线切割机的基本结构与组成；②了解特种加工与机械加工的异同；③掌握电火花机、电火花线切割机的操作方法。

(2) 器材：电火花机、电火花线切割机、零件图等。

(3) 任务设计：①教师现场讲解电火花加工机床的结构组成及其作用，示范其基本操作过程，通过加工一简易零件使学生了解其加工特点和基本操作要领；②学生动手操作，完成一简单零件的加工。

(4) 报告要求：说明电火花机床、电火花线切割机床的基本组成及其工作过程；分析特种加工机床的加工特点和应用范围；测量零件精度，分析加工中存在的问题。

6.2.1 电火花加工

1. 电火花加工原理

如图6.10所示，将工件和工具电极浸在工作液内，分别接上正极和负极，通以脉冲电源，调节工件和工具的间隙（0.1～0.01mm），使工作液瞬时被击穿形成放电通道，产生火花放电。由于放电区域很小，放电时间极短，能量高度集中，使放电区间的温度瞬时高达10000～12000℃，工件表面和工具电极表面的金属局部熔化甚至气化蒸发。局部熔化和气化的金属则在爆炸力的作用下抛入工作液中，并被冷却为金属小颗粒，然后被工作液迅速冲离工作区，从而使工件表面形成一个微小的凹坑。一次放电

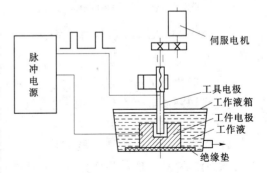

图6.10 电火花工作原理图

后，介质的绝缘强度恢复并等待下一次放电。如此反复使工件表面不断被蚀除，并在工件上复制出工具电极的形状，从而达到成型加工的目的。

2. 电火花加工的特点及应用

(1) 加工中主要利用电能和热能，没有巨大的机械加工力，零件变形小，无残余应力存在，并且机床比较轻巧，机床的运动控制简单。

(2) 可以加工硬、韧、脆的材料，但必须是能导电的材料，不能加工有机玻璃、尼龙等绝缘材料。

(3) 电火花加工需要事先制作电极，通常用紫铜、石墨或钢制成，线切割加工则要首先编制加工程序，通常利用自动编程软件完成。

(4) 由于需要保证足够的放电间隙，因此不能由手动操作实现，必须用控制系统自动完成。

（5）必须配备一个性能良好的脉冲电源，以保证均匀放电，以获得高精度的尺寸精度和表面质量。

（6）可以减少机械加工工序，周期短，工人劳动强度低。

电火花线切割是在电火花加工基础上发展起来的另一种加工方法，是利用连续移动的细金属丝（称为电极丝）做电极，对工件进行脉冲火花放电蚀除金属、切割成型。

6.2.2　电火花线切割加工

1. 电火花线切割的加工原理及分类

电火花线切割与电火花加工一样都是利用电腐蚀实现零件加工的。将工件接脉冲电源的正极，细的金属丝接负极，控制工件与金属丝的间隙，在工作液的作用下形成火花放电，蚀除材料达到加工零件的目的。其工作原理图如图 6.11 所示。

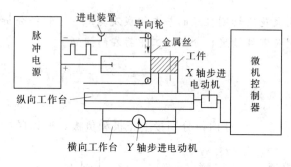

图 6.11　电火花线切割加工原理图

根据电极丝的运行速度不同，电火花线切割机床通常分为两类：一类是低速走丝电火花线切割机床（WEDM - LS），其电极丝做低速单向运动，一般走丝速度低于 0.2m/s，电极丝放电后不再使用，工作平稳、均匀、抖动小、加工质量较好，但加工速度较低，是国外生产和使用的主要机种；另一类是高速走丝电火花线切割机床（WEDM - HS)，其电极丝做高速往复运动，一般走丝速度为 8～10m/s，电极丝可重复使用，加工速度较高，但快速走丝容易造成电极丝抖动和反向时停顿，使加工质量下降，是我国独创的电火花线切割加工模式和使用的主要机种。

2. 电火花线切割加工的特点及应用

（1）作为工具电极的是直径为 0.03～0.35mm 的金属丝线，不需要制造特定形状的电极，使加工容易实现，并且金属丝的损耗较小，加工精度高。

（2）轮廓加工所需加工的余量少，并且加工后剩余的材料可再次利用，有效地节约贵重的材料，降低成本。

（3）无论被加工工件的硬度如何，只要是导体或半导体的材料都能实现加工。

（4）任何复杂的零件，只要能编制加工程序就可以进行加工，因而很适合小批零件和试制品的生产加工，加工周期短，应用灵活。

（5）但加工孔时必须是对预留孔进行加工。

（6）采用四轴联动，可加工上、下面异形体、形状扭曲曲面体、变锥度和球形等零件。

6.2.3　超声波加工

1. 超声波加工原理

超声波加工是利用高频振荡时产生的声能转化成机械能，使硬、脆材料破碎，最终达到加工零件的目的，是在硬、脆等难加工的材料日益被应用到机械产品中而产生的一种新的加工方法，弥补了电火花加工以及电化学加工不能加工非金属材料的缺陷。

超声波加工原理如图 6.12 所示，加工中通过超声波发生器将工频交流电能转变为按一定功率输出的 16kHz 以上的超声频轴向振动，通过换能器将超声频电振荡转变为超声机械振动。此时振幅一般较小，借助变幅杆把振幅放大到 $0.02\sim$ 0.08mm，驱动与之相连的工具被迫一起振荡，利用工具端面的超声（$16\sim25$kHz）振动，使工具与工件之间的工作液（水或煤油和磨料的混合物）中的悬浮磨粒（碳化硅、氧化铝、碳化硼或金刚石粉）对工件表面产生高速的撞击抛磨，在加工区连续形成压缩和稀疏区域，产生液体冲击和空化现象，引起邻近固体物质分散，破碎成非常小的微粒，并从工件上去除下来。由于工具的轴向不断进给，工具端面的形状被复制在工件上。虽然每次撞击去除的材料很少，但由于每

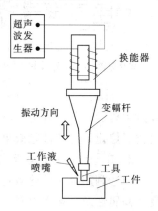

图 6.12 超声波加工原理图

秒撞击的次数多达 16000 次以上，所以仍然有一定的加工速度。当加工到一定的深度即成为与工具形状相同的型孔或型腔。

超声波加工可用于型孔和型腔的加工、超声波切割加工、超声波清洗、超声波焊接及复合加工。此外，还可以利用超声波的定向发射、反射等特性进行测距和探伤。

2. 超声波加工的特点及应用

（1）适用于加工脆硬材料（特别是不导电的硬脆材料），如玻璃、石英、陶瓷、宝石、金刚石、各种半导体材料、淬火钢、硬质合金钢等。

（2）可采用比工件软的材料做成形状复杂的工具，加工各种复杂形状的型孔、型腔、形面。

（3）去除加工余量主要靠磨料瞬时局部的撞击作用，工具对工件加工表面宏观作用力小，热影响小，不会引起变形和烧伤，因此适合加工薄壁、薄片等不能承受较大机械应力、易变形零件及工件的窄槽、小孔。

（4）被加工表面无残余应力，无破坏层，加工精度较高，尺寸精度可达 0.01 $\sim$0.05mm。

（5）单纯的超声波加工，加工效率较低。采用超声复合加工（如超声车削、超声磨削、超声电解加工、超声线切割等）可显著提高加工效率。

6.2.4 激光加工

激光加工是利用激光束放射到被加工材料表面时产生的热效应，使工件受热熔化、气化达到去除材料的目的。由于激光具有高亮度、高方向性、高单色性和高相干性四大特性，使激光加工具有其他加工方法所不具备的特性。目前，已成熟的激光加工技术包括：激光快速成形技术、激光焊接技术、激光打孔技术、激光切割技术、激光打标技术、激光去重平衡技术、激光蚀刻技术、激光微调技术、激光存储技术、激光划线技术、激光清洗技术、激光热处理和表面处理技术。

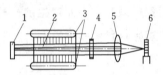

图 6.13 激光加工原理图

1—全反射镜；2—激光工作物质；3—光
泵（激励脉冲氙灯）；4—部分
反射镜；5—透镜；6—工件

1. 激光加工原理

激光加工的原理如图 6.13 所示。当激光工作物质（二氧化碳气体、红宝石、钕玻璃等）受到光泵的激发后，光子受激辐射跃迁，造成光放大，再通过谐振腔内的全反射镜和部分反射镜的反馈作用产生振荡，最后由谐振腔的一端输出激光，激光通过透镜聚焦形成高能束作用在工件上，实现对工件的加工。一般地，激光加工经过主要的三个过程为：材料对激光的吸收和能量转换（主要向热能转换）；材料的加热气化、熔化，达到蚀除效果；蚀除产物的抛出（主要靠加工区内产生的压力）。

2. 激光加工的特点及应用

（1）利用瞬时的热效应实现去除材料，适用于多种金属、非金属加工，特别是高硬度、高脆性及高熔点材料。并且激光束的能量及其移动速度均可调，因此可以实现多种加工的目的。

（2）加工中并无实体的刀具，激光可视为"光刀"，加工过程中无切削力存在，无刀具磨损。

（3）激光束能量密度高，是局部加工。激光加工速度快，热影响区小，对非激光照射部位没有影响或影响极小。工件变形小，后续加工量小。

（4）穿透性好，可以通过透明介质进行隔离加工。

（5）使用激光加工，生产效率高，质量可靠，经济效益好。

小　　结

本模块主要介绍了数控加工的基本知识、特种加工技术的应用，分析了数控车床、数控铣床的组成、数控加工的工艺特点，车削和铣削的主要加工对象。通过学习，学生能够分析简单零件的数控加工过程，掌握加工过程应注意的问题，应用特种加工方法解决实际问题。

重点了解数控机床的工作原理。

练习与思考题

1. 单项选择题

（1）数控机床的开环系统是指（　　）。

A. 系统中有检测、反馈装置

B. 系统中没有检测、反馈装置

C. 既能用穿孔带输入程序，又能用键盘输入程序

D. 既能手工操作又能自动加工

（2）数控机床的闭环系统是指（　　）。

A. 系统中有检测、反馈装置

B. 系统中没有检测、反馈装置

C. 既能用穿孔带输入程序，又能用键盘输入程序

D. 既能手工操作，又能自动加工

（3）数控系统传递信息的语言称为（　　　）。

A. 程序　　　　B. 程序编制　　　　C. 代码　　　　D. 源程序

（4）影响简易数控车床的加工精度的主要因素是（　　　）。

A. 电机及传动系统的步距精度　　　B. 机床主轴的转速　　　C. 传动丝杠螺距的大小

（5）数控机床主要适用的场合是（　　　）。

A. 定型产品的大量生产　　　B. 多品种小批量生产　　　C. 中等精度的定型产品

D. 复杂型面的加工

2. 简答题

（1）数控加工有何特点？

（2）数控机床有哪些组成部分？各部分的作用是什么？

（3）简述数控车削的工艺范围。

（4）数控车床与普通车床的传动系统有什么区别？

（5）特种加工指的是什么？它与传统的机械加工有何不同？

（6）电火花加工是基于什么原理实现加工的？对被加工零件有何要求？

（7）超声波为何可以运用于机械加工？

（8）激光加工具有什么特点？可运用在什么场合？

（9）如何用电火花线切割在金属板料上切割出一个制件（轮廓自定）？如何测量加工精度？

参 考 文 献

［1］ 邵堃．机械制造技术．西安：西安电子科技大学出版社，2006.
［2］ 高美兰．金工实习．北京：机械工业出版社，2006.
［3］ 杨化书．机械基础．郑州：黄河水利出版社，2007.
［4］ 牛荣华．机械加工方法与设备．北京：人民邮电出版社，2009.
［5］ 陈洪涛．数控加工工艺与编程．北京：高等教育出版社，2006.
［6］ 王泓．机械制造基础．北京：北京理工大学出版社，2006.
［7］ 李永敏．机械制造技术．郑州：黄河水利出版社，2008.
［8］ 郭成操．铣工基本技能．成都：成都时代出版社，2007.
［9］ 宋鸣．车工基本技能．成都：成都时代出版社，2007.
［10］ 邢闽芳．互换性与技术测量．北京：清华大学出版社，2007.
［11］ 李振杰．机械制造技术．北京：人民邮电出版社，2009.
［12］ 杨森．金属工艺实习．北京：机械工业出版社，2004.
［13］ 陈锡渠．现代机械制造工艺．北京：清华大学出版社，2006.